大型冷却塔结构分析软件平台开发与设计应用

赵　林　王小松　著

科学出版社
北　京

内 容 简 介

本书基于作者开发的火/核电厂大型冷却塔结构设计软件"同济风向标"（WindLock），详细介绍软件开发的主要背景、冷却塔上下部结构一体化参数建模与分析、自动配筋与绘图、塔筒线型自动生成、结构整体优化、前后处理可视化、风致动力响应计算、塔群气动荷载数据库和冷却塔下部结构群桩特性建模与分析，并结合对应的功能模块给出工程研究和设计案例。

本书既可供冷却塔结构设计人员使用，也可供结构工程方向的科研人员参考。

图书在版编目(CIP)数据

大型冷却塔结构分析软件平台开发与设计应用/赵林，王小松著. —北京：科学出版社，2023.11

ISBN 978-7-03-076451-5

Ⅰ.①大… Ⅱ.①赵… ②王… Ⅲ.①冷却塔-建筑-设计-软件开发 Ⅳ.①TU991.34-39

中国国家版本馆 CIP 数据核字(2023)第 186248 号

责任编辑：李 海 李 莎 / 责任校对：马英菊
责任印制：吕春珉 / 封面设计：东方人华平面设计部

科学出版社出版
北京东黄城根北街 16 号
邮政编码：100717
http://www.sciencep.com
北京中科印刷有限公司 印刷
科学出版社发行 各地新华书店经销
*
2023 年 11 月第 一 版 开本：B5（720×1000）
2023 年 11 月第一次印刷 印张：12 1/4
字数：246 000

定价：122.00 元

（如有印装质量问题，我社负责调换〈中科〉）
销售部电话 010-62136230 编辑部电话 010-62138978-2046

前言

PREFACE

冷却塔是火/核电厂二次高温循环水的冷却基础设施，是电力建设发展的重大生命线节点工程。以 1965 年英国渡桥（Ferrybridge）电厂冷却塔倒塌事故为代表的多次严重风致倒塌事故发生以来，冷却塔的设计开始重点考虑风荷载作用下的结构安全性和稳定性。进入 21 世纪，为满足国内经济社会快速发展带来的电力持续高速增长的需求，我国冷却塔的设计和建造发展迅速，已经建成多组大型冷却塔群，并且兴建/预研了一批超规范适用高度（165m）甚至刷新世界纪录［200m，德国尼德劳森（Niederaussem）电厂］的火/核电超大型冷却塔，新一代核电超大型冷却塔预研高度甚至已经达到 250m。

为适应新形势下大型冷却塔的建设工作，作者所在的同济大学联合重庆交通大学和清华大学等单位结合风洞试验和实测结果开展大型冷却塔结构分析与设计专业软件的开发，并与通用商业软件进行系统的比较验证。本书介绍的冷却塔结构分析软件既包含结构建模、荷载分析和配筋出图，还包含典型塔群组合结构表面动、静态压力数据库和完善的可视化前后处理功能。该软件平台被成功转让至数十家省级、地区级设计和科研单位，支撑了我国数量众多的新/在建大型冷却塔结构的抗风理论分析和设计工作。

本书共分 9 章。第 1 章介绍软件平台开发的主要背景和进展；第 2 章介绍冷却塔上下部结构一体化参数建模与分析；第 3 章介绍自动配筋与绘图功能模块的使用；第 4 章介绍线型与壁厚；第 5 章结合前后处理介绍数据可视化的使用方法；第 6 章介绍结构整体优化分析的操作流程；第 7 章介绍风致动力响应计算过程；第 8 章介绍塔群气动荷载数据库的构建与使用说明；第 9 章介绍冷却塔下部结构复杂群桩特性建模与分析流程。

本书所述的冷却塔结构分析软件平台在开发过程中得到了国家重大科技专项、国家自然科学基金项目的资助，同时感谢国核电力规划设计研究院、江苏省电力设计院、河南省电力勘测设计院、西南电力设计院、华东电力设计院、东北电力设计院等单位在软件开发和应用过程中提出的宝贵意见。

由于作者水平有限，书中疏漏之处在所难免，恳请广大读者提出宝贵意见。

赵 林

目 录

CONTENTS

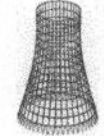

第1章 概 述

1.1 背景简介

冷却塔是火/核电厂二次高温循环水的主要冷却构筑物，一般采用钢筋混凝土旋转薄壳结构，属于土木工程结构技术薄壳结构研究领域。大型冷却塔是指淋水面积为9000m^{2}以上、高度超过150m、直径超过90m的巨型钢筋混凝土壳体[1]。大型冷却塔结构风荷载效应及由此引起的结构安全问题非常突出，壳体厚度及其配筋优化的经济效益十分显著。国际上，德国已经建成了200m高的尼德劳森电厂超大型冷却塔[2]，但是以英国渡桥电厂冷却塔风毁事故为代表的安全隐患仍未排除[3-4]；虽然我国直到20世纪末鲜有高度超过150m的大型冷却塔，但近10年来发展迅速，已经建成了多组大型冷却塔塔群，最大高度已经达到222m[5]，并且已经启动250m核电厂超大型冷却塔的设计研究[6]。

在国家重大科技专项等计划的支持下，结合作者团队近15年来28组大型及超大型冷却塔的设计研究，着重针对冷却塔结构设计的核心问题，开展了大型冷却塔结构风荷载效应、多目标优化和全过程分析的基础性和应用性研究，成功解决了我国最高大型冷却塔的抗风安全和性能优化的应用性工程关键问题及世界最高超大型冷却塔的前瞻性设计关键问题，实现了大型冷却塔结构风荷载、结构风效应、多目标优化和全过程分析等方面的技术创新。研究成果获得发明专利18项、实用新型专利14项、计算机软件著作权25项，发表SCI/EI检索论文180余篇，相关研究成果被评价为“达到国际领先水平”“体现了当代冷却塔工程研究的最前沿进展”“对于现代大型冷却塔发展具有重要的推动作用”，为我国安全、优质、高效地建成大型冷却塔提供了强有力的科技支撑，培养了一支活跃于国际学术界的科研队伍，实现了冷却塔科研、设计、建造的跨越式可持续发展。

然而，目前国内采用的冷却塔计算分析及设计程序难以满足超出规范要求的超大型冷却塔的结构抗风和抗震设计要求，缺少灵活的风洞试验与现场实测风荷载及国外相关规范规定的荷载输入条件，不具备整体结构考虑多种荷载组合条件全局优化设计功能，分析结果未与通用商业软件进行系统校核，不方便设计人员完成冷却塔结构设计工作。为了新形势下超大型冷却塔建设工作的顺利展开，同济大学、重庆交通大学和清华大学等结合风洞试验及实测结果进行了大型冷却塔结构计算、分析与设计专业软件的开发。该软件平台为同济大学自主开发的“同济风向标”（WindLock）软件平台，其主要功能模块包含典型塔群组合表面动、静态压力数据库和功能完善的可视化前后处理功能，同时该软件平台整合了冷却塔结构设计荷载准则、良态和灾害气候的三维等效风荷载模式，以及兼顾经济指标的整体结构优化设计方法，并且集成了结构风振分析、动态配筋和智能优化功能。

1.2　功能模块及其组件

“同济风向标”是同济大学自主开发的包含桥梁和冷却塔两类风敏感结构风场模拟、风荷载分析、风效应计算及结构设计的软件平台，是作者所在课题组针对两类结构风荷载效应、多目标优化和全过程分析的基础性和应用性研究成果的集成。大型冷却塔结构分析软件平台是其中的主要模块，该软件平台包含 4 个大型冷却塔的主要功能模块（图 1.1）：模块一——良态与台风气候极值风环境模拟与预测，模块二——冷却塔多种荷载组合与设计分析，模块三——冷却塔动力及等效风荷载分析，模块四——辅助模块（气动力参数数据库、复杂群桩特性分析等）。

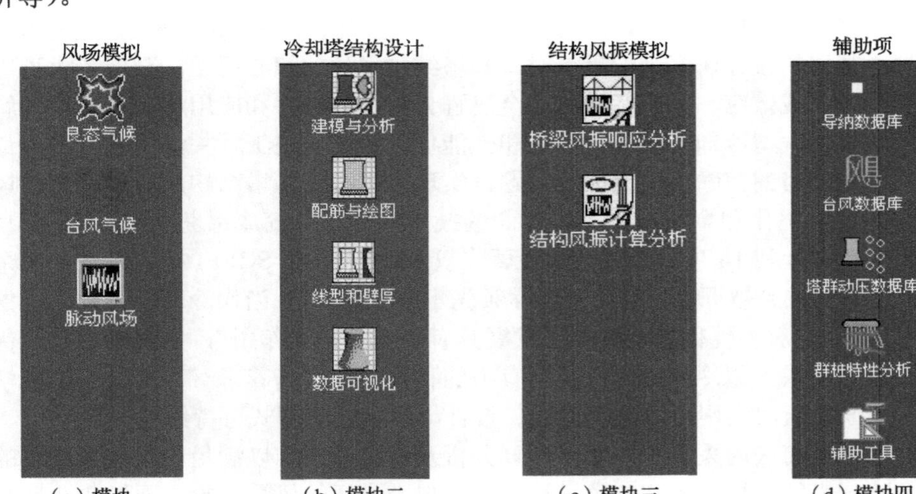

图 1.1　“同济风向标”大型冷却塔软件平台主要功能模块

注：图中显示的模块名是简写。

模块一包含“良态气候平均风速预测与统计分析”、“台风随机模拟与极值风环境概率预测分析”和“基于谐波合成法的脉动风速时域化模拟”3个组件；模块二包含“大型冷却塔自动参数化建模与全寿命期多种荷载定义分析”、“快速结构配筋与CAD自动出图算法”、“考虑结构双曲线型与结构构件尺寸的结构力学与经济指标优化分析”和“可进行冷却塔结构表面动静态荷载分布、结构建模节点和单元定义、结构荷载组合形变与内力效应展示等功能的三维数据可视化前后处理”4个组件；模块三中的结构风振计算分析包含“基于改进完全二次型组合法（complete quadratic combination，CQC）的大跨空间结构（冷却塔）风致行为动力分析”和“大跨空间结构（冷却塔）多目标等效风荷载及其风振系数分析”2个组件；模块四包含“气动导纳数据库”、“西太平洋历史台风数据库”、“典型塔群组合塔筒表面气动力数据库”、“复杂群桩等效刚度与内力组合分析”和“软件平台常用计算小工具”4个组件。

该大型冷却塔软件平台在开发过程中共获得软件著作权7项（表1.1），获得13项国家级和省部级科研项目资助（表1.2），被应用于33项冷却塔实际工程（表1.3）。在软件开发过程中，我们主要遵循如下8个标准和规范，并在规范修改后进行相应的软件升级。

（1）《工业循环水冷却设计规范》（GB/T 50102—2014）。

（2）《火力发电厂水工设计规范》（DL/T 5339—2018）。

（3）《核电厂的地基安全问题》（HAD101/12）。

（4）《核电厂抗震设计标准》（GB 50267—2019）。

（5）《建筑抗震设计规范（2016年版）》（GB 50011—2010）。

（6）《建筑结构荷载规范》（GB 50009—2012）。

（7）《土工试验方法标准》（GB/T 50123—2019）。

（8）《构筑物抗震设计规范》（GB 50191—2012）。

表1.1　大型冷却塔软件开发过程中获得授权的软件著作权

序号	授权软件名称	软件著作权登记号
1	大型冷却塔参数化建模与多种荷载组合分析软件	2014SR117886
2	大型冷却塔结构配筋与出图系统	2014SR105188
3	复杂群桩等效刚度特性与荷载效应分析软件	2014SR116980
4	空间壳体结构风致动力行为与等效风荷载分析软件	2014SR120814
5	基于良态气候模式的平均风随机模拟系统	2012SR016708
6	三维脉动风场风速时程模拟系统	2012SR016721
7	基于台风气候模式的平均风随机模拟系统	2012SR016712

表 1.2　软件开发所获科研项目资助

编号	项目名称	项目来源、类别和批准号	起止年月
1	核电超大型冷却塔结构研究及技术支持(风工程、抗震模型研究及实塔观测）	科技部重大科技专项（2009ZX06004-010-HYJY-21）	2008.11—2013.12
2	超大型冷却塔动态风压实测与干扰效应风洞试验研究	国家自然科学基金面上项目（50978203）	2010.1—2012.12
3	风致敏感建筑结构灾害气候风致行为追踪实测研究	教育部新世纪优秀人才支持计划	2014.12—2015.6
4	基于结构强健性的台风下 200m 级特大型冷却塔多尺度破坏机理及设计理论研究	国家自然科学基金面上项目（51878351）	2019.1—2022.12
5	超大型冷却塔施工全过程风振机理与风荷载模型研究	江苏省自然科学基金优秀青年基金（BK20160083）	2016.1—2019.12
6	复杂环境下超大型冷却塔风振机理与等效静风荷载研究	国家自然科学青年基金（51208254）	2013.1—2015.12
7	子午线型对冷却塔结构特性和抗风性能的影响机理	国家自然科学基金青年科学基金项目（51508523）	2016.1—2018.12
8	超大型冷却塔风振耦合机理与气动抗风措施研究	江苏省自然科学基金（BK2012390）	2012.9—2015.8
9	周边干扰下冷却塔群风荷载描述和抗风设计精细化研究	中国博士后科研基金（2013M530255）	2013.7—2015.6
10	火/核电超大型冷却塔三维风荷载与抗风设计方法研究	江苏省博士后科研基金（1202006B）	2012.7—2014.6
11	冷却塔子午线型对结构特性的影响机理与线型优化策略	中国博士后科学基金第 55 批面上二等资助（2014M2016）	2014.4—2016.2
12	龙卷风作用下大型冷却塔风荷载性能研究	同济大学优秀青年教师培育计划（英才类）项目	2016.1—2017.12
13	大型冷却塔动态风荷载分布特性研究	四川大学青年教师科研启动基金（2014SCU11064）	2014.4—2015.12

表 1.3　软件工程应用

编号	项目名称	项目来源、类别和批准号	起止年月
1	淮沪煤电基地田集电厂冷却塔抗风性能风洞试验研究	淮沪煤电有限公司	2003.3—2005.6
2	江苏徐州阚山发电厂工程冷却塔风洞试验研究	江苏徐州阚山发电厂工程筹建处	2003.3—2005.6
3	特大型冷却塔结构风洞试验	浙江大学	2005.12—2006.6
4	冷却塔风洞模型实验专题勘察设计分包合同	深圳中广核工程设计有限公司	2008.9—2009.12

续表

编号	项目名称	项目来源、类别和批准号	起止年月
5	江苏徐州发电有限公司 2×1000MW 机组冷却塔抗风抗震性能研究	中国电力工程顾问集团 华东电力设计院	2008.6—2009.2
6	超大型冷却塔结构计算程序研制	江苏省电力设计院、河南省电力设计院	2010.1—2010.12
7	超大型冷却塔动态风压实测与干扰效应	中国电力工程顾问集团 华东电力设计院	2010.12—2012.12
8	凤台电厂二期扩建工程冷却塔风洞试验研究	淮浙煤电有限责任公司	2010.12—2011.6
9	印度 TALWANDI3×660MW 超临界燃煤电站冷却塔风洞试验	山东电力基本建设总公司	2012.1—2013.6
10	神华神东电力重庆万州发电厂新建工程特大型冷却塔风洞试验与结构分析	中国电力工程顾问集团 西南电力设计院	2013.1—2013.4
11	近地边界层台风风场特性模拟分析研究	中国电力科学院	2013.1—2014.6
12	超大型冷却塔专用结构计算软件开发	国核电力规划设计研究院	2013.6—2014.6
13	神华四川天明 2×1000MW 新建工程抗风性能研究	西南电力设计院	2013.6—2014.12
14	超大型冷却塔（200m）抗风抗震性能数值分析	中国能源建设集团山西省电力 勘测设计院	2013.5—2013.12
15	核电站超大型高位集水冷却塔设计成套技术研究——台风、龙卷风主动物理风洞试验研究	国核电力规划设计研究院	2013.6—2014.6
16	超大型冷却塔龙卷风荷载风洞试验	国核电力规划设计研究院	2015.6—2016.8
17	邹平一电 2×600MW 冷却塔风洞试验	山东宏桥新型材料有限公司	2015.8—2015.10
18	超大型钢结构间接空冷塔风荷载试验研究	中南电力设计院	2016.4—2017.6
19	中核冀东核电空冷系统及汽轮机专题可行性研究	东北电力设计院	2016.5—2017.12
20	222m 高钢筋混凝土间冷塔风洞试验、结构非线性分析及可靠性评价	聊城信源集团有限公司	2016.5—2017.12
21	宁夏马莲台电厂二期超大型冷却塔风洞试验及对一期冷却塔安全影响分析	宁夏发电集团有限责任公司 马莲台发电厂	2013.6—2013.12
22	内蒙古京能盛乐电厂超大型冷却塔塔群风洞试验	内蒙古京能盛乐热电有限公司	2013.10—2014.6
23	超大型冷却塔风振计算理论研究及风振软件开发	中国电力工程顾问集团 西北电力设计院	2014.8—2016.7
24	220m 大型冷却塔风荷载塔群效应与风振分析	中国电力工程顾问集团科研项目	2015.1—2016.6
25	大型冷却塔阻尼特性现场测试与抗风抗震影响评估	中国电力工程顾问集团 西北电力设计院	2015.1—2016.12
26	超大型钢结构冷却塔风荷载和风振系数数值模拟	广东省电力设计研究院有限公司 科研项目	2015.5—2015.10

续表

编号	项目名称	项目来源、类别和批准号	起止年月
27	百万机间接空冷塔结构抗风抗震研究（风荷载研究）	国家核电技术总公司科研项目	2015.10—2016.8
28	超大型冷却塔数值风洞模拟和风振系数研究	广东省电力设计研究院有限公司科研项目	2016.5—2016.10
29	三塔合一冷却现场实测、模态识别与安全评估研究技术	内蒙古京能盛乐热电有限公司	2016.10—2017.10
30	冷却塔日照温度现场测试与安全性能评估	中国电力工程顾问集团西北电力设计院	2018.7—2019.12
31	华能瑞金发电有限公司、华能瑞金电厂二期项目风洞试验与安全性评价	华能瑞金发电有限公司	2018.8—2018.12
32	安徽平山二期电厂排烟冷却塔风洞试验与风振分析	华东电力设计院科研项目	2018.8—2019.12
33	鲁西发电有限公司 2×600MW 煤炭地下气化发电工程新、老冷却塔塔群影响风洞试验	山东电力工程咨询院有限公司	2019.4—2019.6

1.3　技术开发形式与特点

大型冷却塔软件平台的各项功能基于如下算法或编程工具开发：

（1）部分结构建模和静力求解基于国际通用的有限元计算分析软件（ANSYS 12.0/14.0 或 SAP2000）求解器的二次开发；

（2）动力计算、结构优化算法、群桩特性分析基于自编有限元结构分析程序；

（3）数据库和前后处理分析基于 Access 和 VTK、IN 数据接口自主开发程序；

（4）根据结构内力、配筋、裂缝等计算结果，开发可以进行结构绘图的程序（基于 AutoCAD 和 ObjectARX），实现与计算程序的无缝连接和自动绘图。

除具备国内冷却塔主流专用程序功能外，该软件平台还具备以下功能：

（1）具有友好的前后处理界面，程序的输入数据既可以采用交互方式，也可以采用数据文件方式一次性输入完成；自动生成输入参数、屈曲稳定系数、内力、位移、裂缝及配筋等结果的输出。

（2）具有冷却塔壳体、支柱、基础及地基（包括桩基）的一体化静力、动力计算、配筋及裂缝计算的功能。

（3）输入设计工况时，除满足规范要求外，还留有自定义工况的选项，各荷载的分项系数、组合系数可交互输入。

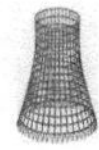

（4）满足支柱为“人”字形、“V”形、“X”形、“I”形及断面为正方形、长方形、圆形或椭圆形的计算要求，基础形式为环板基础或天然土层基础。

（5）具备双曲线加直线的通风筒母线建模功能。

（6）具备等厚或幂指数渐变的壳体壁厚建模功能。

（7）满足不等跨布置计算要求，考虑非均匀场地地基条件，并为后期可能进行的塔筒开洞设计计算预留程序开发接口。

（8）具备塔群组合条件下冷却塔表面非对称风压（含自定义内吸力）效应计算功能。

（9）具备结构整体升降温效应、自定制集中力荷载和基底不均匀沉降效应计算功能。

（10）能够进行风荷载作用下的屈曲稳定和风振系数计算。

（11）能够进行地震作用下的强度和安全性计算。

（12）满足施工期稳定计算要求，满足常规光滑塔及加肋塔的计算要求。

（13）具有满足冷却塔结构选型优化的要求，可以考虑塔筒线型、壁厚和主要构件（刚性环、底支柱和环基）的结构尺寸变化，进行以壳体屈曲稳定计算和结构总体经济造价为目标函数的全局优化分析。

（14）具备丰富的前后处理可视化功能。

（15）具备较为完整的塔群组合数据库数据调用、分析和管理功能。

（16）具备程序模块加密和分类授权功能，保护客户的知识产权。

（17）软件分析计算时间（含数据准备时间）：“冷却塔（施工和运营）动力特性计算、静力计算、稳定验算、配筋计算”单工况运行时间不超过 2min（常用精细化结构分析网格）；“多参数塔筒线型和结构几何尺寸优化计算”的运行时间取决于参数数量和扰动步数，较为常见的复杂计算可控制于 10h 之内（多工况荷载组合）；“冷却塔风致或地震动力响应计算”单工况最长运行时间不宜超过 2h（300 阶参与模态）和 15min（60 阶参与模态）。对符合本软件分析范围的实际工程，完成必要的多项静力分析流程的运行时间原则上不超过 20min（常用结构分析网格）。

软件运行的计算机最低配置要求如下：

（1）操作系统：Windows XP SP3。

（2）CPU：主频不小于 2GHz。内存：不小于 2GB。

（3）硬盘：可用空间不小于 20GB。

推荐的计算机配置要求如下：

（1）操作系统：Windows 7，64 位操作系统。

（2）CPU：i7 系列，主频大于 4GHz。

（3）内存：8GB。

（4）硬盘：可用空间不小于 100GB，采用固态硬盘。

软件开发工具包括：

（1）VC++6.0/10.0&MFC；

（2）VB studio 2010；

（3）Access DB 2010；

（4）OpenGL；

（5）ObjectARX 2008；

（6）APDL of ANSYS 12.0/14.0；

（7）SAP 2000；

（8）VTK（Visualization Toolkit）。

软件运行所需系统环境和软件版本如下：

（1）Windows XP/Windows 7，32/64 位操作系统；

（2）ANSYS 12.0/14.0，32/64 位；

（3）AutoCAD 2008 版本；

（4）Office 2003/2010，32/64 位。

软件加密授权如下：

采用赛孚耐加密狗（Sentinel HL Pro）和加密锁 USB LDK HASP Pro 技术实现（图 1.2），具有单机和网络加密授权使用功能，并可以区分不同客户的限定功能模块使用范围和时间。

图 1.2　软件加密狗

软件安装容量如下：

WindLock 软件为自解压安装，主程序占用硬盘空间约 800MB，要求与冷却塔计算分析工作目录安置于相同的硬盘分区，各个组件硬盘空间占用情况如表 1.4 所示。

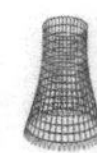

表 1.4 软件各组件安装容量

编号	文件名	容量/MB	说明
1	WindLockInstaller-v1.40.exe	438	主安装程序
2	WindPreDB-6T-DI-150D.dat	1946	风压数据库：六塔菱形 1.50 倍塔距（可选）
3	WindPreDB-6T-DI-175D.dat	1946	风压数据库：六塔菱形 1.75 倍塔距（可选）
4	WindPreDB-6T-DI-200D.dat	1946	风压数据库：六塔菱形 2.00 倍塔距（可选）
5	WindPreDB-6T-RE-150D.dat	1946	风压数据库：六塔矩形 1.50 倍塔距（可选）
6	WindPreDB-6T-RE-175D.dat	1946	风压数据库：六塔矩形 1.75 倍塔距（可选）
7	WindPreDB-6T-RE-200D.dat	1946	风压数据库：六塔矩形 2.00 倍塔距（可选）

注：本例程序默认安装于 D:\WindLock\目录下。

第 2 章 建模与分析

2.1 结构组成

在工业生产或制冷工艺过程中一般会产生大量的废热，这些废热的排放扩散可以通过直流冷却水导走，即从江河湖海等天然水体中汲取一定量的水作为冷却水，冷却工艺设备吸取废热使冷却水水温升高，再将冷却水排入江河湖海。但这种方式不仅造成水资源的大量浪费，也会因天然水体水温的升高而影响水域生态环境。冷却塔就是为解决这一难题而建造的。冷却塔的作用是将携带废热的冷却水在塔内与空气进行热交换，使废热传输给空气并散入高空大气，冷却水继续循环使用，以达到节约用水和保护环境的目的[7]。冷却塔广泛地应用于石油、化工、钢铁等领域，尤其是电力部门中的火/核电厂（图 2.1）。

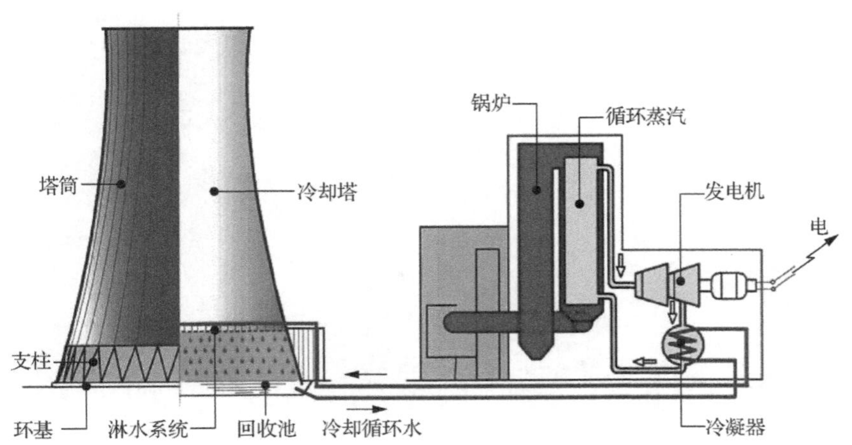

图 2.1　火/核电厂热力循环示意图

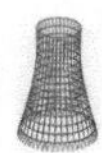

根据冷却塔的运行特点，冷却塔可以从塔内热交换方式、通风方式及冷却水和空气的流动方向 3 个方面进行分类。根据塔内热交换方式，冷却塔分为干式冷却塔、湿式冷却塔和干湿式冷却塔；根据通风方式，冷却塔分为自然通风冷却塔、机械通风冷却塔和混合通风冷却塔；根据冷却水和空气的流动方向，冷却塔分为逆流式冷却塔、横流式冷却塔和混流式冷却塔。

冷却塔主要由通风筒（包括刚性环、筒壁和下环梁）、支柱、基础（包括环形基础和桩基础）、除水器、配水管、淋水装置和集水池组成（图 2.2）。其中，通风筒、支柱和基础为主体结构部分；除水器、配水管、淋水装置和集水池为冷却工艺部分。

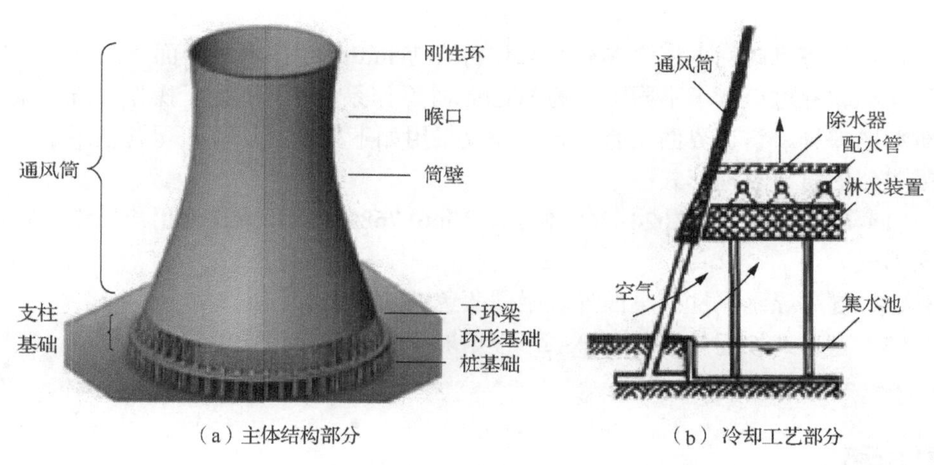

（a）主体结构部分　　（b）冷却工艺部分

图 2.2　冷却塔的主要组成

冷却塔塔筒是一种母线为双曲线或类似双曲线的多段曲线钢筋混凝土旋转薄壁壳体结构，这种双曲薄壁结构不仅具有较好的结构力学和流体力学特性，还是一种经济合理的结构形式。塔筒在竖向和水平向都有曲率，与圆锥形、圆筒形相比，塔筒下半部的应力较小，可以减小壁厚，节约钢筋和混凝土材料用量。为保证壳体受压稳定，塔体在喉口处的直径最小、壁厚最薄；喉口向上直径逐渐增大，构成气流出口扩散段；塔顶处设有刚性环，以有效提高结构的基频和稳定性；喉口向下按双曲线形逐渐扩大，塔筒下段壁厚也相应逐渐增加，并且在底部形成一个具有一定刚度的下环梁。

塔筒下部边缘支承在下支柱上，下支柱也有一定的倾斜，并与塔筒下缘的斜率相适应，由此将上部荷载传递到基础上。基础多做成带斜面的环形基础，以承受由下支柱传来的部分环向拉力，也可做成分离的单个基础或桩基础。塔筒的下支柱支撑大多采用“人”字柱，进风口高度小时也可采用直立柱，进风口高度很大时，可采用“X”形交叉柱。柱的横断面大多采用圆形或者采用椭圆形以减小气流阻力。

WindLock 软件主要针对冷却塔的塔筒、底支柱、环基和桩基 4 部分主体结构进行建模，内力分析主要包括结构全寿命期内的自重、风荷载、温度荷载、地震荷载和地基不均匀沉降 5 类荷载作用。

2.2 项 目 启 动

运行同济风向标主程序 Wind.exe，打开 WindLock 主程序界面（图 2.3），同济风向标软件可运行于不同版本的 Windows 操作系统平台，由于操作系统和桌面分辨率的差异，窗口界面略有差异。建议采用如下处理办法，获得与使用手册相同或类似的窗口表现形式：

（1）屏幕分辨率：1024×768 像素、1366×768 像素，或其他用户习惯的窗口定义形式。

（2）屏幕显示属性：桌面外观采用蓝色调（图 2.4）。

（3）窗口或按钮的字体大小：可根据屏幕分辨率自行设定。

图 2.3 WindLock 主程序界面

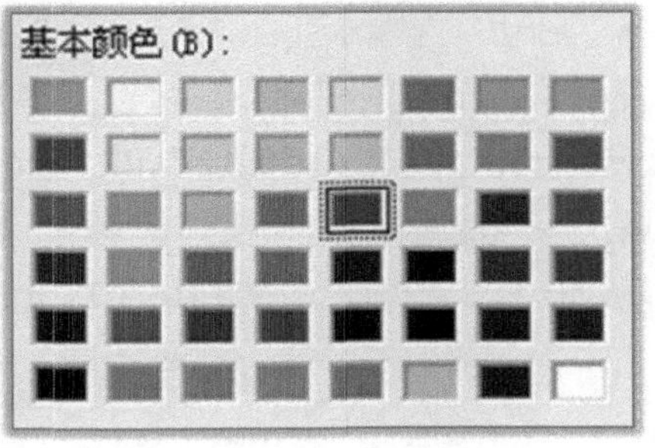

图 2.4　屏幕显示属性调节

选择左侧显示栏的“冷却塔结构设计”选项，单击“建模与分析”图标，启动项目自定义或打开对话框，可选择新建冷却塔工程项目或启动已有工程项目[图 2.5（a）、（b）]。当选择“新建”选项卡时，可以自动生成以默认参数为基础的冷却塔结构分析项目，用户可以在此基础上修改相关参数，获取新建工程结构建模与荷载定义。选择“启动”选项卡，可打开已构建完成的原有项目。

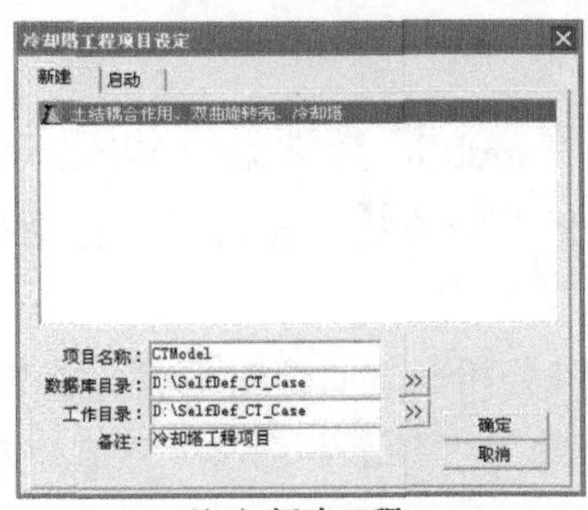

（a）新建工程

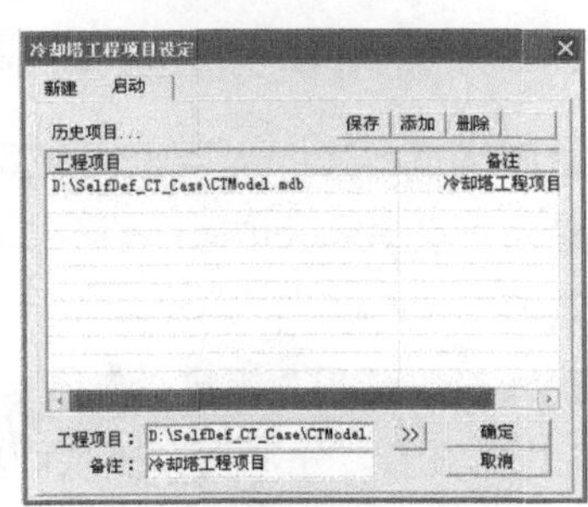

（b）启动工程

图 2.5　冷却塔工程项目设定

当选择“新建”选项卡［图 2.5（a）］时，“项目名称”为用户自定义项，生成包括冷却塔建模和计算等参数的数据库文件，为 Access 数据库格式文件。“数据库目录”为用户自定义项，指定建模和计算参数数据文件的存储位置。“工作目录”指定新建冷却塔的工程目录，用于存储计算过程，涉及中间和最终结果的存储位置。“数据库目录”或“工作目录”如果与现有目录同名，则会覆盖现有目录下的相同内容数据文件。单击“>>”按钮，浏览文件夹，指定已有目录作为冷却塔数据库目录或工作目录。“备注”为用户自定义项，用于简单描述新建工程项目的特点。单击“确定”按钮，生成默认参数的新建冷却塔工程项目。单击“取消”按钮，回到初始 WindLock 主程序界面。

当选择“启动”选项卡［图 2.5（b）］时，列表框罗列了所有已建历史项目情况，在列表中单击某个工程项目，可以在“工程项目”和“备注”文本框中获得具体信息，可通过“保存”、“添加”和“删除”按钮进行修改。“工程项目”指定已有冷却塔工程 Access 数据库文件的名称。单击“>>”按钮，打开“指定建模数据库文件”对话框，指定已有冷却塔工程 Access 数据库文件（图 2.6）。

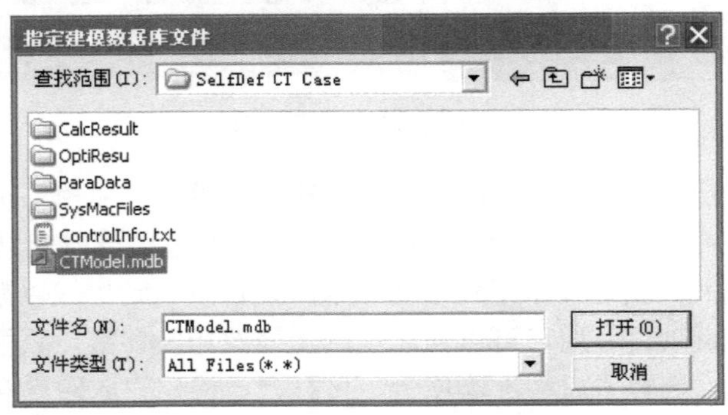

图 2.6　指定建模数据库文件

数据库格式：Access 数据库文件的扩展名为“.mdb”，为常见的 Windows 操作系统桌面办公软件 Office 数据库文件，WindLock 采用该数据库格式进行数据存储和管理。

以默认参数选择“新建”选项卡，打开“冷却塔分析与设计”对话框（图 2.7），共有 12 个选项卡，分别为“控制面板”、“基本参数”、“塔筒信息”、“柱底支柱参数”、“环基参数”、“桩基参数”、“荷载组合”、“风载分布”、“地震作用”、“定制荷载”、“预定制参数”和“序列化参数”，各选项卡属性见表 2.1。基于此对话框，可以完成冷却塔工程建模、计算、配筋、优化和出图功能，并方便以多种可视化模式再现建模和后处理各类结果。

对于定制默认冷却塔模型，以 Access 打开 D:\WindLock\ANSYSAssistance\StCTDbs.lib 文件，包括“精细化”和“简化”两组默认建模参数；默认参数涵盖了所有结构建模、计算和优化分析定义，参数间存在逻辑关联，建议高级熟练用户自行定制；多数冷却塔结构参数均可以在程序主界面选项卡中被直接修改并保存，但当改动量较大且涉及多项自定义内容时，在 Access 参数数据库中直接修改会更方便。

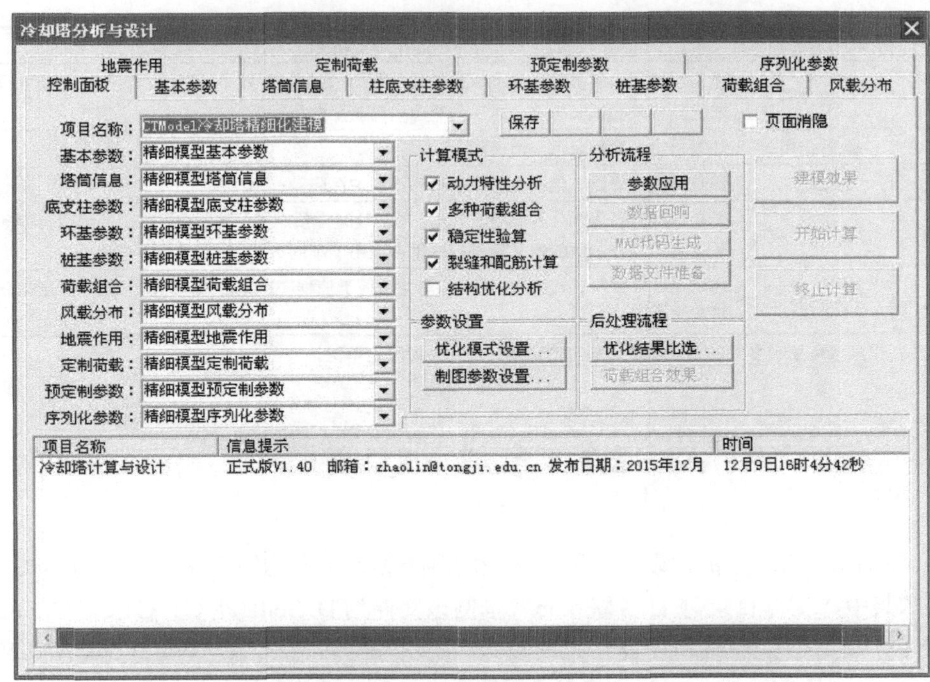

图 2.7　“冷却塔分析与设计”对话框

表 2.1　“冷却塔分析与设计”各选项卡属性

编号	选项卡名称	作用与功能
1	控制面板	主选项卡，可控制其他 11 个选项卡的主要参数组合，包括多种荷载运算执行、优化分析定义与实施、后处理结果展示、配筋和绘图等功能选项
2	基本参数	定义冷却塔工程数据文件存取目录；定义塔筒、底支柱、基础等材料属性
3	塔筒信息	包括塔筒有限元建模所需线型、壁厚、材料属性分布信息；关键构件，如塔筒顶部刚性环尺寸、淋水层装置位置定义和塔筒有限元网格划分方式等；“线型和壁厚”具备自动生成参数化控制塔筒线型和壁厚功能
4	柱底支柱参数	包括柱底支柱空间分布控制尺寸、结构形式、材料属性、截面尺寸和边界约束条件等；可自动计算复杂柱底支柱定位点坐标
5	环基参数	包括环基分组形式、结构尺寸、材料属性和边界约束条件等
6	桩基参数	包括桩基空间分布、等效刚度定义和边界约束条件等；“群桩特性”具备计算典型群桩等效刚度和桩身分布内力功能
7	荷载组合	等效静力荷载参数取值、组合方式定义，包括自重、风荷载、夏温、冬温和地震荷载

续表

编号	选项卡名称	作用与功能
8	风载分布	采用规范定义的多项式对称风压加载，或基于风洞试验结果的三维非对称风压加载模式；具备风洞试验特定点风压向整体塔筒表面数值扩展能力
9	地震作用	加载自定义离散点反应谱曲线
10	定制荷载	加载整体升降温、集中力荷载和基底不均匀沉降等
11	预定制参数	包括冷却塔有限元分析节点、单元、形函数编号预定义，钢筋和混凝土工程造价等参数信息，部分参数的定义确保程序平台应用于不同 ANSYS 版本的兼容性
12	序列化参数	自定义计算分析过程输入、输出文件名，便于使程序计算结果进一步与第三方数据分析程序关联

注：选项卡中所有参数的单位除特殊规定或说明外，均采用法定单位。

2.3 参数定义

冷却塔计算、分析和设计过程所涉及的各类参数定义均被存储于相关的.mdb 文件中。其中，“工作目录\项目名称.mdb”（本例该文件为 D:\SelfDef_CT_Case\CTModel.mdb）存储与结构建模和计算相关的参数；在软件平台目录“D:\WindLock\ANSYS Assistance\”下，“SysParaDef.mdb”存储项目新建与启动相关参数；“CTLineTypeAndDep.mdb”存储与冷却塔线型定义相关的参数；“StructureVibrationPara.mdb”存储与冷却塔风振计算分析相关的参数。

“StCTDbs.lib”可以 Access 方式被打开并编辑，预存储了冷却塔工程建模、计算和分析初始参数，以及冷却塔项目新建过程“工作目录\项目名称.mdb”为“StCTDbs.lib”的复制映像，使用者可以根据需要自定义相关参数。

多数冷却塔结构参数均可以在选项卡中被直接修改并保存，但当改动量较大且涉及多项自定义内容时，在 Access 参数数据库中直接修改会更方便。

2.3.1 “控制面板”参数说明

“控制面板”选项卡（图 2.7）中的“项目名称”预定义了两类冷却塔结构建模与分析方式，分别定义为“CTModel 冷却塔精细化建模”和“CTModel 冷却塔简化建模”，选择其一即指定了“项目名称”、“基本参数”、“塔筒信息”、“柱底支柱参数”、“环基参数”、“桩基参数”、“荷载组合”、“风载分布”、“地震作用”、“定制荷载”、“预定制参数”和“序列化参数”全部 12 个选项卡的相关参数。两类建

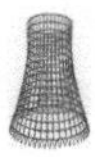

模方式在冷却塔有限元模型规模、荷载组合数量、风载定义方式和结构有限元单元形函数选择方面均有差别。通常情况下，简化建模适用于冷却塔初设过程优化分析，快速定性地计算分析过程；精细化建模适用于针对最终的施工图方案进行详尽计算、设计和分析工作。

针对项目工程特点，“控制面板”、“基本参数”、“塔筒信息”、“柱底支柱参数”、“环基参数”、“桩基参数”、“荷载组合”、“风载分布”、“地震作用”、“定制荷载”、“预定制参数”和“序列化参数”也可被分别定义各个选项卡的参数，由此可自由组合各个选项卡的参数定义方式。组合过程需要注意冷却塔结构不同部位参数定义的协调性，部分因非协调引起的异常可以在计算投入实施前由程序自动校验并给出必要的提示。

“计算模式”共有 5 类，部分选择项具有关联性。“动力特性分析”主要根据结构建模生成动力特性分析命令流文件“D:\SelfDef_CT_Case\SysMacFiles\DynAnaProc.mac”，如果需要获得有关结构振型等图示，需要利用 ANSYS 软件在图形界面状态手动调用该文件，即在 D:\SelfDef_CT_Case\CalcResult\DynaResu 中生成指定数量的振型和频率结果图形文件，“动力特性分析”可单独实施，分析结果以结构振型图片方式存储于自定义的目录中，参见“基本参数”选项卡中的“计算结果目录”。“多种荷载组合”通常为“裂缝和配筋计算”的必选项，当已完成“多种荷载组合”计算并在工作目录中保存了内力计算结果时，“裂缝和配筋计算”可独立选择，此时计算依据为已完成的内力计算结果。选中“结构优化分析”复选框，程序平台会自动选择其他 3 项计算模式，即“多种荷载组合”、“稳定性验算”和“裂缝和配筋计算”。计算模式各类选择不涉及 AutoCAD 绘图功能，若需针对特定工况进行结构出图操作，参见第 3 章“配筋与绘图”。

“分析流程”选项组中的 4 个功能按钮由上至下，实施了完整的冷却塔计算和分析数据准备、校核、命令代码生成和数据参数文件准备等工作。4 项功能之间存在执行次序，为避免误操作，采用智能化流程判断方式，确保各项功能关联化地逐一解除锁定，并分别实施操作。单击按钮操作过程，在列表框中逐一显示操作内容提示。单击“数据回响”按钮，打开“冷却塔建模和计算数据回响”对话框（图 2.8），包括当前计算过程所依据参数，为全部 12 项选项卡内容的汇总。用户可以单击“另存为”按钮保存该参数信息文件。在冷却塔计算、分析与设计过程中，程序平台也会自动保存该文件至“基本参数”选项卡中定义的“计算结果目录”中，该参数自动命名为“CADPara.txt”。

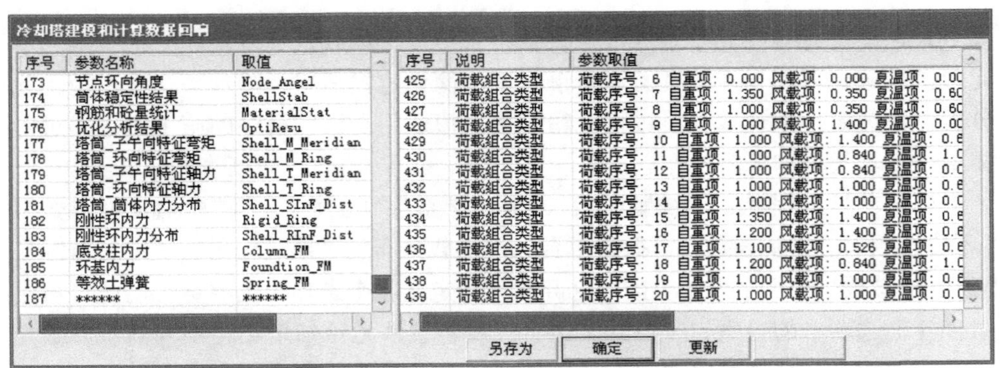

图 2.8　“冷却塔建模和计算数据回响”对话框

“参数设置”包括“优化模式设置”和“制图参数设置”。单击“优化模式设置”按钮，打开待优化参数定义与控制窗口，具体内容参见第 6 章“优化分析”；单击“制图参数设置”按钮，打开 AutoCAD 冷却塔绘图参数设置窗口，可对冷却塔不同部位混凝土设计参数、钢筋配置、椭圆门和支柱垫石等尺寸进行预定义，并在配筋出图中得以体现，具体内容参见第 3 章“配筋与绘图”。

“后处理流程”包括“优化结果比选”和“荷载组合效果”。单击“优化结果比选”按钮，打开“指定冷却塔结构优化结果文件”对话框（图 2.9），指定冷却塔结构优化结果文件，该文件为冷却塔结构优化后多项指标参数比选文件，其命名取自“序列化参数”选项卡中的“优化分析结果”。对于不同的优化工况，软件平台分别给出“整体稳定系数”、“局部稳定系数”、“钢筋用量”、“混凝土用量”和“总体材料造价”优化分析结果（图 2.10），具体内容参见第 6 章“优化分析”。单击“荷载组合效果”按钮，打开“荷载组合效果可视化”对话框（图 2.11），可有选择性地展示冷却塔不同工况组合计算分析后的处理结果，在列表框中选择荷载组合工况，单击“荷载效果”按钮，会自动生成可视化效果文件“VisualResu_”+工况编号+.vtk，可视化文件的调用参见第 5 章“数据可视化”。

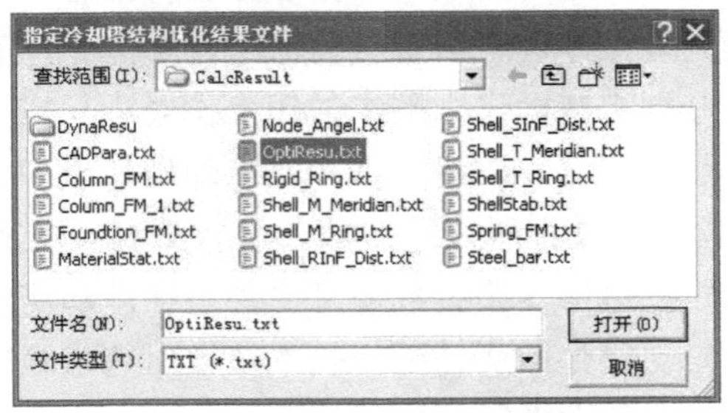

图 2.9　“指定冷却塔结构优化结果文件”对话框

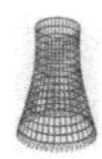

结构参数优化结果比选

工况编号	整体稳定系数	局部稳定系数	钢筋用量	混凝土用量	总体材料造价
1	9.22	6.16	2380.446	24638.877	3612.389
2	9.22	6.16	2442.845	25393.049	3712.497
3	9.22	6.16	2507.724	26147.221	3815.085
4	9.22	6.16	2429.128	25067.384	3682.497
5	9.22	6.16	2485.536	25864.407	3778.756
6	9.22	6.16	2550.757	26661.429	3883.828
7	9.22	6.16	2458.274	25495.891	3733.068
8	9.22	6.16	2528.815	26335.764	3845.603
9	9.22	6.16	2593.734	27175.638	3952.515
10	-999	-999	-999	-999	-999
11	-999	-999	-999	-999	-999
12	-999	-999	-999	-999	-999

优化工况参数明细

序号	参数名称	参数取值
1	筒顶半径R1	42.816
2	筒顶高度H1	201.059
3	喉部半径R2	40.016
4	喉部高度H2	151.201
5	柱顶半径R3	65
6	柱顶高度H3	12.801
7	出口切角θ1	5
8	入口切角θ2	14
9	切线高度H	30
10	模板高度	1.3
11	模板间距	02

导入模型

图 2.10　“结构参数优化结果比选”对话框

荷载组合效果可视化

序号	自重项	风载项	夏温项	冬温项	水平地震项	竖向地震项	定制荷载项	备注
1	1.35	.35	.6	0	0	0	0	1.地震组合一

页面消隐

荷载效果

退　出

图 2.11　“荷载组合效果可视化”对话框

“建模效果”按钮用于可视化展示冷却塔结构建模效果，调用存储于结果数据目录中的“VisualModel.vtk”文件，可视化文件的调用参见第 5 章“数据可视化”。“开始计算”按钮依据对话框中的 12 个选项卡参数定义及“分析流程”和“优化模式设置”等控制参数选择，开始计算流程；计算过程采用多个独立线程按次序逐一展开，涉及 ANSYS/SAP 2000、AutoCAD、Access、自编程序模块计算与数据文件交互，具体过程均为智能化的操作实施，无须手动干预。“终止计算”按钮用于停止已开启的分析线程，由于其他被调用软件模块的信息响应滞后特点，需要等待数分钟才能停止全部运行程序。

2.3.2　“基本参数”参数说明

“基本参数”选项卡（图 2.12）中的“项目名称”对应“控制面板”选项卡中的“基本参数”下拉列表框，具备联动操作属性；“工作目录”选择对应新建工程时的路径；“参数文件目录”为新建工程时自动生成的目录，用于存储冷却塔计算分析过程所需的参数文件；“功能模块目录”为新建工程时自动生成的目录，用于存储冷却塔计算分析过程调用 ANSYS 求解器完成的功能模块 APDL 脚本文件；“计算结果目录”为新建工程时自动生成的目录，用于存储冷却塔计算分析内力、配筋结果等文件；“ANSYS 执行文件”为用户指定本地计算机中存储的 ANSYS 启动文件（图 2.13）；“建模文件名”定义了由软件平台自动生成的冷却塔建模文件名；单击上述文本框右侧的“>>”按钮，启动“指定建模数据库文件”对话框（图 2.14），用户可以自行定义程序平台所需的文件目录。

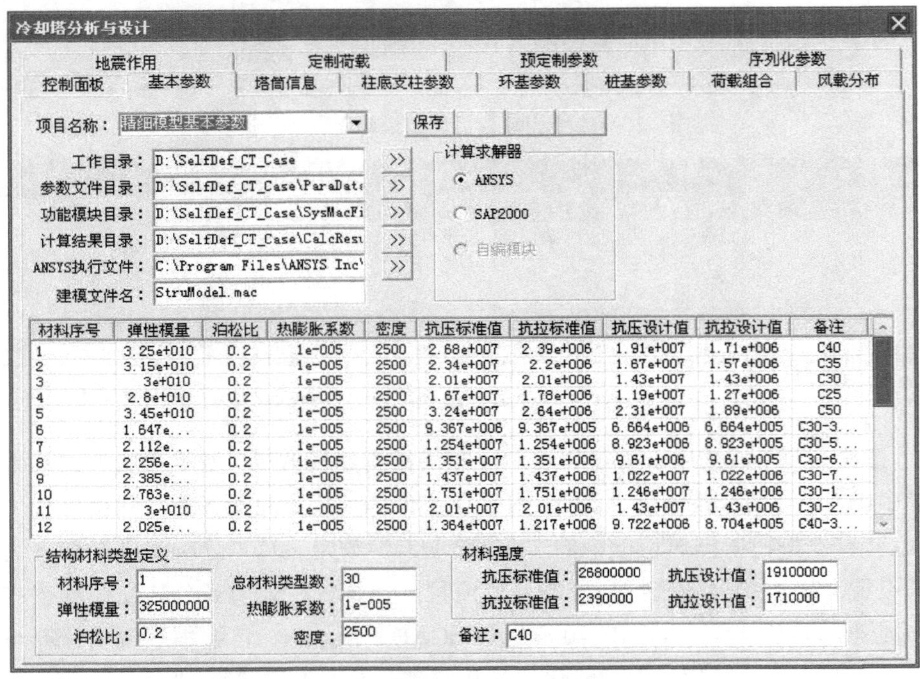

图 2.12 “基本参数”选项卡

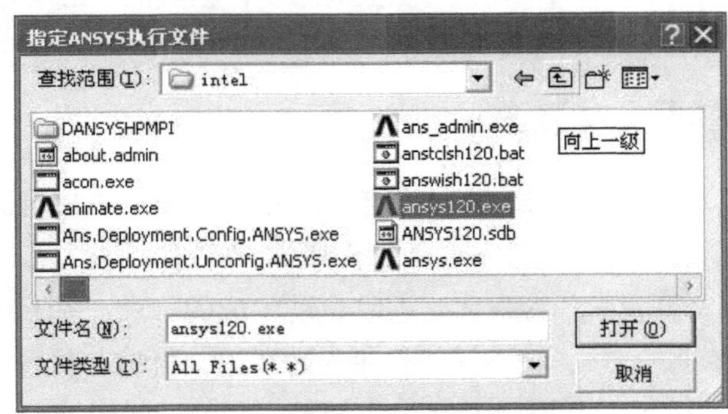

图 2.13 “指定 ANSYS 执行文件”对话框

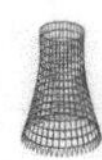

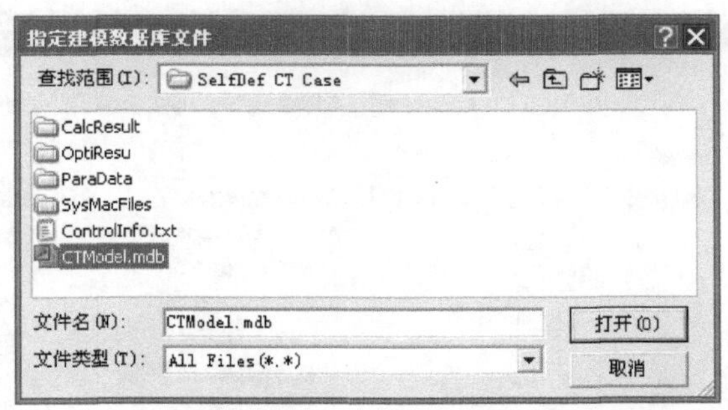

图 2.14　“指定建模数据库文件”对话框

WindLock 软件平台基于 3 类计算模式，核心求解器采用“ANSYS”、“SAP2000”或“自编模块”，考虑到实际客户拥有不同授权功能，通过硬件狗加密方式实现软件使用权限的限定。

“结构材料类型定义”和“材料强度”选项组分别定义了冷却塔塔筒、底支柱和下部基础等各类材料的属性，每种材料属性的引用方式采用“材料序号”编码方式，可以定义不同弹性模量、热膨胀系数和泊松比，生成混凝土不同龄期材料属性并赋值给冷却塔不同部位，模拟冷却塔施工过程结构性能。材料属性可以在选项卡中被直接修改。修改相关参数定义后，单击“保存”按钮生效。

2.3.3　“塔筒信息”参数说明

“塔筒信息”选项卡（图 2.15）中的“项目名称”对应“控制面板”选项卡中的“塔筒信息”下拉列表框，具备联动操作属性。“结构整体参数”选项组中的“总模板数”和“子午向单元数”应保持一致。塔筒线型定义中不包括顶部“平台板”部分，此部分在程序中单独命名为“刚性环”，具体尺寸定义如图 2.16 所示。“刚性环构造尺寸”选项组中的参数主要为配筋计算结构参数，而非冷却塔有限元建模和计算参数，因此采用不同命名方法，即：裙板=模板序列最后一节模板，平台板=刚性环。“淋水装置参数”选项组中的参数定义冷却塔底部填料层的顶部标高和底部标高，用于多种荷载组合中冬温荷载加载时温度在塔筒内部沿高度的分布关系。通常“柱顶内单元数”和“对柱间单元数”定义塔筒壳单元加密程度，冷却塔塔筒环向壳单元总数=（柱顶内单元数+对柱间单元数）×对柱组数。

单击“线型和壁厚”图标，可自定义生成 3 段线塔筒线型和壁厚，并导入冷却塔建模文件，具体定义与操作参见第 4 章“线型与壁厚”。修改相关参数定义后，单击“保存”按钮生效。

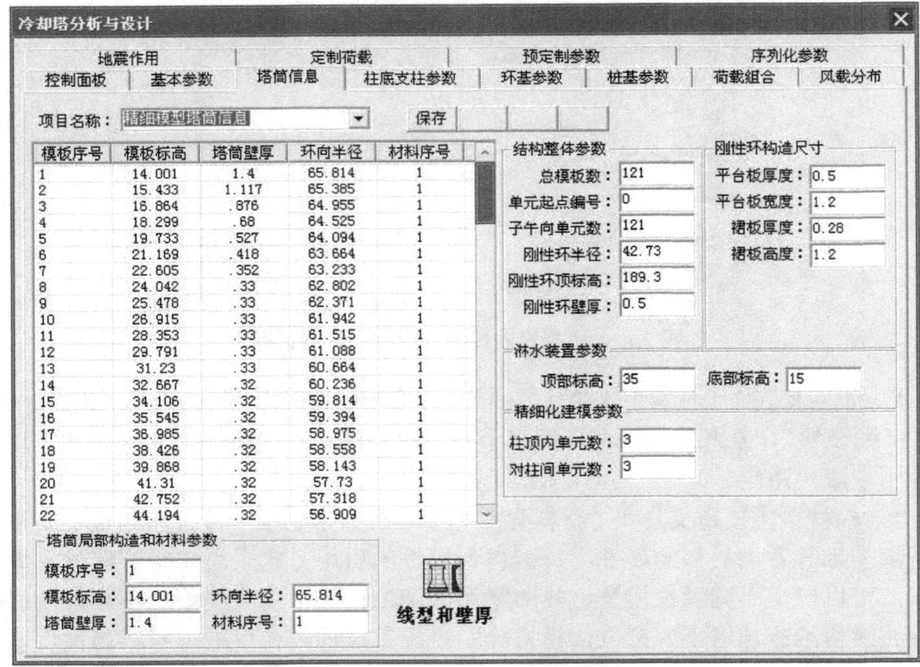

图 2.15 “塔筒信息”选项卡

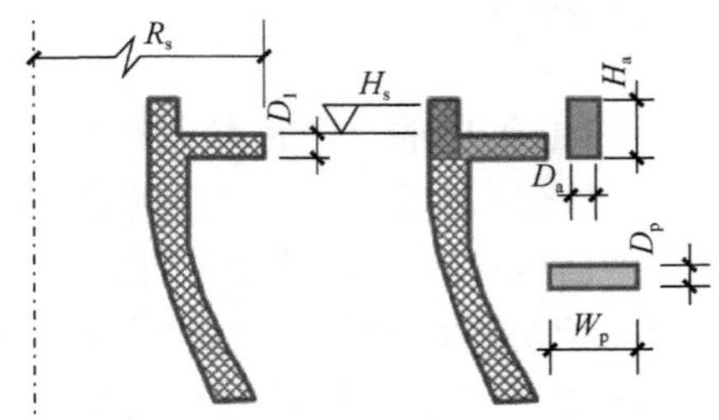

D_l——刚性环壁厚；H_s——刚性环顶标高；R_s——刚性环半径；D_a——裙板厚度；H_a——裙板高度；D_p——平台板厚度；W_p——平台板宽度。

图 2.16 刚性环尺寸定义

2.3.4 “底支柱参数”参数说明

“底支柱参数”选项卡（图 2.17）中的“项目名称”对应“控制面板”选项卡中的“底支柱参数”下拉列表框，具备联动操作属性。“分组底支柱材料类型”选项组中的“底支柱序号”与“材料序号”定义不同位置底支柱材料的属性分布，

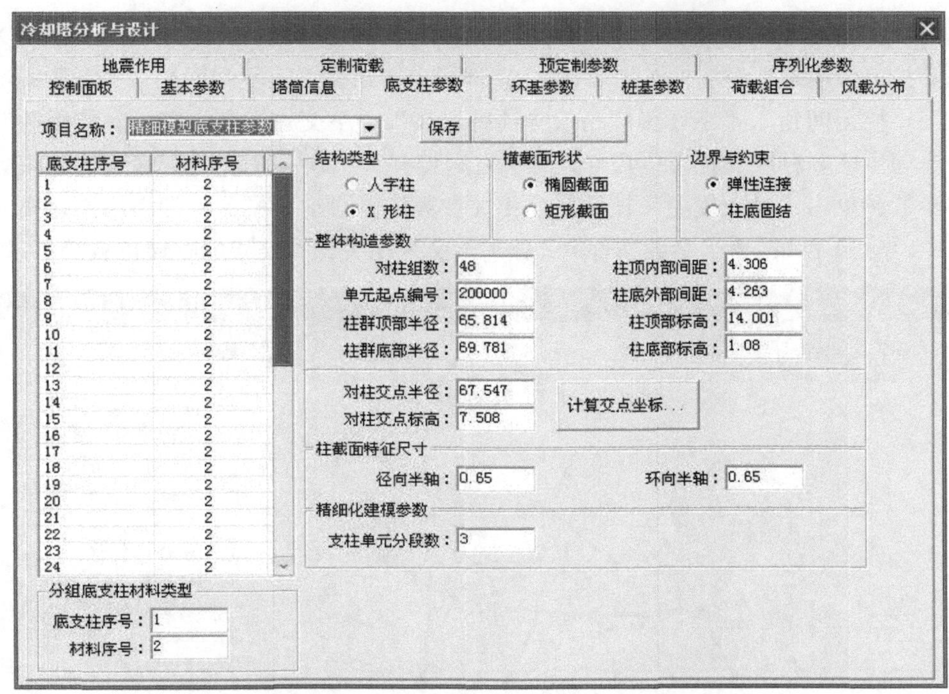

图 2.17　“底支柱参数”选项卡

材料属性定义参见“基本参数”选项卡，在“基本参数”选项卡中可以设定特定弹性模量取值模拟冷却塔工程底支柱的缺损情况。“结构类型”可选择底支柱的结构形式为“人字柱”或“X 形柱”。当设定适当的参数取值时，“人字柱”结构形式可以简化为“一字柱”结构形式。“横截面形状”可选“椭圆截面”或“矩形截面”。“边界与约束”可选“弹性连接”或“柱底固结”，其中“弹性连接”表示底支柱与冷却塔下部环基完全连接，计入下部基础刚度分布效应对于塔筒受力性能的影响；“柱底固结”表示底支柱柱脚完全固定约束，此时无法计入冷却塔下部环基对于整体结构的刚度分布的耦合效应。软件平台默认底支柱成对分组，当“对柱组数”设定为 48 对时，共有 96 个单柱，其中对于“X 形柱”结构形式，每组底支柱两个单柱之间形成完全连接的交点。“柱截面特征尺寸”选项组中的“径向半轴”定义了总体指向塔筒半径方向底支柱轴向截面 1/2 长度，“环向半轴”定义了总体指向塔筒环向底支柱轴向截面 1/2 长度。“支柱单元分段数”定义了底支柱划分的单元段数，其中对于“X 形柱”定义了柱顶与柱中交点间单元分段数。修改“底支柱参数”选项卡参数后，单击“保存”按钮生效。

设置底支柱结构类型为“X 形柱”后，单击“计算交点坐标”按钮，打开“X 底支柱定位模拟”对话框（图 2.18），软件平台可依据“下环梁标高”、“下环梁半径”、“柱上间角”、“下环梁倾角”、“柱脚标高”、“下交点标高”和“对柱组数”等自动生成多种底支柱定位尺寸，其中右侧带有“*”标记的参数为底支柱建模必需参数，单击“导入模型”按钮后，相关参数可以自动替换到冷却塔结构建模文件中。“工作目录”和“参数文件名”分别定义了相关计算结果的存储位置等信息。

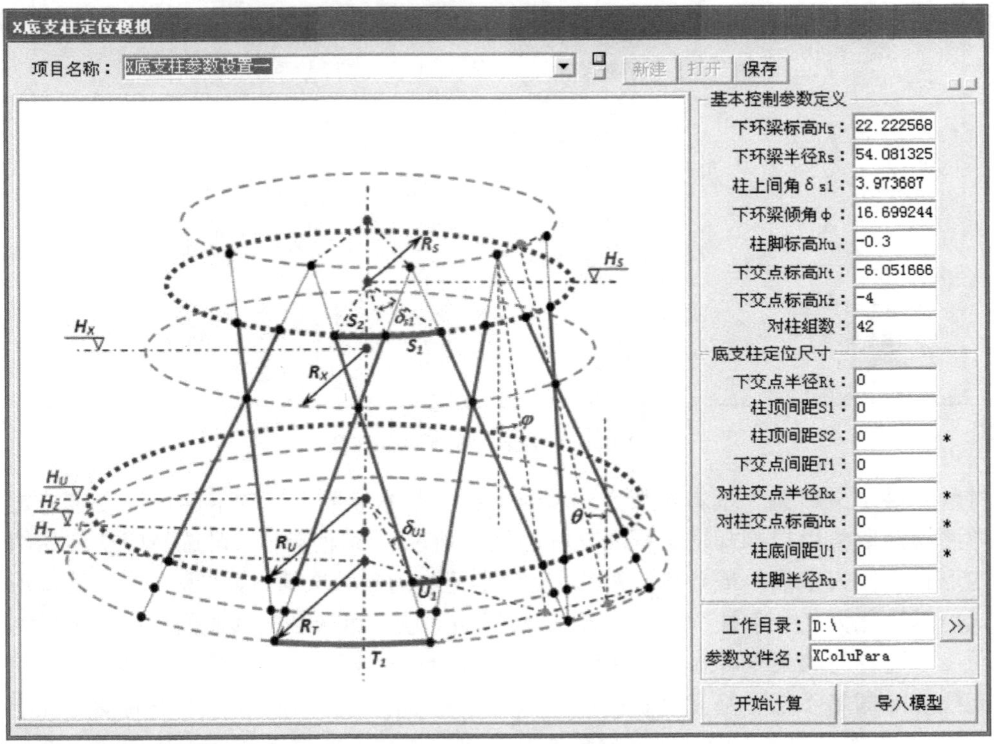

X底支柱定位模拟
项目名称：X底支柱参数设置一
新建 打开 保存
基本控制参数定义
下环梁标高Hs：22.222568
下环梁半径Rs：54.081325
柱上间角δs1：3.973687
下环梁倾角φ：16.699244
柱脚标高Hu：-0.3
下交点标高Ht：-6.051666
下交点标高Hz：-4
对柱组数：42
底支柱定位尺寸
下交点半径Rt：0
柱顶间距S1：0
柱顶间距S2：0 *
下交点间距T1：0
对柱交点半径Rx：0 *
对柱交点标高Hx：0 *
柱底间距U1：0 *
柱脚半径Ru：0
工作目录：D:\
参数文件名：XColuPara
开始计算 导入模型

图 2.18 “X 底支柱定位模拟”对话框

2.3.5 “环基参数”参数说明

“环基参数”选项卡（图 2.19）中“项目名称”对应“控制面板”选项卡中的“环基参数”下拉列表框，具备联动操作属性。“分组环基材料类型”选项组中的“环基序号”与“材料序号”定义不同位置的环基材料属性分布。材料属性定义参见“基本参数”选项卡。“环基设置”选项组中的“有环基”和“无环基”分别定

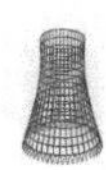

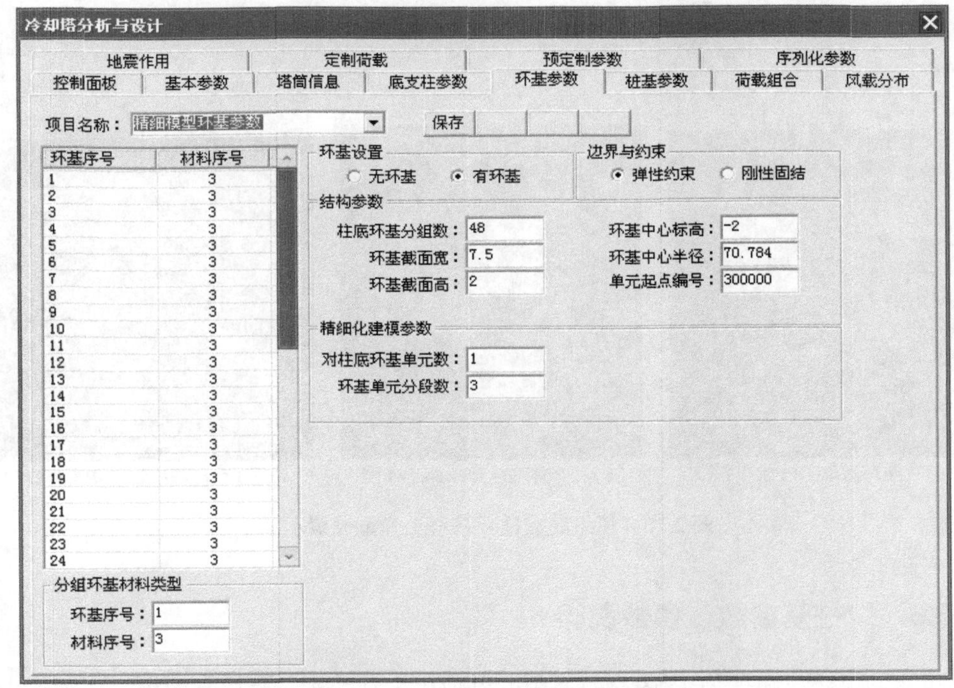

图 2.19　“环基参数”选项卡

义两类环基的设置状态，当选中“无环基”单选按钮时，“环基参数”选项卡中的参数设置不体现于冷却塔结构建模或计算参数中，模拟实际结构中的无环基状态。“边界与约束”可选“弹性约束”或“刚性固结”，其中“弹性约束”表明环基与冷却塔下部桩基完全连接，计入下部基础刚度分布效应对于塔筒受力性能的影响；“刚性固结”表明环基完全固定约束，此时无法计入冷却塔下部桩基对于整体结构的刚度分布的耦合效应。“精细化建模参数”选项组中的“对柱底环基单元数”指定了一对底支柱下面环基单元划分的数量，且在每一个环基单元下方自动耦合一组模拟周围土体弹性约束的土弹簧，取值应与每组底支柱柱底群桩桩基分组情况保持一致（图 2.20）；“环基单元分段数”指定每一个环基单元再细分单元的数量。一对底支柱下面的实际单元数量=对柱底环基单元数×环基单元分段数。“环基中心半径”和“环基中心标高”均以冷却塔环基截面中心线为准定义。修改相关参数定义后，单击“保存”按钮生效。

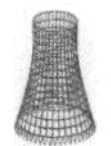

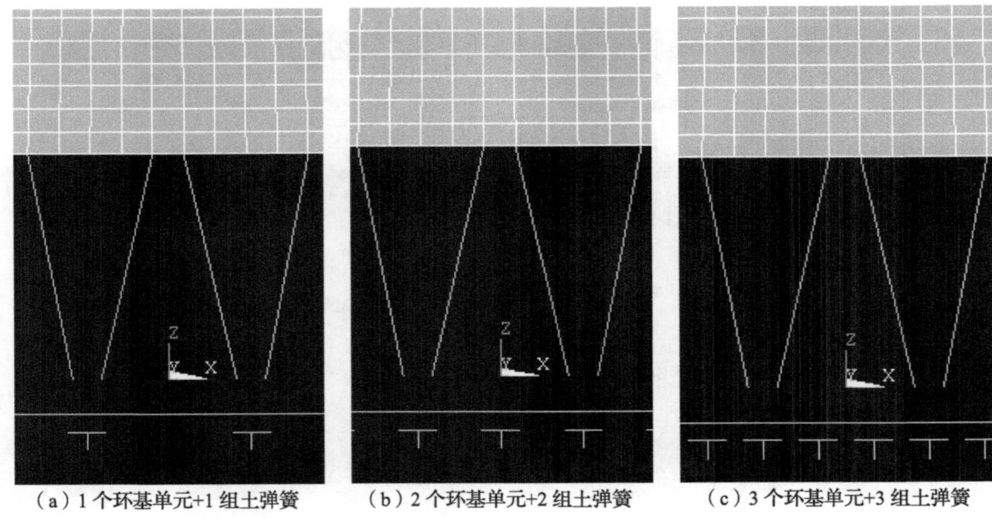

（a）1 个环基单元+1 组土弹簧　（b）2 个环基单元+2 组土弹簧　（c）3 个环基单元+3 组土弹簧

图 2.20　每组底支柱环基与土弹簧设置示意

2.3.6　“桩基参数”参数说明

“桩基参数”选项卡（图 2.21）中的“项目名称”对应“控制面板”选项卡中的“桩基参数”下拉列表框，具备联动操作属性。“分组桩基定义”选项组中的“桩基序号”与“等效刚度序号”定义不同位置桩基的等效刚度分布，“桩基分组数”默认与“柱底环基分组数”相同。“等效土弹簧刚度定义”选项组可以设定特定等效土弹簧参数，模拟冷却塔工程基础的多种复杂工况，具有非对称模拟弹性基础刚度的分布特点，等效刚度的计算方法参见第 9 章“复杂群桩特性”。“桩尺寸参数”选项组中的“中心标高”和“中心半径”可考虑分别取自群桩顶部坐标和底支柱下每组群桩弯曲中心相对于冷却塔塔筒中心线的垂直距离。“边界与约束”通常取为“桩底固结”，“弹性约束”为程序扩展预留接口准备。修改相关参数定义后，单击“保存”按钮生效。

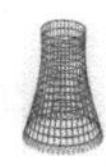

图 2.21　“桩基参数”选项卡

2.3.7　“荷载组合”参数说明

“荷载组合”选项卡（图 2.22）中的“项目名称”对应“控制面板”选项卡中的“荷载组合”下拉列表框，具备联动操作属性。软件平台可考虑冷却塔在常见多种荷载条件的静力组合计算，常见荷载包括“自重”、“风压荷载”、“夏季温差”、“冬季温差”、“地震荷载”和“定制荷载”。

荷载组合Ⅱ中“设计基本风速”指距离地面 10m 高度工程场地重现期 10min 时距设计风速；“风剖面幂指数”指风速剖面幂指数，为风压剖面幂指数的 0.5 倍；“多塔比例系数”为塔筒外表面风压的放大倍数，不含内表面风压的放大倍数；“塔内风压系数”定义为相对于塔筒顶部来流基准风压（10min 时距平均风压）的折算倍数；“风振系数”指塔筒外表面风压动力极值风压与静力风压之比，包含结构风致运动附加惯性荷载项；风压荷载分布模式取自“风载分布”选项卡中关于风压分布的描述，可取自风荷载规范建议的对称风压多项式拟合式，也可为风洞试

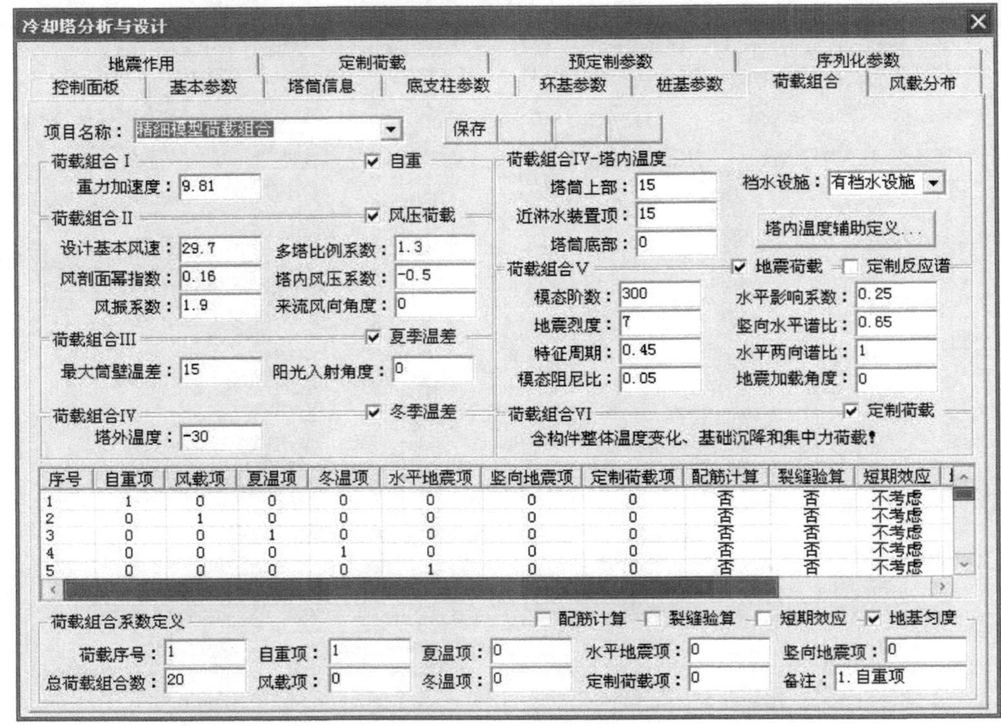

图 2.22 “荷载组合”选项卡

验结果离散点数据结果。在“荷载组合Ⅳ”选项组中单击“塔内温度辅助定义”按钮，打开“冬季温度荷载辅助定义”对话框（图 2.23），塔筒冬季温度项取值参见水工规范[8-10]，单击“导入模型”按钮，相关参数可以自动替换到冷却塔荷载建模文件中。“荷载组合Ⅴ”选项组中的“模态阶数”定义地震反应谱分析过程参与迭代分析的前多阶模态；“地震烈度”和“特征周期”等参数参见工程场地安全评估报告和相关规范的定义。“来流风向角度”、“阳光入射角度”和“地震加载角度”参见图 2.24。

“荷载组合系数定义”选项组中的“总荷载组合数”不大于 40，根据“配筋计算”和“裂缝验算”选项，由多种预定义的可能荷载组合自动生成多种包络内力，并依据最大配筋率给出配筋包络结果。为计入每项荷载对于稳定验算、配筋计算的影响，以风荷载作用为例，选中“风压荷载”复选框。修改相关参数定义后，单击“保存”按钮生效。

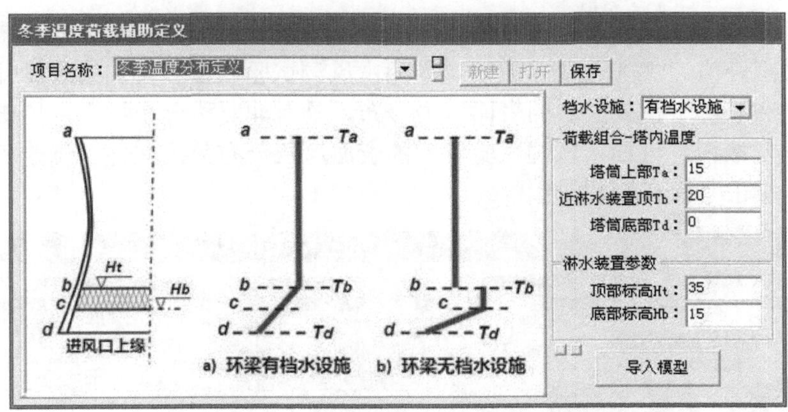

图 2.23　“冬季温度荷载辅助定义”对话框

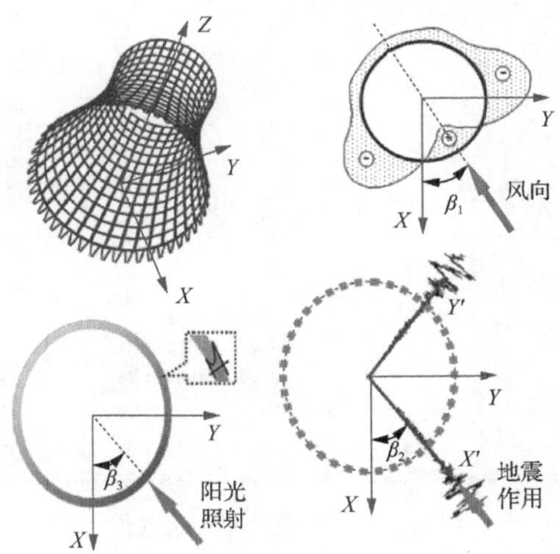

图 2.24　风向角度、阳光入射角度和地震加载角度定义

2.3.8　“风载分布”参数说明

“风载分布”选项卡（图 2.25）中的“项目名称”对应“控制面板”选项卡中的“风载分布”下拉列表框，具备联动操作属性。“风压分布”下拉列表框内有 5 种可选风压分布模式，其中“国标 GB/T 50102—2003 无肋双曲面”和“国标 GB/T 50102—2003 加肋双曲面”取自《工业循环水冷却设计规范》（GB/T 50102—2014）[8]和《火力发电厂水工设计规范》（DL/T 5339—2018）[9]。“风洞试验单塔极值风压 TJ2008”为考虑塔筒表面不同区域压力脉动时程相关性修正后的极值风压曲线，风压时距

为 1～3s。“自定义风压拟合曲线”为由风洞试验或计算流体力学方法获得的表面压力曲线拟合值。“塔筒三维风压分布”为由风洞试验测量获得的考虑冷却塔塔筒端部效应和塔群干扰效应后的表面压力分布，具有非对称分布特点，单击“导入风压数据”按钮，可导入风洞试验实测的表面风压分布数据文件。修改相关参数定义后，单击“保存”按钮生效。

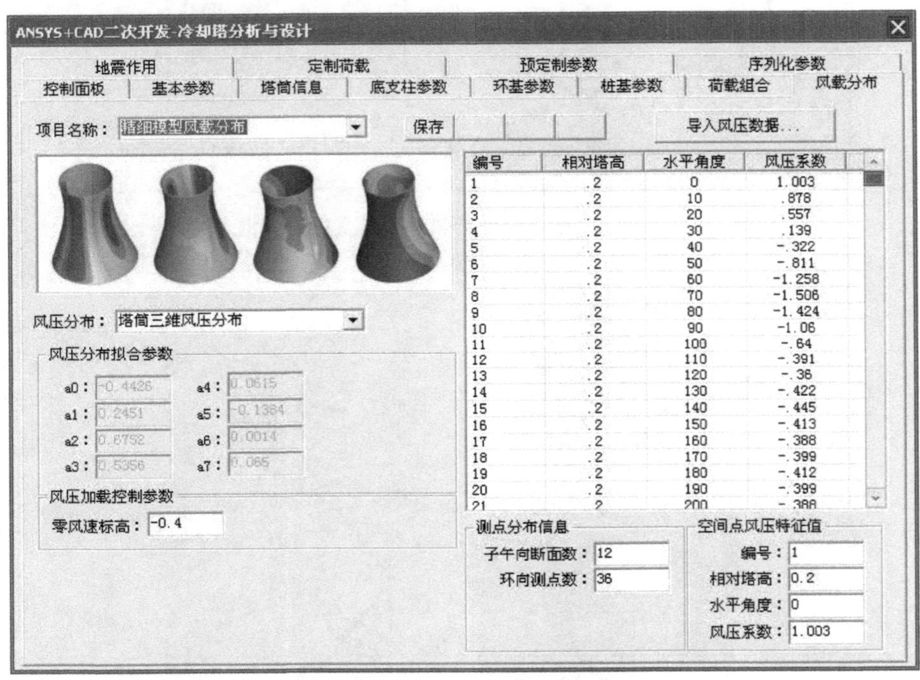

图 2.25 “风载分布”选项卡

2.3.9 “地震作用”参数说明

“地震作用”选项卡（图 2.26）中的“项目名称”对应“控制面板”选项卡中的“地震作用”下拉列表框，具备联动操作属性。在“荷载组合”选项卡中选中“定制反应谱”复选框后，地震反应谱的计算依据图 2.26 所示自定义的反应谱离散点。例如，此处可修改“D:\SelfDef CT Case\ CTModel.mdb”参数文件表单“简化模型地震作用”和“精细模型地震作用”，以添加自定义地震加速度反应谱函数。“水平谱值”与“竖向谱值”的单位为 g（9.8m/s^2）。修改相关参数定义后，单击“保存”按钮生效。

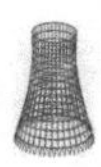

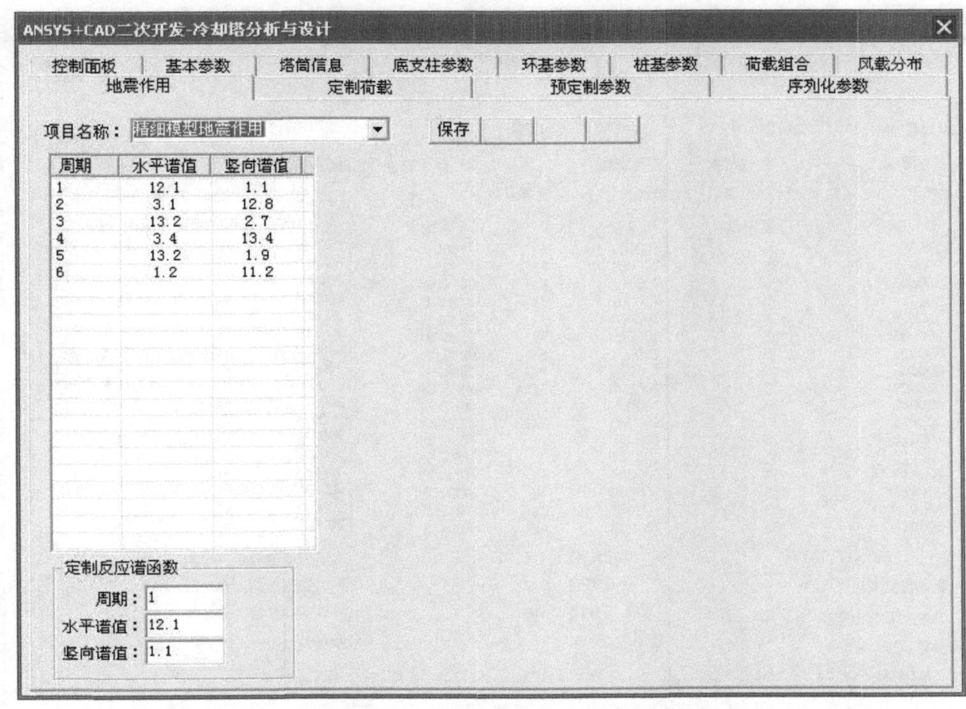

图 2.26　“地震作用”选项卡

2.3.10　“定制荷载”参数说明

在“定制荷载”选项卡（图 2.27）中，对于“定制荷载 I ”，在“ I 类型”下拉列表框中有 4 种预定义加载模式，可以实现冷却塔整体结构或主要构件的局部温度变化，也可以通过修改建模文件“CTModel.mdb”中的“定制荷载_升降温度”参数指定任意构件的温度变化；对于“定制荷载 II ”，可以通过修改建模文件“CTModel.mdb”中的“定制荷载_集中荷载”参数指定任意节点的集中力和弯矩。该功能便于实现作用于塔筒表面的施工荷载等工况；对于“定制荷载III”，可以通过修改建模文件“CTModel.mdb”中的“定制荷载_约束位移”参数指定任意节点的强制位移效应，主要用于考虑基底的不均匀沉降。修改相关参数定义后，单击“保存”按钮生效。

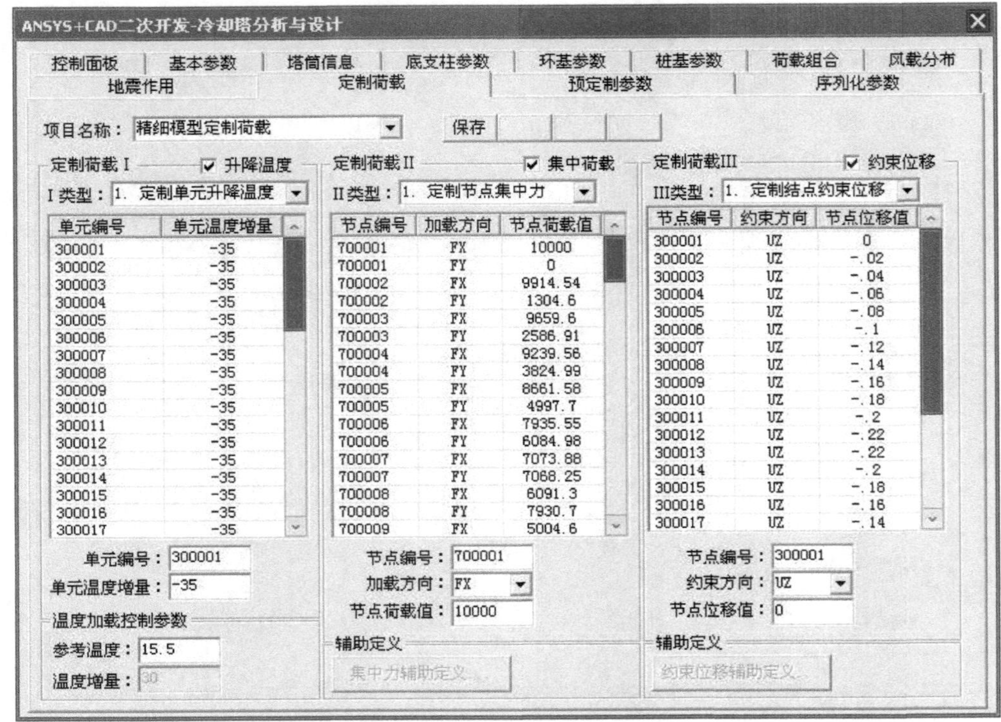

图 2.27 “定制荷载”选项卡

2.3.11 “预定制参数”参数说明

“预定制参数”选项卡（图 2.28）中的“项目名称”对应“控制面板”选项卡中的“预定制参数”下拉列表框，具备联动操作属性。“预定制参数”选项卡中的参数用于定义冷却塔结构建模过程节点、单元、材料实常数等，通常不建议用户自行修改。矩形环基采用 Beam188 单元，“环基矩形截面单元划分”选项组中的“径向单元数”和“竖向单元数”用于细分冷却塔矩形环基单元网格；下环梁也采用 Beam188 单元，“形函数幂次数”可选 2 次项或 3 次项，ANSYS 12.0 以下版本仅接受 2 次项形函数，高阶形函数具有更好的计算精度。“优化参数指标”选项组中的“钢筋造价”和“混凝土造价”用于估算冷却塔结构配筋后钢筋和混凝土用量的总体造价。修改相关参数定义后，单击“保存”按钮生效。

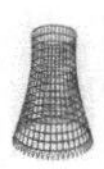

冷却塔分析与设计

控制面板 | 基本参数 | 塔筒信息 | 底支柱参数 | 环基参数 | 桩基参数 | 荷载组合 | 风载分布

地震作用 | 定制荷载 | 预定制参数 | 序列化参数

项目名称：精细模型预定制参数　保存

结构单元或截面类型编号
塔筒单元：1
底支柱单元：2
底支柱截面：2
环基单元：3
环基截面：3
桩基力单元：4
桩基力矩单元：5

结构材料类型编号起点
塔筒材料：0
底支柱材料：1000
环基材料：2000
桩基材料：3000
底支柱实常数：20000
环基实常数：30000
其它实常数：100000

辅助单元或节点编号起点
底支柱交叉点：500000
环基第三节点：10000
底支柱分段单元：700000
环基分段单元：800000

等效土弹簧单元编号起点
竖向力单元：10000
竖向力矩单元：20000
径向力单元：30000
径向力矩单元：40000
环向力单元：50000
环向力矩单元：60000

等效土弹簧尺寸
土弹簧长度：1

优化参数指标
钢筋造价：10000
混凝土造价：500

环基矩形截面单元划分
径向单元数：8
竖向单元数：6

梁单元特征参数
形函数幂次数：2

图 2.28　“预定制参数”选项卡

2.3.12　“序列化参数”参数说明

“序列化参数”选项卡（图 2.29）中的“项目名称”对应“控制面板”选项卡中的“序列化参数”下拉列表框，具备联动操作属性。“序列化参数”选项卡中的内容用于定义结构参数、内力等输入和输出文件名字根，通常不建议用户自行修改。修改相关参数定义后，单击“保存”按钮生效。

图 2.29 “序列化参数”选项卡

2.4 结 构 分 析

在“控制面板”选项卡中设置计算模式，当结构计算与设计过程为冷却塔方案施工图精细化分析阶段时，可选择建模方式和荷载组合较为复杂的“CTModel冷却塔精细化建模”。依次单击分析流程中的“参数应用”、“数据回响”、“MAC代码生成”和“数据文件准备”按钮，完成建模和计算参数设置；单击“开始计算”按钮，执行计算分析流程，相关流程信息提示在“控制面板”选项卡下部的列表框中（图 2.30）。

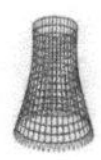

项目名称	信息提示	时间
参数文件准备	15.CAD制图控制参数:D:\SelfDef CT Case\CalcResult\CADPara.txt	10月23日10时51分36秒
参数文件准备	16.稳定性分析拟合参数:D:\SelfDef CT Case\ParaData\K1/K2.txt	10月23日10时51分36秒
冷却塔计算与设计	CTModel冷却塔精细化建模:计算开始,请等待......	10月23日10时53分41秒
冷却塔计算与设计	冷却塔结构参数化建模...	10月23日10时53分41秒
冷却塔计算与设计	冷却塔参数化建模完成!	10月23日10时53分59秒
冷却塔计算与设计	计算过程缓冲...	10月23日10时53分59秒
冷却塔计算与设计	多种荷载组合计算...	10月23日10时54分1秒
常遇荷载组合计算	->总步数:20　当前迭代步:1	10月23日10时55分28秒
常遇荷载组合计算	->总步数:20　当前迭代步:2	10月23日10时56分23秒
常遇荷载组合计算	->总步数:20　当前迭代步:3	10月23日10时57分5秒
常遇荷载组合计算	->总步数:20　当前迭代步:4	10月23日10时57分41秒

图 2.30　计算流程信息提示

2.5　计算效率

比较不同冷却塔模型建模精细化程度和简繁两类计算工况组合条件，WindLock 平台完成工作计算耗时和计算机硬盘空间占用情况，其中精细化模型包含 20 个荷载工况组合（表 2.2），简化模型仅包含 1 个荷载工况组合（表 2.3）。计算开销对比结果见表 2.4。

计算机软、硬件配置：操作系统为 Windows XP Professional（5.1, Build 2600）Service Pack 3（2600.xpsp_SP3_qfe.130704-0421），处理器为 Intel(R) Core(TM)2 Duo CPU P8400 @ 2.26GHz（2 CPUs）四核处理器，内存为 32GB RAM，ANSYS 平台为 ANSYS 12.1 64 位版本。

表 2.2　精细化模型 20 个荷载工况组合

荷载序号	自重项	风载项	夏温项	冬温项	水平地震项	竖向地震项	定制荷载项	配筋计算	裂缝验算	备注
1	1	0	0	0	0	0	0	否	否	1. 自重项
2	0	1	0	0	0	0	0	否	否	2. 风载项
3	0	0	1	0	0	0	0	否	否	3. 冬温项
4	0	0	0	1	0	0	0	否	否	4. 夏温项
5	0	0	0	0	1	0	0	否	否	5. 水平地震项
6	0	0	0	0	0	1	0	否	否	6. 竖向地震项
7	1.35	0.35	0.6	0	1.3	0.5	0	是	否	7. 地震组合一
8	1	0.35	0.6	0	1.3	0.5	0	是	否	8. 地震组合二
9	1	1.4	0	0.6	0	0	0	是	否	9. 风载组合一
10	1	1.4	0.6	0	0	0	0	是	否	10. 风载组合二
11	1	0.84	1	0	0	0	0	是	否	11. 风载组合三
12	1	0.84	0	1	0	0	0	是	否	12. 风载组合四

续表

荷载序号	自重项	风载项	夏温项	冬温项	水平地震项	竖向地震项	定制荷载项	配筋计算	裂缝验算	备注
13	1	1	0.6	0	0	0	0	是	否	13．风载组合五
14	1	1	0	0.6	0	0	0	是	否	14．风载组合六
15	1.35	1.4	0.6	0	0	0	0	是	否	15．风载组合七
16	1.2	1.4	0.6	0	0	0	0	是	否	16．风载组合八
17	1.1	0.526	0.6	0	0	0	0	是	否	17．风载组合九
18	1.2	0.84	1	0	0	0	0	是	否	18．风载组合十
19	1	1	0.6	0	0	0	0	是	是	19．裂缝验算一
20	1	1	0	0.6	0	0	0	是	是	20．裂缝验算二

表 2.3 简化模型单个荷载工况组合

荷载序号	自重项	风载项	夏温项	冬温项	水平地震项	竖向地震项	定制荷载项	配筋计算	裂缝验算	备注
1	1.35	0.35	0.6	0	0	0	0	是	是	1．风载工况

表 2.4 计算开销对比

编号	柱顶间单元数	对柱间单元数	对柱组数	总模板数	模态阶数	硬盘空间/GB	总耗时：多种荷载组合+地震反应谱+后处理分析
1	1	4	48	121	100	23.8	26min：5min+9min+11min
2	1	4	48	121	200	44.9	26min：5min+10min+10min
3	1	4	48	121	10	4.9	18min：5min+2min+10min
4	1	1	48	121	500	47.1	18min：2min+10min+5min
5	1	2	48	121	300	41.1	20min：3min+9min+7min
6	1	2	48	121	400	54.3	23min：3min+12min+7min
7	1	2	48	121	500	67.4	26min：3min+15min+7min
8	1	4	48	121	500	86.9	37min：5min+20min+11min
9	1	1	48	121	1000	93.0	28min：2min+20min+5min
10	1	1	48	54	0	0.50	3min 53s
11	1	1	48	54	100	5.4	5min 38s
12	1	1	48	54	400	19.8	8min 2s
13	1	1	48	54	0	0.49	46s
14	1	1	48	54	50	2.9	1min 32s

注：编号 1～12 为 20 个工况荷载组合+3 种计算模式（多种荷载组合+稳定性验算+配筋与裂缝计算）；编号 13 和 14 为单个工况荷载组合+3 种计算模式（多种荷载组合+稳定性验算+配筋与裂缝计算）。

第3章 配筋与绘图

3.1 配筋原理

钢筋混凝土冷却塔塔筒、底支柱和环基的结构配筋计算包括承载力极限状态计算和正常使用极限状态设计，主要参照混凝土结构设计规范[11-12]中受弯构件、受拉构件和受压构件的正截面承载力计算方法，底支柱为圆形与椭圆形的正截面承载力采用任意截面构件正截面承载力计算方法。

3.1.1 受弯构件

1. *单筋矩形正截面受弯承载力计算*

1）基本公式

单筋矩形截面受弯构件的正截面受弯承载力计算简图如图 3.1 所示，图中的 x 为混凝土受压区高度，z 为内力臂。

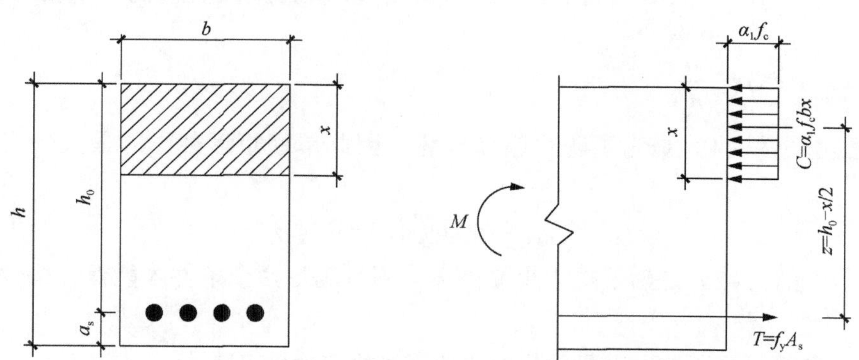

图 3.1 单筋矩形截面受弯构件的正截面受弯承载力计算简图

矩形应力图的受压区高度 x 可取截面应变保持平面的假定所确定的中和轴高度乘以系数 β_1。当混凝土强度等级不超过 C50 时，β_1 取 0.80；当混凝土强度等级为 C80 时，β_1 取 0.74，其间按线性内插法确定。

矩形应力图的应力值可由混凝土轴心抗压强度设计值 f_c 乘以系数 α_1 确定。当混凝土强度等级不超过 C50 时，α_1 取为 1.0；当混凝土强度等级为 C80 时，α_1 取 0.94，其间按线性内插法确定。

由力的平衡条件，可得

$$\alpha_1 f_c bx = f_y A_s \tag{3.1}$$

由力矩平衡条件，可得

$$M_u = \alpha_1 f_c bx\left(h_0 - \frac{x}{2}\right) \tag{3.2}$$

式中，f_c——混凝土轴心抗压强度设计值；

b——截面宽度；

x——混凝土受压区高度；

α_1——系数；

f_y——钢筋抗拉强度设计值；

A_s——纵向受拉钢筋截面面积；

h_0——截面有效高度；

M_u——截面破坏时的极限弯矩。

2）适用条件

（1）$\rho \leqslant \rho_b = \alpha_1 \xi_b \dfrac{f_c}{f_y}$（其中 ρ 为配筋率，ξ_b 为相对界限受压区高度）或 $x \leqslant \xi_b h_0$；

（2）$\rho \geqslant \rho_{min} \dfrac{h}{h_0}$。

适用条件（1）是为了防止超筋破坏，因此单筋矩形截面的最大受弯承载力为

$$M_{u,max} = \alpha_1 f_c b h_0^2 \xi_b (1 - 0.5\xi_b) \tag{3.3}$$

适用条件（2）是为了防止少筋破坏，同时满足两个条件才能保证构件是适筋梁。

3）单筋矩形正截面受弯承载力的计算系数与计算方法

令 $M = M_u$，取计算系数

$$\alpha_s = \frac{M}{\alpha_1 f_c b h_0^2}，即\ \alpha_s = \xi(1 - 0.5\xi) \tag{3.4}$$

$$\gamma_s = \frac{z}{h_0}，即 \gamma_s = 1 - 0.5\xi \tag{3.5}$$

解联立方程式（3.4）与式（3.5），可得

$$\xi = 1 - \sqrt{1 - 2\alpha_s} \tag{3.6}$$

$$\gamma_s = \frac{1 + \sqrt{1 - 2\alpha_s}}{2} \tag{3.7}$$

当按式（3.4）求出 α_s 后，就可由式（3.6）、式（3.7）求得相对受压区高度 ξ、γ_s；$\gamma_s h_0$ 是内力臂，γ_s 为内力矩的内力臂系数，α_s 为截面抵抗矩系数。在截面设计中，求出内力臂系数 γ_s 后，就可方便地算出纵向受拉钢筋的截面面积

$$A_s = \frac{M}{f_y z} = \frac{M}{f_y \gamma_s h_0} \tag{3.8}$$

单筋矩形截面的最大受弯承载力

$$M_{u,max} = \alpha_{s,max} \alpha_1 f_c b h_0^2 \tag{3.9}$$

截面的最大抵抗矩系数

$$\alpha_{s,max} = \xi_b (1 - 0.5\xi_b) \tag{3.10}$$

本结构采用有屈服强度的普通钢筋，钢筋混凝土构件相对界限受压区高度 ξ_b 应按下式计算：

$$\xi_b = \frac{\beta_1}{1 + \dfrac{f_y}{E_s \varepsilon_{cu}}} \tag{3.11}$$

式中，ξ_b ——相对界限受压区高度，取 x_b/h_0，其中 x_b 为界限受压区高度；

E_s ——钢筋弹性模量；

ε_{cu} ——非均匀受压时的混凝土极限压应变。

4）算例验证

算例来源如表 3.1 所示。

表 3.1　算例来源

参考文献	《混凝土结构（上册）：混凝土结构设计原理》（第五版），东南大学、天津大学、同济大学合编（中国建筑工业出版社） 第 3 章 受弯构件的正截面受弯承载力第 56 页[例 3-1]
分析类型	纯弯单筋截面
截面类型	矩形正截面

材料参数如表 3.2 所示。

表 3.2　材料参数

截面规格	截面宽度 b/mm	250
	截面高度 h/mm	500
钢筋型号		HRB400
混凝土强度等级		C30
弯矩组合设计值/(kN·m)		180
受拉钢筋合力作用点至受拉边缘距离 a_s		40
混凝土构件相对界限受压区高度 ξ_b		0.518
等效矩形应力图系数 α_1		1.0

计算结果对比如表 3.3 所示。

表 3.3　计算结果对比

钢筋类型	算例面积/mm^2	大型冷却塔结构配筋与出图系统值/mm^2	比值
受拉钢筋	1261	1261	1.0
受压钢筋			

计算结果对比表明，“大型冷却塔结构配筋与出图系统”的单筋矩形正截面配筋和受弯承载力计算是准确的。

2. 双筋矩形正截面受弯承载力计算

1）基本公式

双筋矩形截面受弯构件的正截面受弯承载力计算简图如图 3.2 所示。

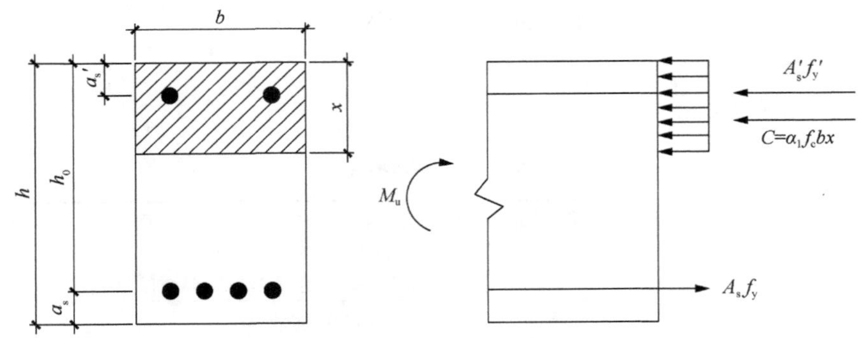

图 3.2　双筋矩形截面受弯构件的正截面受弯承载力计算简图

由力的平衡条件，可得

$$\alpha_1 f_c bx + f'_y A'_s = f_y A_s \tag{3.12}$$

由对受拉钢筋合力点取矩的力矩平衡条件，可得

$$M_u = \alpha_1 f_c bx\left(h_0 - \frac{x}{2}\right) + f'_y A'_s (h_0 - a'_s) \tag{3.13}$$

2）适用条件

应用式（3.12）和式（3.13）时，必须满足下列适用条件：

（1）$x \leqslant \xi_b h_0$；

（2）$x \geqslant 2a'_s$。

为满足适用条件，当混凝土强度等级小于等于 C50 时，对于 335MPa 级、400MPa 级钢筋，其 $\xi_b = 0.55$、0.518，故可直接取 $\xi = \xi_b$，这样可以充分利用混凝土受压区对正截面受弯承载力的贡献。

3）双筋矩形正截面受弯承载力的计算方法

由式（3.12）可得

$$A_s = A'_s \frac{f'_y}{f_y} + \frac{\alpha_1 f_c bx}{f_y} \tag{3.14}$$

令 $f_y = f'_y$，可得

$$A_s = A'_s + \frac{\alpha_1 f_c bx}{f_y} \tag{3.15}$$

当取 $\xi = \xi_b$、$x_b = \xi_b h_0$ 时，令 $M = M_u$，由式（3.13）可得

$$A'_s = \frac{M - \alpha_1 f_c b x_b\left(h_0 - \dfrac{x_b}{2}\right)}{f'_y (h_0 - a'_s)} = \frac{M - \alpha_1 f_c b h_0^2 \xi_b (1 - 0.5\xi_b)}{f'_y (h_0 - a'_s)} \tag{3.16}$$

由式（3.14）可得

$$x = \frac{f_y A_s - f'_y A'_s}{\alpha_1 f_c b} \tag{3.17}$$

若 $x < 2a'_s$，通常可近似认为此时的混凝土压应力合力 C 也作用在受压钢筋合力点处，这样对内力臂计算的误差很小且偏于安全，因此对求解 A_s 的误差也就很小，即

$$M_u = f_y A_s (h_0 - a_s') \tag{3.18}$$

若 $x > \xi_b h_0$，则修改截面规格或提高混凝土强度。

4）算例验证

算例来源如表 3.4 所示。

表 3.4　算例来源

参考文献	《混凝土结构（上册）：混凝土结构设计原理》（第五版），东南大学、天津大学、同济大学合编（中国建筑工业出版社） 第 3 章 受弯构件的正截面受弯承载力第 64 页[例 3-5]
分析类型	纯弯双筋截面
截面类型	矩形正截面

材料参数如表 3.5 所示。

表 3.5　材料参数

截面规格	截面宽度 b/mm	200
	截面高度 h/mm	500
钢筋型号		HRB400
混凝土强度等级		C40
弯矩组合设计值/(kN・m)		330
受拉钢筋合力作用点至受拉边缘距离 a_s		65
受压钢筋合力作用点至受压边缘距离 a_s'		40
相对混凝土界限受压区高度 ξ_b		0.518
等效矩形应力图系数 α_1		1.0
等效矩形应力图系数 β_1		0.8

计算结果对比如表 3.6 所示。

表 3.6　计算结果对比

钢筋类型	算例面积/mm^2	大型冷却塔结构配筋与出图系统值/mm^2	比值
受拉钢筋	2761	2759.8	1.0
受压钢筋	370	370.4	1.0

计算结果对比表明，“大型冷却塔结构配筋与出图系统”的双筋矩形正截面配筋和受弯承载力计算是准确的。

3.1.2　受拉构件

1. 轴心受拉构件正截面受拉承载力计算

与适筋梁相似，轴心受拉构件从加载开始到破坏为止，其受力全过程也可分为 3 个受力阶段。第 I 阶段为从加载到混凝土受拉开裂前；第 II 阶段为混凝土开裂后至钢筋即将屈服；第III阶段为受拉钢筋开始屈服到全部受拉钢筋达到屈服，此时，混凝土裂缝开展很大，可认为构件达到了破坏状态，即达到极限荷载 N_u。

轴心受拉构件破坏时，混凝土早已被拉裂，全部拉力由钢筋来承受，直到钢筋受拉屈服。轴心受拉构件正截面受拉承载力的计算公式如下：

$$N_u = f_y A_s \tag{3.19}$$

式中，N_u——轴心受拉承载力设计值；

f_y——钢筋的抗拉强度设计值；

A_s——受拉钢筋的全部截面面积。

算例验证：

算例来源如表 3.7 所示。

表 3.7　算例来源

参考文献	《混凝土结构（上册）：混凝土结构设计原理》（第五版），东南大学、天津大学、同济大学合编（中国建筑工业出版社） 第 6 章 受拉构件的截面承载力第 168 页[例 6-1]
分析类型	轴向受拉
截面类型	矩形正截面

材料参数如表 3.8 所示。

表 3.8　材料参数

截面规格	截面宽度 b/mm	200
	截面高度 h/mm	150
钢筋型号		HRB400
混凝土强度等级		C30
弯矩组合设计值/(kN·m)		0
轴力组合设计值/kN		288

计算结果对比如表 3.9 所示。

表 3.9 计算结果对比

钢筋规格	算例面积/mm^2	大型冷却塔结构配筋与出图系统值/mm^2	比值
受拉钢筋	800	800	1.0
受压钢筋			

计算结果对比表明，“大型冷却塔结构配筋与出图系统”针对矩形截面的轴心受拉配筋和受拉承载力计算是准确的。

2. 偏心受拉构件正截面受拉承载力计算

1）大偏心受拉构件正截面的承载力计算

当轴向拉力作用在 A_s 合力点及 A_s' 合力点以外时，截面虽开裂，但还有受压区，否则拉力 N 得不到平衡。既然还有受压区，截面就不会通裂，这种情况称为大偏心受拉。

图 3.3 所示为矩形截面大偏心受拉构件的计算简图。当构件被破坏时，钢筋 A_s 及 A_s' 的应力都达到屈服强度，受压区混凝土强度达到 $\alpha_1 f_c$。

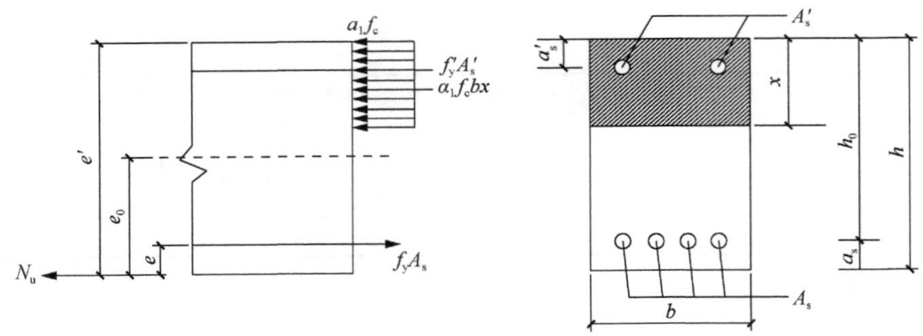

图 3.3 矩形截面大偏心受拉构件的计算简图

基本公式如下：

$$N_u = f_y A_s - f_y' A_s' - \alpha_1 f_c bx \tag{3.20}$$

$$N_u e = \alpha_1 f_c bx \left(h_0 - \frac{x}{2} \right) + f_y' A_s' (h_0 - a_s') \tag{3.21}$$

$$e = e_0 - \frac{h}{2} + a_s \tag{3.22}$$

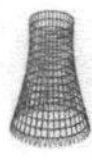

受压区的高度应当符合 $x \leqslant x_b$ 的条件，计算中考虑受压钢筋时，还要符合 $x \geqslant 2a'_s$ 的条件。

设计时为了使钢筋总用量（$A_s + A'_s$）最少，与偏心受压构件相同，应取 $x = x_b$，代入式（3.20）和式（3.21），可得

$$A'_s = \frac{N_u e - \alpha_1 f_c b x_b (h_0 - x_b/2)}{f'_y (h_0 - a'_s)} \tag{3.23}$$

$$A_s = \frac{\alpha_1 f_c b x_b + N_u}{f_y} + \frac{f'_y}{f_y} A'_s \tag{3.24}$$

式中，x_b——界限破坏时受压区的高度，$x_b = \xi_b h_0$。

对称配筋时，由于 $A_s = A'_s$、$f_y = f'_y$，将其代入式（3.20）后，必然会求得 x 为负值，属于 $x < 2a'_s$ 的情况。这时，可按偏心受压的相应情况类似处理，即取 $x = 2a'_s$，并对 A'_s 合力点取矩和取 $A' = 0$ 分别计算 A_s 值，最后按所得较小值配筋。

2）小偏心受拉构件正截面的承载力计算

在小偏心拉力作用下，构件临破坏前，一般情况是截面全部通裂，拉力完全由钢筋承受，其计算简图如图 3.4 所示。

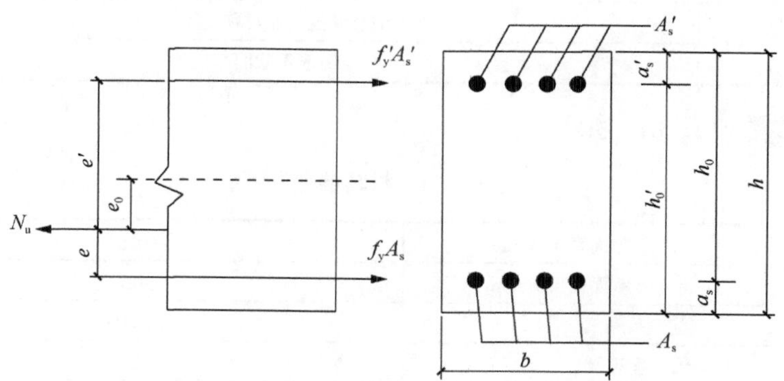

图 3.4　矩形截面小偏心受拉构件的计算简图

在这种情况下，不考虑混凝土的受拉工作。设计时，可假定构件破坏时钢筋 A_s 及 A'_s 的合力点取矩的平衡条件，可得

$$N_u e = f'_y A'_s (h_0 - a'_s) \tag{3.25}$$

$$N_u e' = f_y A_s (h'_0 - a_s) \tag{3.26}$$

其中，

$$e=\frac{h}{2}-e_0-a_s \tag{3.27}$$

$$e'=e_0+\frac{h}{2}-a_s' \tag{3.28}$$

对称配筋时可取

$$A'=A_s=\frac{N_u e'}{f_y(h_0-a_s')} \tag{3.29}$$

$$e'=e_0+\frac{h}{2}-a_s' \tag{3.30}$$

3）算例验证

（1）大偏心受拉（非对称配筋）算例来源如表 3.10 所示。

表 3.10　算例来源

参考文献	《混凝土结构（上册）：混凝土结构设计原理》（第五版），东南大学、天津大学、同济大学合编（中国建筑工业出版社） 第 6 章 受拉构件的截面承载力第 170 页[例 6-2]
分析类型	大偏心受拉（非对称配筋）
截面类型	矩形正截面

材料参数如表 3.11 所示。

表 3.11　材料参数

截面规格	截面宽度 b/mm	1000
	截面高度 h/mm	300
钢筋型号		HRB400
混凝土强度等级		C25
弯矩组合设计值/(kN・m)		120
轴力组合设计值/kN		240
受拉钢筋合力作用点至受拉边缘距离 a_s		35
受压钢筋合力作用点至受压边缘距离 a_s'		35
相对混凝土界限受压区高度 ξ_b		0.55
等效矩形应力图系数 α_1		1.0

计算结果对比如表 3.12 所示。

表 3.12　计算结果对比

钢筋类型	算例面积/mm^2	大型冷却塔结构配筋与出图系统值/mm^2	比值
受拉钢筋	1696	1695.7	1.0
受压钢筋	600	600	1.0

计算结果对比表明，“大型冷却塔结构配筋与出图系统”针对矩形截面在大偏心受拉情况下的非对称配筋和承载力计算是准确的。

（2）小偏心受拉（非对称配筋）算例来源如表 3.13 所示。

表 3.13　算例来源

参考文献	《混凝土结构（上册）》，叶列平编著（中国建筑工业出版社） 第 9 章　受拉构件第 251 页[例 9-1]
分析类型	小偏心受拉（非对称配筋）
截面类型	矩形正截面

材料参数如表 3.14 所示。

表 3.14　材料参数

截面规格	截面宽度 b/mm	300
	截面高度 h/mm	500
钢筋型号		HRB335
混凝土强度等级		C20
弯矩组合设计值/(kN·m)		42
轴力组合设计值/kN		600
受拉钢筋合力作用点至受拉边缘距离 a_s		40
受压钢筋合力作用点至受压边缘距离 a_s'		40
等效矩形应力图系数 α_1		1.0

计算结果对比如表 3.15 所示。

表 3.15　计算结果对比

钢筋类型	算例面积/mm^2	大型冷却塔结构配筋与出图系统值/mm^2	比值
受拉钢筋	1333.3	1333.3	1.0
受压钢筋	666.7	666.7	1.0

计算结果对比表明，“大型冷却塔结构配筋与出图系统”针对矩形截面在小偏

心受拉情况下的非对称配筋和承载力计算是准确的。

（3）大（小）偏心受拉（对称配筋）算例来源如表 3.16 所示。

表 3.16　算例来源

参考文献	《混凝土结构（上册）》，叶列平编著（中国建筑工业出版社） 第 9 章　受拉构件第 251 页[例 9-1]（改为对称配筋）
分析类型	偏心受拉（对称配筋）
截面类型	矩形正截面

材料参数如表 3.17 所示。

表 3.17　材料参数

截面规格	截面宽度 b/mm	300
	截面高度 h/mm	500
钢筋型号		HRB335
混凝土强度等级		C20
弯矩组合设计值/(kN·m)		42
轴力组合设计值/kN		600
等效矩形应力图系数 α_1		1.0

计算结果对比如表 3.18 所示。

表 3.18　计算结果对比

钢筋类型	算例面积/mm^2	大型冷却塔结构配筋与出图系统值/mm^2	比值
受拉钢筋	1333.3	1333.3	1.0
受压钢筋	1333.3	1333.3	1.0

计算结果对比表明，“大型冷却塔结构配筋与出图系统”针对矩形截面在偏心受拉情况下的对称配筋和承载力计算是准确的。

3.1.3　受压构件

《混凝土结构设计规范（2015 年版）》（GB 50010—2010）第 6.2.3 条规定，弯矩作用平面内截面对称的偏心受压构件，当同一主轴方向的杆端弯矩比 M_1/M_2 不大于 0.9 且设计轴压比不大于 0.9 时，若构件的长细比满足式（3.31）的要求，可不考虑轴向压力在该方向挠曲杆件中产生的附加弯矩影响；否则应根据规范第 6.2.4 条的规定，按截面的两个主轴方向分别考虑轴向压力在挠曲杆件中产生的

附加弯矩影响。

$$\frac{l_c}{i} \leqslant 34 - 12\left(\frac{M_1}{M_2}\right) \tag{3.31}$$

式中，M_1、M_2——分别为已考虑侧移影响的偏心受压构件两端截面按结构弹性分析确定的对同一主轴的组合弯矩设计值，绝对值较大端为 M_2，绝对值较小端为 M_1，当构件按单曲率弯曲时，M_1/M_2 取正值，否则取负值；

l_c——构件的计算长度，可近似取偏心受压构件相应主轴方向上下支撑点之间的距离；

i——偏心方向的截面回转半径。

1．轴心受压构件正截面受压承载力计算

配有纵向钢筋和普通箍筋的轴心受压短柱被破坏时，在考虑长柱承载力的降低和可靠度的调整因素后，按照《混凝土结构设计规范（2015 年版）》（GB 50010—2010）给出的轴心受压构件承载力计算公式如下：

$$N_u = 0.9\varphi(f_c A + f_y' A_s') \tag{3.32}$$

式中，N_u——轴向压力承载力设计值；

0.9——可靠度调整系数；

φ——钢筋混凝土轴心受压构件的稳定系数；

f_c——混凝土的轴心抗压强度设计值；

A——构件截面面积；

f_y'——纵向钢筋的抗压强度设计值；

A_s'——全部纵向钢筋的截面面积。

当纵向钢筋配筋率大于 3%时，式（3.32）中的 A 应该用 $(A - A_s')$ 代替。

《混凝土结构设计规范（2015 年版）》（GB 50010—2010）第 6.2.4 条规定，除排架结构柱外，其他偏心受压构件考虑轴向压力在挠曲杆件中产生的二阶效应后控制截面弯矩设计值，按下列公式计算：

$$M = C_m \eta_{ns} M_2 \tag{3.33}$$

$$C_m = 0.7 + 0.3\frac{M_1}{M_2} \tag{3.34}$$

$$\eta_{ns} = 1 + \frac{1}{1300 \times \left(M_2 / N + e_a\right) / h_0}\left(\frac{l_c}{h}\right)^2 \zeta_c \tag{3.35}$$

$$\zeta_c = \frac{0.5 f_c A}{N} \tag{3.36}$$

当 $C_m \eta_{ns} < 1.0$ 时，取 1.0；对剪力墙肢类及核心筒墙肢类构件，可取 $C_m \eta_{ns} = 1.0$ 。

式中，C_m ——构件端截面偏心距调节系数。C_m 小于 0.7 时取 0.7。

η_{ns} ——弯矩增大系数。

N ——与弯矩设计值 M_2 相应的轴向压力设计值。

e_a ——附加偏心距。计算偏心受压构件的正截面承载力时，应计入轴向压力在偏心方向存在的附加偏心距 e_a，其值应取 20mm 和偏心方向截面最大尺寸的 1/30 两者中的较大值。

ζ_c ——截面曲率修正系数。ζ_c 的计算值大于 1.0 时取 1.0。

h——截面高度。对环形截面，取外直径；对圆形截面，取直径。

h_0 ——截面有效高度。对环形截面，取 $h_0 = r_2 + r_s$；对圆形截面，取 $h_0 = r + r_s$。此处，r 为圆形截面的半径，r_s 为纵向普通钢筋重心所在圆周的半径，r_2 为环形截面的外半径。

A ——构件截面面积。

算例验证：

算例来源如表 3.19 所示。

表 3.19　算例来源

参考文献	《混凝土结构（上册）：混凝土结构设计原理》（第五版），东南大学、天津大学、同济大学合编（中国建筑工业出版社） 第 5 章　受压构件的截面承载力第 118 页[例 5-1]
分析类型	轴向受压
截面类型	矩形正截面

材料参数如表 3.20 所示。

表 3.20　材料参数

截面规格	截面宽度 b/mm	400
	截面高度 h/mm	400
钢筋型号		HRB400
混凝土强度等级		C40
弯矩组合设计值/(kN·m)		120
轴力组合设计值/kN		−3090
柱的计算长度 l_0 /mm		3900

计算结果对比如表 3.21 所示。

表 3.21　计算结果对比

钢筋类型	算例面积/mm^2	大型冷却塔结构配筋与出图系统值/mm^2	比值
受拉钢筋			
受压钢筋	1213	1218	1.004

计算结果对比表明，“大型冷却塔结构配筋与出图系统”针对矩形截面的轴心受压配筋和承载力计算是准确的。

2. 矩形截面偏心受压构件正截面受压承载力的基本计算公式

当 $\xi \leqslant \xi_b$ 时，属于大偏心受压破坏形态；当 $\xi > \xi_b$ 时，属于小偏心受压破坏形态。

1）大偏心受压构件正截面受压承载力的基本计算公式

按受弯构件的处理方法，把受压区混凝土曲线压应力图用等效矩形图形来代替，其应力值取为 $\alpha_1 f_c$，受压区高度取为 x，故大偏心受压破坏的截面计算简图如图 3.5 所示。

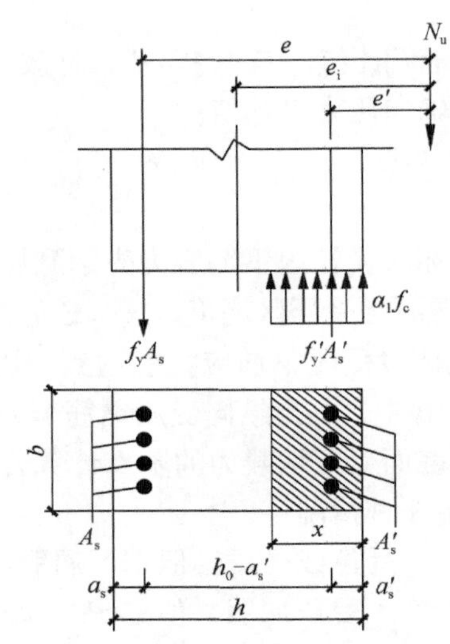

图 3.5　大偏心受压截面承载力计算简图

（1）计算公式。

由力的平衡条件及各力对受拉钢筋合力点取矩的力矩平衡条件，可以得到下面两个基本计算公式：

$$N_u = \alpha_1 f_c bx + f_y' A_s' - f_y A_s \tag{3.37}$$

$$N_u e = \alpha_1 f_c bx\left(h_0 - \frac{x}{2}\right) + f_y' A_s'(h_0 - a_s') \tag{3.38}$$

其中，

$$e = e_i + \frac{h}{2} - a_s \tag{3.39}$$

$$e_i = e_0 + e_a \tag{3.40}$$

$$e_0 = \frac{M}{N} \tag{3.41}$$

式中，N_u——受压承载力设计值；

α_1——混凝土受压区等效矩形应力图系数；

e——轴向力作用点至受拉钢筋 A_s 合力作用点之间的距离；

e_i——初始偏心距；

e_0——轴向力对截面重心的偏心距；

e_a——附加偏心距，其值取 20mm 和偏心方向截面最大尺寸的 1/30 中的较大者；

M——控制截面弯矩设计值，考虑 $P-\delta$ 二阶效应时，按式（3.33）计算；

N——与 M 相应的轴向压力设计值；

x——混凝土受压区高度。

（2）适用条件。

① 为了保证构件被破坏时受拉区钢筋应力先达到屈服强度 f_y，要求 $x \leqslant x_b$，式中 x_b 为界限被破坏时的混凝土受压区高度，$x_b = \xi_b h_0$，ξ_b 与受弯构件的相同。

② 为了保证构件被破坏时受压钢筋应力能达到屈服强度 f_y，与双筋受弯构件一样，要求满足 $x \geqslant 2a_s'$，式中，a_s' 为纵向受压钢筋合力点至受压区边缘的距离。

2）小偏心受压构件正截面受压承载力的基本计算公式

小偏心受压可分为以下 3 种情况：

（1）$\xi_{cy} > \xi > \xi_b$，这时 A_s 受拉或受压，但都不屈服，如图 3.6（a）所示；

（2）$h/h_0 > \xi \geqslant \xi_{cy}$，这时 A_s 受压屈服，但 $x < h$，如图 3.6（b）所示；

（3）$\xi > \xi_{cy}$，且 $\xi \geqslant h/h_0$，这时 A_s 受压屈服，且全截面受压，如图 3.6（c）所示。

ξ_{cy} 为 A_s 受压屈服时的相对受压区高度，见下述。

假设 A_s 是受拉的，根据力的平衡条件可得

$$N_{\mathrm{u}} = \alpha_1 f_{\mathrm{c}} bx + f_{\mathrm{y}}' A_{\mathrm{s}}' - \sigma_{\mathrm{s}} A_{\mathrm{s}} \tag{3.42}$$

$$N_{\mathrm{u}} e = \alpha_1 f_{\mathrm{c}} bx\left(h_0 - \frac{x}{2}\right) + f_{\mathrm{y}}' A_{\mathrm{s}}'(h_0 - a_{\mathrm{s}}') \tag{3.43}$$

式中，x——混凝土受压区高度，当 $x > h$ 时，取 $x = h$；

e——轴向力作用点至受拉钢筋 A_{s} 合力点之间的距离；

σ_{s}——钢筋 A_{s} 的应力值，可根据截面应变保持平截面假定计算，也可近似取

$$\sigma_{\mathrm{s}} = \frac{\xi - \beta_1}{\xi_{\mathrm{b}} - \beta_1} f_{\mathrm{y}} \tag{3.44}$$

要求满足 $-f_{\mathrm{y}} \leqslant \sigma_{\mathrm{s}} \leqslant f_{\mathrm{y}}$，式（3.44）中 ξ、ξ_{b} 分别为相对受压区高度和相对界限受压区高度。

$$e' = \frac{h}{2} - e_{\mathrm{i}} - a_{\mathrm{s}}' \tag{3.45}$$

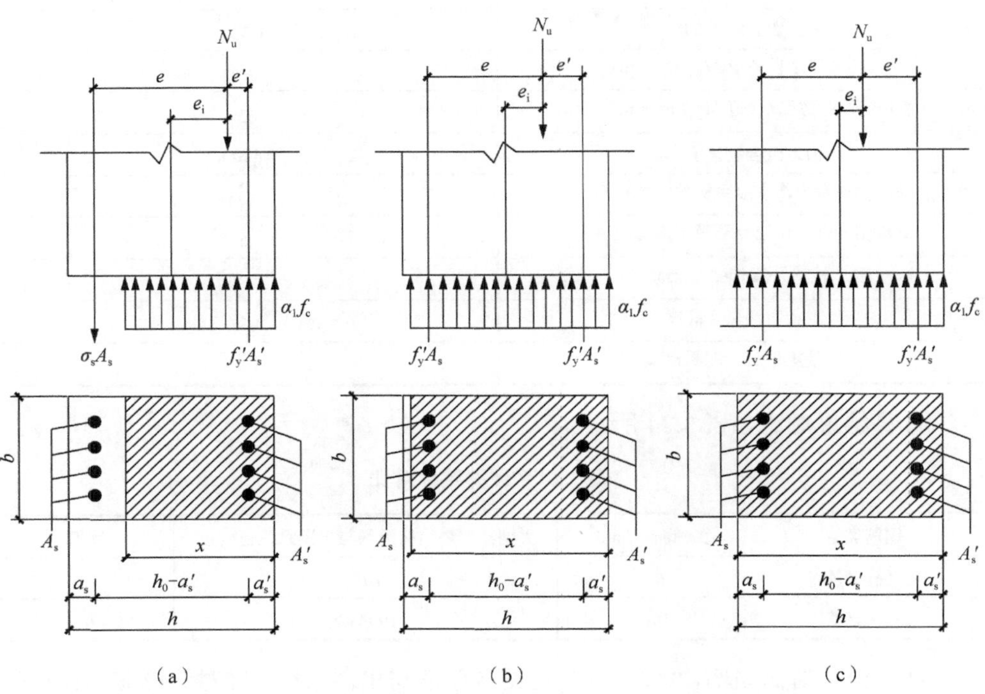

图 3.6　小偏心受压截面承载力计算简图

3）算例验证

（1）小偏心受压（非对称配筋）算例来源如表 3.22 所示。

表 3.22 算例来源

参考文献	《混凝土结构（上册）：混凝土结构设计原理》（第五版），东南大学、天津大学、同济大学合编（中国建筑工业出版社） 第 5 章 受压构件的截面承载力第 143 页[例 5-10]
分析类型	小偏心受压
截面类型	矩形正截面

材料参数如表 3.23 所示。

表 3.23 材料参数

截面规格	截面宽度 b/mm	400
	截面高度 h/mm	600
钢筋型号		HRB400
混凝土强度等级		C35
杆端弯矩设计值 M_1 /(kN • m)		130
杆端弯矩设计值 M_2 /(kN • m)		65
轴力组合设计值/kN		−4600
受拉钢筋合力作用点至受拉边缘距离 a_s		45
受压钢筋合力作用点至受压边缘距离 a_s'		45
柱的计算长度 l_0 /mm		3000
界限相对混凝土高度 ξ_b		0.55
等效矩形应力图系数 α_1		1.0

计算结果对比如表 3.24 所示。

表 3.24 计算结果对比

钢筋类型	算例面积/mm^2	大型冷却塔结构配筋与出图系统值/mm^2	比值
受拉钢筋	615	615	1.0
受压钢筋	1966	1994.62	1.015

计算结果对比表明，“大型冷却塔结构配筋与出图系统”针对矩形截面在小偏心受压情况下的非对称配筋和承载力计算是准确的。

（2）大偏心受压（非对称配筋）算例来源如表 3.25 所示。

表 3.25　算例来源

参考文献	《混凝土结构》（上册），叶列平编著（中国建筑工业出版社） 第 8 章 受压构件第 213 页[例 8-3]
分析类型	大偏心受压（非对称配筋）
截面类型	矩形正截面

材料参数如表 3.26 所示。

表 3.26　材料参数

截面规格	截面宽度 b/mm	300
	截面高度 h/mm	500
钢筋型号		HRB400
混凝土强度等级		C30
杆端弯矩设计值 M_1 /(kN・m)		300
杆端弯矩设计值 M_2 /(kN・m)		200
轴力组合设计值/kN		−1500
受拉钢筋合力作用点至受拉边缘距离 a_s		40
受压钢筋合力作用点至受压边缘距离 a_s'		40
柱的计算长度 l_0 /mm		4500

计算结果对比如表 3.27 所示。

表 3.27　计算结果对比

钢筋类型	算例面积/mm^2	大型冷却塔结构配筋与出图系统值/mm^2	比值
受拉钢筋	617	633.34	1.026
受压钢筋	1914.1	1962.43	1.025

计算结果对比表明，“大型冷却塔结构配筋与出图系统”针对矩形截面在大偏心受压情况下的非对称配筋和承载力计算是准确的。

（3）大偏心受压（对称配筋）算例来源如表 3.28 所示。

表 3.28　算例来源

参考文献	《混凝土结构（上册）：混凝土结构设计原理》（第五版），东南大学、 天津大学、同济大学合编（中国建筑工业出版社） 第 5 章 受压构件的截面承载力第 148 页[例 5-12]

续表

分析类型	大偏心受压（对称配筋）
截面类型	矩形正截面

材料参数如表 3.29 所示。

表 3.29 材料参数

截面规格	截面宽度 b/mm	300
	截面高度 h/mm	400
钢筋型号		HRB400
混凝土强度等级		C30
杆端弯矩设计值 M_1 /(kN·m)		218
杆端弯矩设计值 M_2 /(kN·m)		200.56
轴力组合设计值/kN		−396
受拉钢筋合力作用点至受拉边缘距离 a_s		40
受压钢筋合力作用点至受压边缘距离 a_s'		40
柱的计算长度 l_0 /mm		2400

计算结果对比如表 3.30 所示。

表 3.30 计算结果对比

钢筋类型	算例面积/mm^2	大型冷却塔结构配筋与出图系统值/mm^2	比值
受拉钢筋	1434	1432.3	0.9988
受压钢筋	1434	1432.3	0.9988

计算结果对比表明，“大型冷却塔结构配筋与出图系统”针对矩形截面在大偏心受压情况下的对称配筋和承载力计算是准确的。

（4）小偏心受压（对称配筋）算例来源如表 3.31 所示。

表 3.31 算例来源

参考文献	《混凝土结构（上册）：混凝土结构设计原理》（第五版），东南大学、天津大学、同济大学合编（中国建筑工业出版社） 第 5 章 受压构件的截面承载力第 148 页[例 5-13]
分析类型	小偏心受压（对称配筋）
截面类型	矩形正截面

材料参数如表 3.32 所示。

表 3.32　材料参数

截面规格	截面宽度 b/mm	400
	截面高度 h/mm	700
钢筋型号		HRB400
混凝土强度等级		C40
杆端弯矩设计值 M_1 /(kN·m)		350
杆端弯矩设计值 M_2 /(kN·m)		308
轴力组合设计值/kN		−3500
受拉钢筋合力作用点至受拉边缘距离 a_s		45
受压钢筋合力作用点至受压边缘距离 a_s'		45
柱的计算长度 l_0 /mm		3300

计算结果对比如表 3.33 所示。

表 3.33　计算结果对比

钢筋类型	算例面积/mm^2	大型冷却塔结构配筋与出图系统值/mm^2	比值
受拉钢筋	111	117	1.05
受压钢筋	111	117	1.05

计算结果对比表明，“大型冷却塔结构配筋与出图系统”针对矩形截面在小偏心受压情况下的对称配筋和承载力计算是准确的。

3.1.4　椭圆形构件正截面承载力计算

计算圆形与椭圆形构件正截面承载力，采用任意截面构件正截面承载力计算的方法，可按下列方法计算：

（1）将截面划分为有限多个混凝土单元和纵向钢筋单元，并近似取单元应变和应力为均匀分布，其合力点在单元重心处，如图 3.7 所示。

（2）各单元的应变按截面应变保持平面的假定由下列公式确定：

$$\varepsilon_{ci} = \phi_u[(x_{ci}\sin\theta + y_{ci}\cos\theta) - r] \tag{3.46}$$

$$\varepsilon_{sj} = -\phi_u[(x_{sj}\sin\theta + y_{sj}\cos\theta) - r] \tag{3.47}$$

$$\varepsilon_{pk} = \phi_u[(x_{pk}\sin\theta + y_{pk}\cos\theta) - r] + \varepsilon_{p0k} \tag{3.48}$$

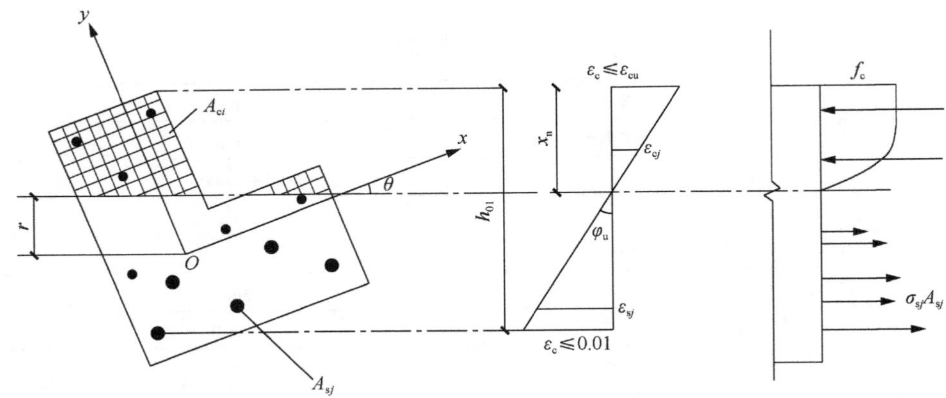

图 3.7　椭圆形构件正截面承载力计算

（3）截面达到承载能力极限状态时的极限曲率 ϕ_u 应按下列两种情况确定。

① 当截面受压区外边缘的混凝土压应变 ε_c 达到混凝土极限压应变 ε_{cu} 且受拉区最外排钢筋的应变 $\varepsilon_{s1} < 0.01$ 时，应按下式计算：

$$\phi_u = \frac{\varepsilon_{cu}}{x_n} \tag{3.49}$$

② 当截面受拉区最外排钢筋的应变 ε_{s1} 达到 0.01 且受压区边缘的混凝土压应变 ε_c 小于混凝土极限压应变 ε_{cu} 时，应按下式计算：

$$\phi_u' = \frac{0.01}{h_{01} - x_n} \tag{3.50}$$

（4）混凝土单元的压应力和普通钢筋单元的应力应按正截面承载力基本假定确定。

（5）构件正截面承载力应按下列公式计算：

$$N \leqslant \sum_{i=1}^{l} \sigma_{ci} A_{ci} - \left(\sum_{j=1}^{m} \sigma_{sj} A_{sj} - \sum_{k=1}^{n} \sigma_{sk} A_{sk} \right) \tag{3.51}$$

$$M_x \leqslant \sum_{i=1}^{l} \sigma_{ci} A_{ci} y_{ci} - \sum_{j=1}^{m} \sigma_{sj} A_{sj} x_{sj} - \sum_{k=1}^{n} \sigma_{pk} A_{pk} y_{pk} \tag{3.52}$$

$$M_y \leqslant \sum_{i=1}^{l} \sigma_{ci} A_{ci} y_{ci} - \left(\sum_{j=1}^{m} \sigma_{sj} A_{sj} y_{sj} - \sum_{k=1}^{n} \sigma_{pk} A_{pk} y_{pk} \right) \tag{3.53}$$

式中，N——轴向力设计值，当为压力时取正值，当为拉力时取负值。

M_x、M_y——椭圆截面 x 轴、y 轴方向的弯矩设计值。

ε_{ci}、σ_{ci}——分别为第 i 个混凝土单元的应变、应力，受压时取正值，受拉时取应力 $\sigma_{ci}=0$；序号 i 为 $1,2,\cdots,l$，此处，l 为混凝土单元数。

A_{ci}——第 i 个混凝土单元面积。

x_{ci}、y_{ci}——分别为第 i 个混凝土单元重心到 y 轴、x 轴的距离，x_{ci} 在 y 轴右侧及 y_{ci} 在 x 轴上侧时取正值。

ε_{sj}、σ_{sj}——分别为第 j 个普通钢筋单元的应变、应力，受拉时取正值。

A_{sj}——第 j 个普通钢筋单元面积。

x_{sj}、y_{sj}——分别为第 j 个普通钢筋单元重心到 y 轴、x 轴的距离，x_{sj} 在 y 轴右侧及 y_{sj} 在 x 轴上侧时取正值。

ε_{pk}、σ_{pk}——分别为第 k 个预应力筋单元的应变、应力，受拉时取正值。

ε_{p0k}——第 k 个预应力筋单元在该单元重心处混凝土法向应力等于零时的应变。

A_{pk}——第 k 个预应力筋单元面积。

x_{pk}、y_{pk}——分别为第 k 个预应力钢筋单元重心到 y 轴、x 轴的距离，x_{pk} 在 y 轴右侧及 y_{pk} 在 x 轴上侧时取正值。

r——截面重心至中和轴的距离。

h_{01}——截面受压区外边缘至受拉区最外排普通钢筋之间垂直于中和轴的距离。

θ——x 轴与中和轴的夹角，顺时针方向取正值。

x_n——中和轴至受压区最外侧边缘的距离。

钢筋面积计算流程图如图 3.8 所示。

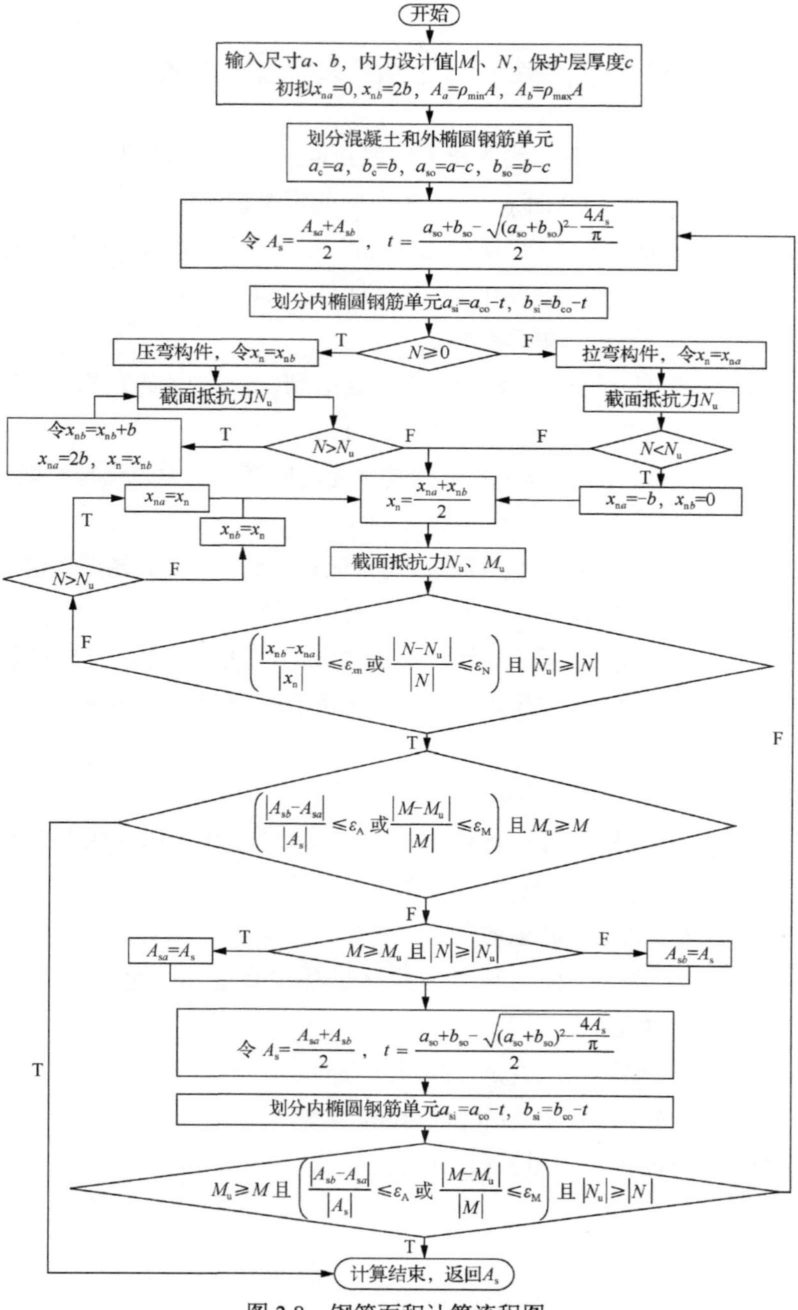

开始

输入尺寸a、b，内力设计值$|M|$、N，保护层厚度c
初拟$x_{na}=0$, $x_{nb}=2b$，$A_a=\rho_{\min}A$，$A_b=\rho_{\max}A$

划分混凝土和外椭圆钢筋单元
$a_c=a$，$b_c=b$，$a_{so}=a-c$，$b_{so}=b-c$

令 $A_s=\dfrac{A_{sa}+A_{sb}}{2}$，$t=\dfrac{a_{so}+b_{so}-\sqrt{(a_{so}+b_{so})^2-\dfrac{4A_s}{\pi}}}{2}$

划分内椭圆钢筋单元$a_{si}=a_{co}-t$，$b_{si}=b_{co}-t$

$N\geqslant 0$ T F

压弯构件，令$x_n=x_{nb}$

拉弯构件，令$x_n=x_{na}$

截面抵抗力N_u

截面抵抗力N_u

令$x_{nb}=x_{nb}+b$
$x_{na}=2b$，$x_n=x_{nb}$

$N>N_u$ T F

$N<N_u$ F T

$x_{na}=x_n$

$x_{nb}=x_n$

$x_n=\dfrac{x_{na}+x_{nb}}{2}$

$x_{na}=-b$，$x_{nb}=0$

$N>N_u$ T F

截面抵抗力N_u、M_u

$\left(\dfrac{|x_{nb}-x_{na}|}{|x_n|}\leqslant\varepsilon_{xn}\text{或}\dfrac{|N-N_u|}{|N|}\leqslant\varepsilon_N\right)$且$|N_u|\geqslant|N|$ F T

$\left(\dfrac{|A_{sb}-A_{sa}|}{|A_s|}\leqslant\varepsilon_A\text{或}\dfrac{|M-M_u|}{|M|}\leqslant\varepsilon_M\right)$且$M_u\geqslant M$ T F

$M\geqslant M_u$且$|N|\geqslant|N_u|$ T F

$A_{sa}=A_s$

$A_{sb}=A_s$

令 $A_s=\dfrac{A_{sa}+A_{sb}}{2}$，$t=\dfrac{a_{so}+b_{so}-\sqrt{(a_{so}+b_{so})^2-\dfrac{4A_s}{\pi}}}{2}$

划分内椭圆钢筋单元$a_{si}=a_{co}-t$，$b_{si}=b_{co}-t$

$M_u\geqslant M$且$\left(\dfrac{|A_{sb}-A_{sa}|}{|A_s|}\leqslant\varepsilon_A\text{或}\dfrac{|M-M_u|}{|M|}\leqslant\varepsilon_M\right)$且$|N_u|\geqslant|N|$ T F

计算结束，返回A_s

图 3.8　钢筋面积计算流程图

承载能力计算流程图如图 3.9 所示。

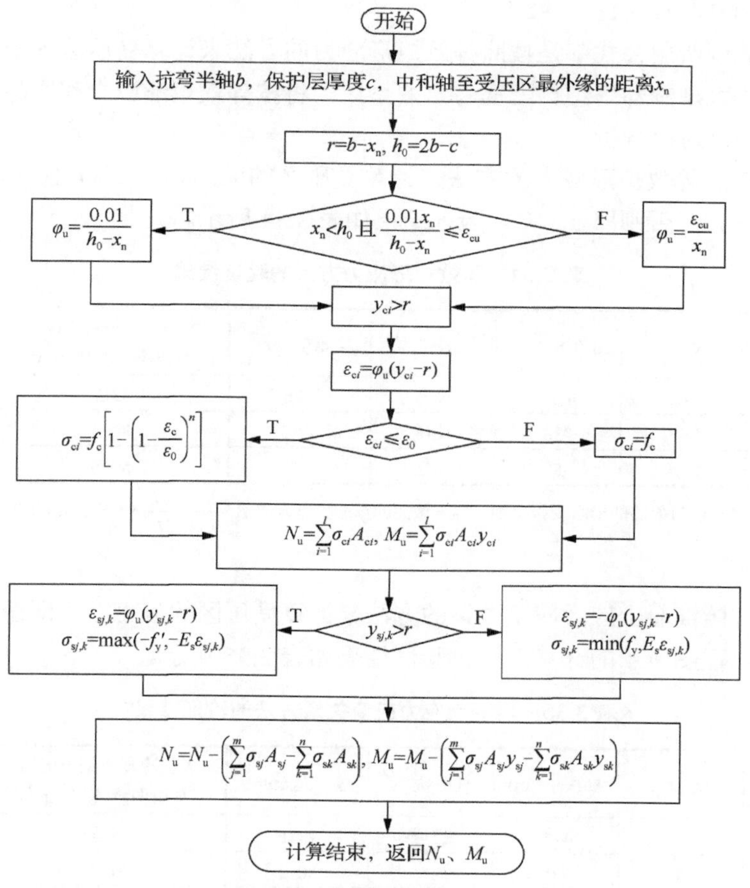

图 3.9　承载能力计算流程图

算例验证：

由于椭圆形截面构件配筋计算资料较少，基本还处于理论分析阶段，本书采用圆形截面作为其特殊情况进行验证，验证的算例来源于以下参考文献：

(1) 施岚青，傅德炫. 钢筋混凝土圆形环形截面构件程序设计和计算用表[M]. 北京：地震出版社，1992.

(2) 徐文平. 圆形截面钢筋砼偏心受压构件正截面承载力精确求解方法[J]. 住宅科技，1997 (4)：12-13.

（3）李广平．圆形截面钢筋混凝土偏压构件正截面承载力的精确算法[J]．工业建筑，2001，31（11）：82-84.

因为算例所用公式都是按照等效矩形应力的方法来计算受压区的应力的，所以验证时“大型冷却塔结构配筋与出图系统”将按等效矩形应力和实际应力两种方法分别进行对比分析。

（1）按照等效矩形应力的方法来计算受压区的应力，当 $y>r$ 且 $y>r+0.2x_{\mathrm{n}}$ 时，取 $\sigma_i=f_{\mathrm{c}}$；否则取 $\sigma_i=0$。验证结果如表 3.34 所示。

表 3.34　等效矩形应力方法的验证结果

r/mm	N/kN	M/(kN·m)	构件类型	文献值/mm²	大型冷却塔结构配筋与出图系统值/mm²	误差/%
200	−419	41.9	拉弯	2326*	2217	4.67
400	0	738	纯弯	8013	8074	0.77
350	1700	650	压弯	5079	5066	0.27

* 该值是参照均匀配筋的偏心受拉截面（其正截面的承载力基本符合 $\frac{N}{N_{\mathrm{u0}}}+\frac{M}{M_{\mathrm{u}}}=1$ 的变化规律）求解而得的，是略偏于安全的。

（2）按照混凝土应力应变关系的方法来计算受压区的应力时，即图 3.8 钢筋面积计算流程图所示的计算方法。验证结果如表 3.35 所示。

表 3.35　混凝土应力应变关系方法的验证结果

r/mm	N/kN	M/(kN·m)	构件类型	文献值/mm²	大型冷却塔结构配筋与出图系统值/mm²	误差/%
200	−419	41.9	拉弯	2326	2211	4.91
400	0	738	纯弯	8013	8163	0.84
350	1700	650	压弯	5079	5239	0.95

可以看出，对于圆形截面来说，两者的计算结果都在工程中容许的误差范围内，但误差较大的计算结果却更接近实际受力状态。这也印证了《混凝土结构设计规范（2015 年版）》（GB 50010—2010）条文说明 6.2.6 中的解释：采用等效矩形压应力图形简化计算受压区混凝土的应力在用于三角形、圆形截面的受压区时，会带来一定的误差。

计算结果对比表明，“大型冷却塔结构配筋与出图系统”针对椭圆形截面的配筋和承载力计算是正确的。

3.1.5　裂缝验算

在长期荷载作用下，由于混凝土收缩将使裂缝宽度不断增大，同时由于受拉区混凝土的应力松弛和滑移徐变，裂缝间受拉钢筋的平均应变将不断增大，从而也使裂缝宽度不断增大。根据试验结果，将相关的各种系数归并后，根据《混凝土结构设计规范（2015 年版）》（GB 50010—2010）第 7.1.2 条规定对矩形截面的钢筋混凝土受拉、受弯和偏心受压构件，按荷载效应的准永久组合并考虑长期作用影响的最大裂缝宽度可按下列公式计算：

$$\omega_{\max} = \alpha_{cr}\psi\frac{\sigma_{sq}}{E_s}\left(1.9c_s + 0.08\frac{d_{eq}}{\rho_{te}}\right)(\text{mm}) \tag{3.54}$$

$$\psi = 1.1 - 0.65\frac{f_{tk}}{\rho_{te}\sigma_{sq}} \tag{3.55}$$

$$d_{eq} = \frac{\sum n_i d_i^2}{\sum n_i v_i d_i} \tag{3.56}$$

$$\rho_{te} = \frac{A_s}{A_{te}} \tag{3.57}$$

式中，ψ——裂缝间纵向受拉钢筋应变不均匀系数。试验研究表明，可近似表达为当$\psi < 0.2$时，取ψ=0.2；当$\psi > 1$时，取ψ=1；对直接承受重复荷载的构件，取ψ=1。

ρ_{te}——按有效受拉混凝土截面面积计算的纵向受拉钢筋配筋率，在最大裂缝宽度验算中，当$\rho_{te} < 0.01$时，取ρ_{te}=0.01。

c_s——最外层纵向受拉钢筋外边缘至受拉区底边的距离（mm）。当$c_s < 20$mm 时，取c_s=20mm；当$c_s > 65$mm 时，取c_s=65mm。

σ_{sq}——按荷载准永久组合计算的钢筋混凝土构件纵向受拉普通钢筋应力。

E_s——钢筋的弹性模量。

α_{cr}——构件受力特征系数，对于钢筋混凝土构件有：轴心受拉构件，$\alpha_{cr} = 2.7$；偏心受拉构件，$\alpha_{cr} = 2.4$；受弯和偏心受压构件，$\alpha_{cr} = 1.9$。

A_{te}——有效混凝土截面面积：对于轴心受拉构件，取构件截面面积；对于受弯、偏心受压和偏心受拉构件，取$A_{te} = 0.5bh + (b_f - b)h_f$，此处，$b_f$、$h_f$分别为受拉翼缘的宽度、高度。

A_s——受拉区纵向普通钢筋截面面积。

f_{tk}——混凝土轴心抗拉强度标准值。

d_{eq}——受拉区纵向钢筋的等效直径（mm）。

d_i——受压区第 i 种纵向钢筋的公称直径。

n_i——受压区第 i 种纵向钢筋的根数。

ν_i——受拉区第 i 种纵向钢筋的相对粘结特性系数。

纵向受拉钢筋的应力 σ_{sq} 的计算。钢筋混凝土构件在荷载准永久组合下拉区纵向钢筋的应力按下列公式计算：

轴心受拉构件

$$\sigma_{sq}=\frac{N_q}{A_s} \tag{3.58}$$

偏心受拉构件

$$\sigma_{sq}=\frac{N_q e'}{A_s(h_0-a_s')} \tag{3.59}$$

受弯构件

$$\sigma_{sq}=\frac{M_q}{0.87h_0A_s} \tag{3.60}$$

偏心受压构件

$$\sigma_{sq}=\frac{N_q(e-z)}{A_s z} \tag{3.61}$$

其中，

$$z=\left[0.87-0.12(1-\gamma_f')\left(\frac{h_0}{e}\right)^2\right]h_0 \tag{3.62}$$

$$e=\eta_s e_0+y_s \tag{3.63}$$

$$\gamma_f'=\frac{(b_f'-b)h_f'}{bh_0} \tag{3.64}$$

$$\eta_s=1+\frac{1}{4000e_0/h_0}\left(\frac{l_0}{h}\right)^2 \tag{3.65}$$

式中，A_s——受拉区纵向普通钢筋截面面积。对于轴心受拉构件，取全部纵向普通钢筋截面面积；对于偏心受拉构件，取受拉较大边的纵向普通钢筋截面面积；对于受弯、偏心受压构件，取受拉区纵向普通钢筋截面面积。

N_q、M_q——按荷载准永久值组合计算的轴向力值、弯矩值。

e'——轴向拉力作用点至受压区或受拉较小边纵向普通钢筋合力点的距离。

e——轴向压力作用点至纵向受拉普通钢筋合力点的距离。

e_0——荷载准永久组合下的初始偏心距，取为 M_q/N_q。

z ——纵向受拉普通钢筋合力点至截面受压区合力点的距离，且不大于$0.87h_0$。
η_s ——使用阶段的轴向压力偏心距增大系数，当$l_0/h \leqslant 14$时，取 1.0。
y_s ——截面重心至纵向受拉普通钢筋合力点的距离。
γ_f' ——受压翼缘截面面积与腹板有效截面面积的比值。
b_f'、h_f' ——分别为受压区翼缘的宽度、高度，当$h_f' > 0.2h_0$时，取$0.2h_0$。

算例验证：

1. 矩形截面轴心受拉构件

算例来源如表 3.36 所示。

表 3.36　算例来源

参考文献	《混凝土结构（上册）：混凝土结构设计原理》（第五版），东南大学、天津大学、同济大学合编（中国建筑工业出版社） 第 8 章 变形、裂缝及延性和耐久性第 220 页[例 8-3]
分析类型	轴向受拉
截面类型	矩形正截面

材料参数如表 3.37 所示。

表 3.37　材料参数

截面规格	截面宽度 b/mm	200
	截面高度 h/mm	160
钢筋型号		HRB400
钢筋直径/mm		16
钢筋面积/mm^2		804
混凝土强度等级		C40
轴力组合设计值/kN		142
保护层厚度/mm		25
箍筋直径/mm		6

本例中“大型冷却塔结构配筋与出图系统” c_s 取 31mm。
计算结果对比如表 3.38 所示。

表 3.38　计算结果对比

钢筋类型	算例面积/mm^2	大型冷却塔结构配筋与出图系统值/mm^2	比值
受拉钢筋	0.197	0.19641	0.997
受压钢筋			

计算结果对比表明，“大型冷却塔结构配筋与出图系统”针对矩形截面轴心受拉的裂缝计算是准确的。

2. 矩形截面受弯构件

算例来源如表 3.39 所示。

表 3.39 算例来源

参考文献	《混凝土结构（上册）：混凝土结构设计原理》（第五版），东南大学、天津大学、同济大学合编（中国建筑工业出版社） 第 8 章 变形、裂缝及延性和耐久性第 220 页[例 8-4]
分析类型	受弯
截面类型	矩形正截面

材料参数如表 3.40 所示。

表 3.40 材料参数

截面规格	截面宽度 b/mm	200
	截面高度 h/mm	500
钢筋型号		HRB400
钢筋直径/mm		16
钢筋面积/mm^2		804
混凝土强度等级		C30
杆端弯矩设计值 M_q/(kN・m)		64.29
保护层厚度/mm		25
箍筋直径/mm		8

本例中“大型冷却塔结构配筋与出图系统”c_s 取 33mm。
计算结果对比如表 3.41 所示。

表 3.41 计算结果对比

钢筋类型	算例面积/mm^2	大型冷却塔结构配筋与出图系统值/mm^2	比值
受拉钢筋	0.1879	0.1879	1.0
受压钢筋			

计算结果对比表明，“大型冷却塔结构配筋与出图系统”针对矩形截面受弯的裂缝计算是准确的。

3. 矩形截面对称配筋偏心受压构件

算例来源如表 3.42 所示。

表 3.42　算例来源

参考文献	《混凝土结构（上册）：混凝土结构设计原理》（第五版），东南大学、天津大学、同济大学合编（中国建筑工业出版社）第 8 章 变形、裂缝及延性和耐久性第 221 页[例 8-6]
分析类型	偏压
截面类型	矩形正截面

材料参数如表 3.43 所示。

表 3.43　材料参数

截面规格	截面宽度 b/mm	350
	截面高度 h/mm	600
钢筋型号		HRB335
混凝土强度等级		C30
杆端弯矩设计值 M_q /(kN · m)		160
轴力组合设计值/kN		−380
保护层厚度/mm		30
柱的计算长度 l_0 /mm		5000
箍筋直径/mm		10
钢筋面积/mm^2		1256

本例“大型冷却塔结构配筋与出图系统”中 c_s 取 40mm。
计算结果对比如表 3.44 所示。

表 3.44　计算结果对比

钢筋类型	算例面积/mm^2	大型冷却塔结构配筋与出图系统值/mm^2	比值
受拉钢筋	0.144	0.144	1.0
受压钢筋			

计算结果对比表明，“大型冷却塔结构配筋与出图系统”针对矩形截面偏心受压对称配筋的裂缝计算是准确的。

4. 矩形截面偏心受拉构件

算例来源如表 3.45 所示。

表 3.45　算例来源

参考文献	《混凝土结构设计原理》李斌编（清华大学出版社、北京交通大学出版社）第 9 章 钢筋混凝土构件的变形、裂缝及混凝土结构的耐久性第 215 页[例 9-6]
分析类型	偏拉
截面类型	矩形正截面

材料参数如表 3.46 所示。

表 3.46　材料参数

截面规格	截面宽度 b/mm	160
	截面高度 h/mm	200
钢筋型号		HRB335
混凝土强度等级		C25
轴力组合设计值/kN		130
保护层厚度/mm		25
偏心距/mm		35
箍筋直径/mm		10
钢筋面积/mm^2		804

本例“大型冷却塔结构配筋与出图系统”中 c_s 取 40mm。

计算结果对比如表 3.47 所示。

表 3.47　计算结果对比

钢筋类型	算例面积/mm^2	大型冷却塔结构配筋与出图系统值/mm^2	比值
受拉钢筋	0.27	0.2655	1.0
受压钢筋			

计算结果对比表明，“大型冷却塔结构配筋与出图系统”针对矩形截面偏心受拉非对称配筋的裂缝计算是准确的。

3.2　参数定义

单击“建模与分析”模块“控制面板”选项卡中的“制图参数设置”按钮，对冷却塔不同部分混凝土设计参数、钢筋配置、椭圆门和支柱垫石等规格进行预定义（图 3.10），共有 5 组参数设置页面，分别为“刚性环”参数设置页面（图 3.11）、“塔

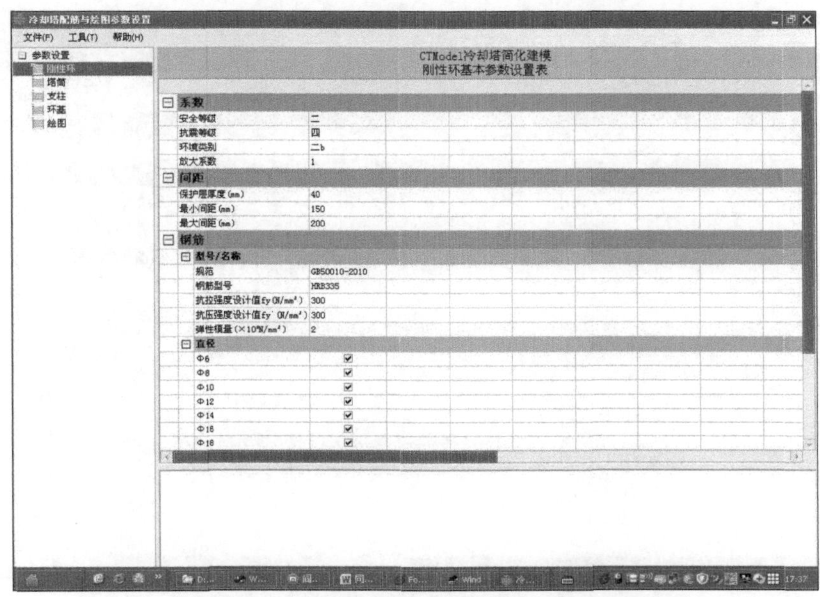

图 3.10　“冷却塔配筋与绘图参数设置”页面

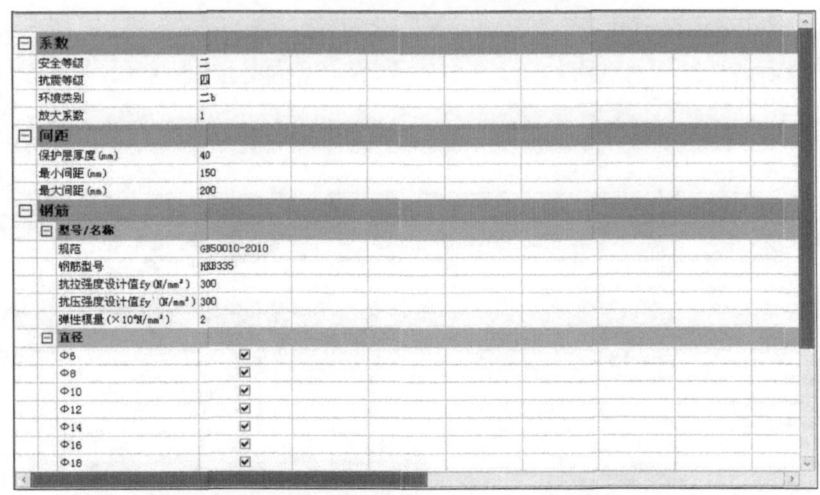

图 3.11　“刚性环”参数设置页面

筒”参数设置页面（图 3.12）、“支柱”参数设置页面（图 3.13）、“环基”参数设置页面（图 3.14）和“绘图”参数设置页面（图 3.15）。修改参数后，选择窗口菜单栏中的“文件”→“保存项目”选项进行保存。

参数	值
⊟ 子午向布筋形式	
起始模板	2-3-4
终止模板	2-3-4
⊟ 爬梯参数	
椭圆门标高	16.800
⊟ 系数	
安全等级	二
抗震等级	四
环境类别	二b
⊟ 放大系数	
145	1
144	1
143	1
142	1
141	1
140	1
139	1
138	1
137	1
136	1
135	1
134	1
133	1
132	1

图 3.12　“塔筒”参数设置页面

参数	值
⊟ 主筋布置形式	
全截面	双排
⊟ 系数	
安全等级	二
抗震等级	四
环境类别	二b
放大系数	1
⊟ 间距	
保护层厚度(mm)	40
最小间距(mm)	50
最大间距(mm)	300
⊟ 钢筋	
⊟ 型号/名称	
规范	GB50010-2010
纵筋型号	HRB335
抗拉强度设计值fy(N/mm²)	300
抗压强度设计值fy(N/mm²)	300
弹性模量(×10⁵N/mm²)	2
箍筋型号	HPB235
抗拉强度设计值fy(N/mm²)	210
抗压强度设计值fy(N/mm²)	210
弹性模量(×10⁵N/mm²)	2.1
⊟ 直径	
Φ6	☐

图 3.13　“支柱”参数设置页面

⊟ 系数	
安全等级	二
抗震等级	四
环境类别	二b
放大系数	1
⊟ 间距	
保护层厚度(mm)	40
最小间距(mm)	60
最大间距(mm)	200
⊟ 钢筋	
⊟ 型号/名称	
规范	GB50010-2010
钢筋型号	HRB335
抗拉强度设计值fy(N/mm²)	300
抗压强度设计值fy'(N/mm²)	300
弹性模量(×10⁵N/mm²)	2
⊟ 直径	
Φ6	☐
Φ8	☐
Φ10	☐
Φ12	☑
Φ14	☑
Φ16	☑
Φ18	☑

图 3.14　“环基”参数设置页面

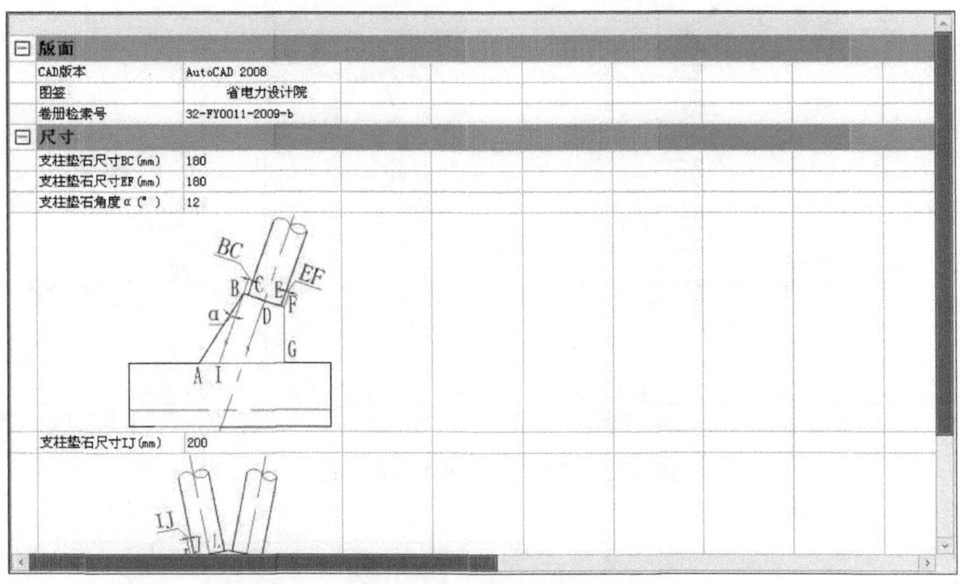

⊟ 版面	
CAD版本	AutoCAD 2008
图签	省电力设计院
卷册检索号	32-FY0011-2009-b
⊟ 尺寸	
支柱垫石尺寸BC(mm)	180
支柱垫石尺寸EF(mm)	180
支柱垫石角度α(°)	12
支柱垫石尺寸IJ(mm)	200

图 3.15　“绘图”参数设置页面

3.3 软件运行

结构分析计算完成后，单击“配筋与绘图”图标，在打开的“冷却塔配筋与绘图”窗口中依次确定“项目信息”“内力结果”“参数设置”“配筋计算”等参数选项［图 3.16（a）］。其中，“配筋计算”需要依次选择“刚性环”、“塔筒-环向”、“塔筒-子午向”、“支柱”和“环基”选项完成具体配筋分析［图 3.16（b）］，分别对应刚性环配筋结果（图 3.17）、塔筒-环向配筋结果（图 3.18）、塔筒-子午向配筋结果（图 3.19）、支柱配筋结果（图 3.20）和环基配筋结果（图 3.21）。选择“绘制图纸”选项，软件自动调用绘图功能模块（图 3.22），并在目录下生成相应的 CAD 文件列表（图 3.23），对应于此处的列表目录文件夹为“D:\SelfDef CT Case\CalcResult\Drawings”。

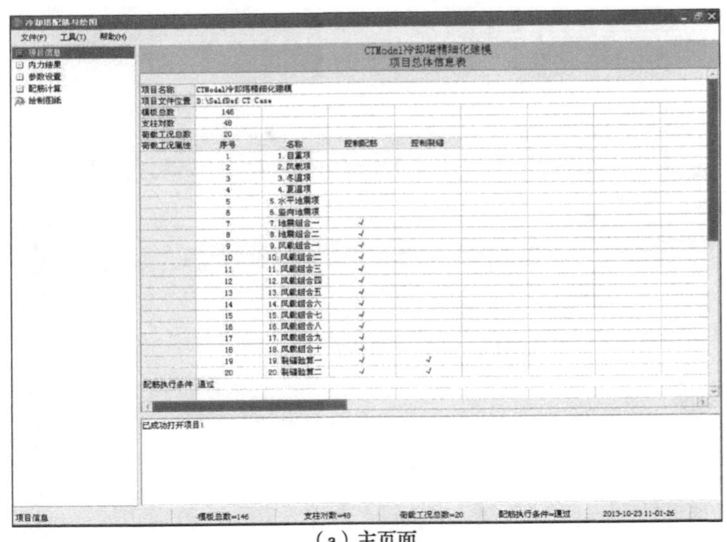

（a）主页面

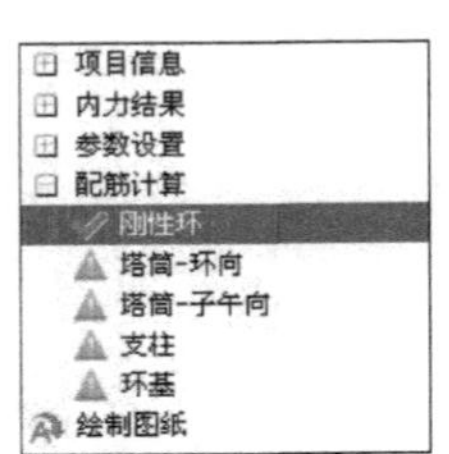

（b）“配筋计算”下拉菜单

图 3.16　“冷却塔配筋与绘图”窗口

构件名称	最小配筋率(%)				理论配筋				配筋面积	实际配筋	
	ρmin	内力			Asmax(mm²)	内力				配筋面积	配筋率
		M(kN*m)	N(kN)	来源		M(kN*m)	N(kN)	来源	As(mm²)	As(mm²)	ρ
裙板环向	0.071	2.667	51.617	10.风载组合二:66.8	5074	111.018	1738.422	12.风载组合四:173.2	5074	9817	5.0
裙板竖向	-3.183	-0.896	-1.141	10.风载组合二:270.7	259	12.798	4.849	12.风载组合四:Mmax	840	855	0.3
平台板环向	-3.066	-0.675	-469.383	11.风载组合三:150.7	1498	11.039	882.677	18.风载组合十:74.3	2220	3053	0.4
平台板横向	-3.183	-0.442	-1.434	10.风载组合二:98.2	525	9.671	265.517	15.风载组合七:284.3	1641	1696	0.3

图 3.17　刚性环配筋结果

模板序号	最小配筋率(%)											
	ρs	内力			ρs′	内力			ρmin	内力		
		M(kN*m)	N(kN)	来源		M(kN*m)	N(kN)	来源		M(kN*m)	N(kN)	
145	0.008	-22.795	179.611	11.风载组合三:111.8	0.000	8.693	61.102	15.风载组合七:74.3	0.052	8.693	61.102	15.风
144	-0.119	-45.984	0.287	18.风载组合十:51.8	0.000	-45.984	0.287	18.风载组合十:51.8	-0.119	-45.984	0.287	18.风
143	0.000	-48.087	363.020	7.地震组合一:0.7	0.083	13.699	289.545	10.风载组合二:Mmax	0.108	-14.278	121.285	11.风
142	0.000	-33.481	262.922	8.地震组合二:314.3	0.000	61.703	-0.258	9.风载组合一:344.3	0.165	-10.327	181.137	11.风
141	0.001	-34.472	282.982	10.风载组合二:315.7	0.065	-4.686	100.707	17.风载组合九:180.7	0.094	-5.842	100.537	17.风
140	-0.214	-65.627	0.135	10.风载组合二:8.2	0.000	-65.627	0.135	10.风载组合二:8.2	-0.214	-65.627	0.135	10.风
139	-0.189	-55.098	-0.091	10.风载组合二:338.2	0.000	-55.098	-0.091	10.风载组合二:338.2	-0.189	-55.098	-0.091	10.风
138	-0.261	-73.983	-0.388	18.风载组合十:351.8	0.000	-73.983	-0.388	18.风载组合十:351.8	-0.261	-73.983	-0.388	18.风
137	-0.251	-67.593	0.383	18.风载组合十:344.3	0.000	60.677	-0.790	9.风载组合一:336.8	-0.251	-67.593	0.383	18.风
136	-0.192	-48.769	0.125	15.风载组合七:338.2	0.000	-48.769	0.125	15.风载组合七:338.2	-0.192	-48.769	0.125	15.风
135	-0.156	-38.235	-0.293	17.风载组合九:344.3	0.000	-38.235	-0.293	17.风载组合九:344.3	-0.156	-38.235	-0.293	17.风
134	-0.199	-47.269	0.272	10.风载组合二:15.7	0.000	43.784	-0.751	9.风载组合一:14.3	-0.199	-47.269	0.272	10.风
133	0.000	-10.362	108.070	7.地震组合一:83.2	0.000	89.964	-0.033	12.风载组合四:Mmin	0.096	1.339	87.561	17.风
132	0.000	-11.591	124.304	11.风载组合三:128.2	0.000	39.950	-0.390	9.风载组合一:344.3	0.096	1.553	85.253	17.风
131	0.000	-11.588	125.555	18.风载组合十:128.2	0.000	87.960	-0.310	12.风载组合四:14.3	0.094	1.810	83.020	17.风
130	0.000	-7.593	83.321	8.地震组合二:126.8	0.000	85.945	-0.186	12.风载组合四:344.3	0.090	1.510	79.361	17.风
129	0.000	-22.386	253.072	10.风载组合二:255.7	0.029	2.184	75.406	17.风载组合九:180.7	0.087	1.663	75.355	17.风
128	-0.166	-33.166	-0.396	17.风载组合九:344.3	0.000	-33.166	-0.396	17.风载组合九:344.3	-0.166	-33.166	-0.396	17.风
127	0.000	-8.420	97.717	8.地震组合二:81.8	0.025	2.674	73.467	17.风载组合九:180.7	0.087	2.615	73.453	17.风
126	0.002	-5.870	72.804	8.地震组合二:128.2	0.022	2.733	68.734	17.风载组合九:180.7	0.083	2.677	68.714	17.风
125	0.001	-5.502	67.680	17.风载组合九:224.3	0.000	73.169	-0.382	12.风载组合四:344.3	0.078	2.772	64.196	17.风
124	-0.160	-29.542	0.091	17.风载组合九:15.7	0.000	75.437	0.253	12.风载组合四:15.7	-0.160	-29.542	0.091	17.风
123	-0.161	-29.155	-0.746	17.风载组合九:15.7	0.000	-29.155	-0.746	17.风载组合九:15.7	-0.161	-29.155	-0.746	17.风

图 3.18　塔筒-环向配筋结果

模板节线序号	最小配筋率 (%)										
	ρs	内力			ρs′	内力			ρmin		
		M (kN*m)	N (kN)	来源		M (kN*m)	N (kN)	来源		M (kN*m)	N (kN)
145	-3.183	-0.896	-1.141	10.风载組合二:270.7	-3.183	-0.896	-1.141	10.风载組合二:270.7	-6.366	-0.896	-1.141
144	0.008	2.446	-23.105	9.风载組合一:Mmin	0.010	-3.043	-15.547	10.风载組合二:Mmax	0.208	2.446	-23.105
143	0.022	6.528	-31.244	9.风载組合一:359.3	0.027	-8.122	-47.848	10.风载組合二:Mmax	0.222	6.528	-31.244
142	0.096	26.771	-40.147	9.风载組合一:359.3	0.025	-7.073	-62.912	10.风载組合二:278.2	0.225	-7.073	-62.912
141	0.185	48.149	-47.946	9.风载組合一:0.7	0.031	-7.968	-77.279	10.风载組合二:Mmax	0.231	-7.968	-77.279
140	0.200	-7.776	-99.789	7.地震組合一:Mmax	0.019	-4.708	-94.022	18.风载組合十:180.7	0.219	-4.708	-94.022
139	0.200	-3.437	-113.829	7.地震組合一:Mmax	0.009	-2.159	-107.722	18.风载組合十:180.7	0.209	-2.159	-107.722
138	-3.131	-0.838	-93.088	8.地震組合二:180.7	-3.131	-0.838	-93.088	8.地震組合二:180.7	-6.263	-0.838	-93.088
137	-3.125	0.277	-102.360	8.地震組合二:171.8	-3.125	0.277	-102.360	8.地震組合二:171.8	-6.250	0.277	-102.360
136	-3.118	0.615	-111.639	8.地震組合二:171.8	-3.118	0.615	-111.639	8.地震組合二:171.8	-6.236	0.615	-111.639
135	-3.112	0.880	-120.571	8.地震組合二:179.3	-3.112	0.880	-120.571	8.地震組合二:179.3	-6.224	0.880	-120.571
134	-3.106	0.836	-129.114	8.地震組合二:179.3	-3.106	0.836	-129.114	8.地震組合二:179.3	-6.211	0.836	-129.114
133	-3.099	0.525	-137.416	8.地震組合二:179.3	-3.099	0.525	-137.416	8.地震組合二:179.3	-6.198	0.525	-137.416
132	-3.093	0.447	-145.458	8.地震組合二:179.3	-3.093	0.447	-145.458	8.地震組合二:179.3	-6.186	0.447	-145.458
131	-3.087	0.578	-153.235	8.地震組合二:179.3	-3.087	0.578	-153.235	8.地震組合二:179.3	-6.174	0.578	-153.235
130	-3.081	0.332	-160.861	8.地震組合二:179.3	-3.081	0.332	-160.861	8.地震組合二:179.3	-6.163	0.332	-160.861
129	-3.075	0.177	-168.249	8.地震組合二:179.3	-3.075	0.177	-168.249	8.地震組合二:179.3	-6.150	0.177	-168.249
128	-3.069	0.518	-175.341	8.地震組合二:179.3	-3.069	0.518	-175.341	8.地震組合二:179.3	-6.139	0.518	-175.341
127	-3.064	0.846	-182.251	8.地震組合二:179.3	-3.064	0.846	-182.251	8.地震組合二:179.3	-6.128	0.846	-182.251
126	-3.057	0.690	-188.950	8.地震組合二:179.3	-3.057	0.690	-188.950	8.地震組合二:179.3	-6.114	0.690	-188.950
125	-3.052	0.460	-195.407	8.地震組合二:179.3	-3.052	0.460	-195.407	8.地震組合二:179.3	-6.103	0.460	-195.407
124	-3.048	0.663	-201.697	8.地震組合二:Mmax	-3.048	0.663	-201.697	8.地震組合二:Mmax	-6.095	0.663	-201.697
123	-3.042	0.581	-207.878	8.地震組合二:Mmax	-3.042	0.581	-207.878	8.地震組合二:Mmax	-6.084	0.581	-207.878

图 3.19　塔筒-子午向配筋结果

支柱边	最小配筋率 (%)				理论配筋			
	ρmin	内力			Asmax (mm²)	内力		
		M (kN*m)	N (kN)	来源		M (kN*m)	N (kN)	来源
全截面纵筋	0.400	-0.131	-3595.310	7.地震組合一:1号左边支柱环向边上端	39573.013	-85.544	-21687.400	15.风载組合七:9号右边支柱环
箍筋(普通区)								
箍筋(加密区)								

图 3.20　支柱配筋结果

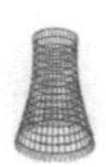

环基边	最小配筋率 (%)				理论配筋				
	ρmin	内力			Asmax (mm²)	内力			配筋面积
		M (kN*m)	N (kN)	来源		M (kN*m)	N (kN)	来源	As (mm²)
顶边 (环向均布)	0.000	-3792.470	4018.710	10. 风载组合二:3号单元	35200.000	-6678.910	6394.330	7. 地震组合一:16号单元	37752
底边 (环向均布)	0.000	5269.080	5577.960	9. 风载组合一:26号单元	35200.000	4770.500	4975.040	9. 风载组合一:107号单元	37752
底边 (支柱处加密)	0.000	4822.450	5112.410	18. 风载组合十:45号单元	43592.609	-18341.600	6945.260	15. 风载组合七:115号单元	43593
侧边 (环向均布)	0.034	-182.148	3567.270	10. 风载组合二:88号单元	16946.326	13291.900	7108.670	15. 风载组合七:118号单元	37752

图 3.21　环基配筋结果

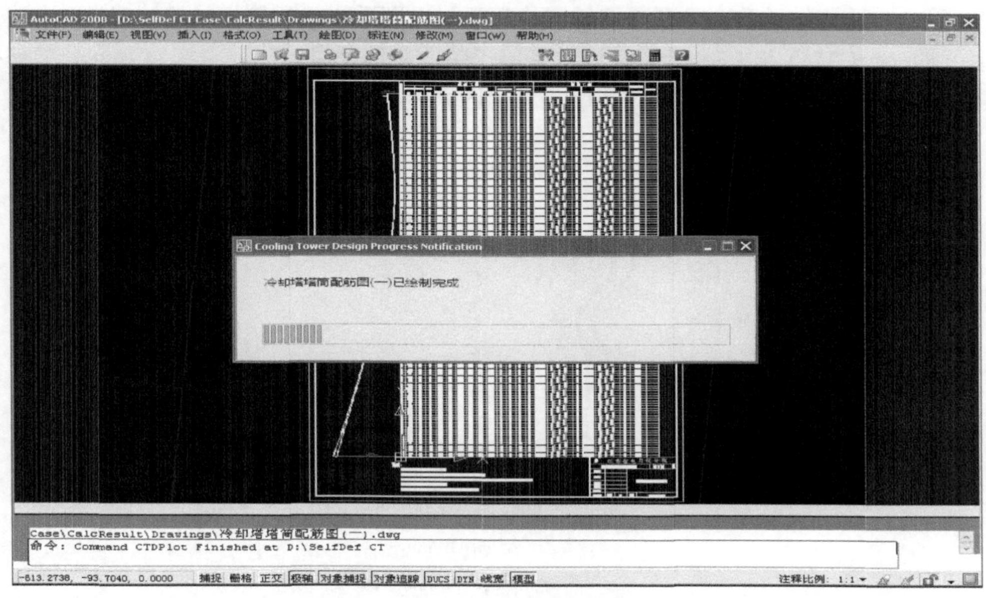

图 3.22　软件自动调用绘图功能模块

名称	大小	类型	修改日期
避雷装置施工图.dwg	106 KB	AutoCAD 图形	2013-10-23 11:14
环形基础配筋详图.dwg	138 KB	AutoCAD 图形	2013-10-23 11:15
冷却塔几何尺寸图.dwg	95 KB	AutoCAD 图形	2013-10-23 11:14
冷却塔立面图.dwg	101 KB	AutoCAD 图形	2013-10-23 11:14
冷却塔塔筒配筋图(二).dwg	172 KB	AutoCAD 图形	2013-10-23 11:14
冷却塔塔筒配筋图(一).dwg	165 KB	AutoCAD 图形	2013-10-23 11:14
人字支柱几何尺寸图.dwg	99 KB	AutoCAD 图形	2013-10-23 11:15
上塔步梯图(二).dwg	130 KB	AutoCAD 图形	2013-10-23 11:14
上塔步梯图(一).dwg	143 KB	AutoCAD 图形	2013-10-23 11:14
上塔爬梯图(二).dwg	269 KB	AutoCAD 图形	2013-10-23 11:15
上塔爬梯图(一).dwg	253 KB	AutoCAD 图形	2013-10-23 11:15
塔顶栏杆施工图.dwg	95 KB	AutoCAD 图形	2013-10-23 11:14
填函及钢制柔口联接图.dwg	107 KB	AutoCAD 图形	2013-10-23 11:15
图纸目录.dwg	70 KB	AutoCAD 图形	2013-10-23 11:13
椭圆门施工图.dwg	106 KB	AutoCAD 图形	2013-10-23 11:14
支柱配筋图.dwg	97 KB	AutoCAD 图形	2013-10-23 11:15

图 3.23　CAD 文件列表

3.4　工 程 验 证

以国电民权发电有限公司一期工程 8500m^2 逆流式自然通风冷却塔为工程实例，采用 LBS 计算结果验证大型冷却塔结构配筋与出图系统中配筋模块的正确性。本软件（即 PostCTD）与 LBS 计算得到的塔筒子午向配筋结果对比如图 3.24 所示，配筋结果对比表明，“大型冷却塔结构配筋与出图系统”的配筋计算是可靠的。

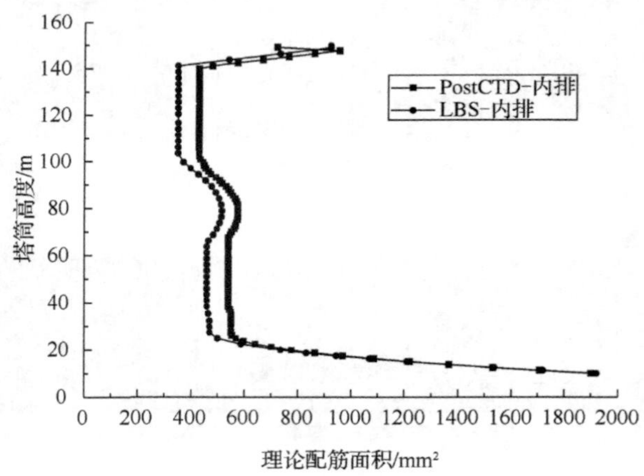

（a）塔筒子午向内排钢筋面积对比

图 3.24　某 8500m^2 逆流式自然通风冷却塔工程实例验证

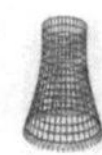

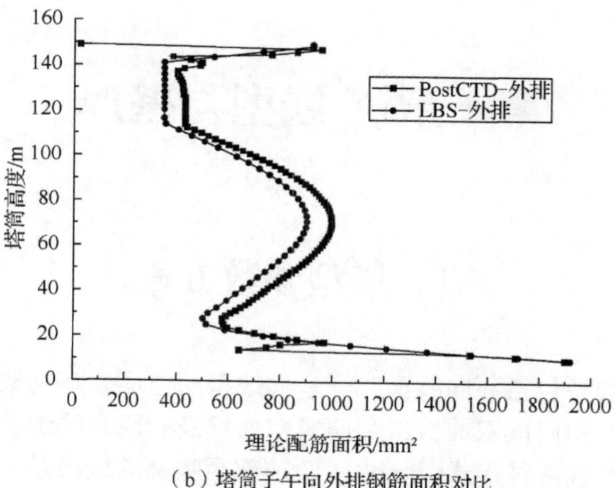

（b）塔筒子午向外排钢筋面积对比

图 3.24（续）

第 4 章 线型与壁厚

4.1 塔型参数方程

双曲面塔筒线型包括环向线型和子午向线型两方面，环向线型是圆曲线，子午向线型（母线）由两段双曲线或由两段双曲线及一段直线组成。子午向线型通常有两段线和三段线两种形式[13]：由塔筒顶部至喉部的线段是一段双曲线，记为线段Ⅰ（图 4.1）；由塔筒喉部至底部的线段由另一段双曲线和一段直线构成，分别记为线段Ⅱ和线段Ⅲ，线段Ⅱ、Ⅲ在交点处斜率一致。三段线由线段Ⅰ、Ⅱ、Ⅲ组成，两段线只有Ⅰ、Ⅱ段曲线组成，两段线是三段线的特殊情况。

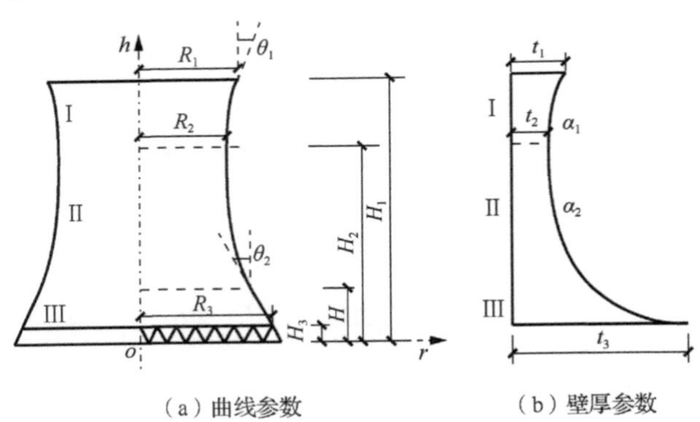

图 4.1　参数化双曲面塔筒示意图

线段Ⅰ、Ⅱ采用移轴双曲线，其方程的坐标系为以双曲面中轴线高度 h±0.00m 处为原点的直角坐标系，竖轴 h 沿中轴线向上为正，横轴 r 沿水平线向右为正，线段Ⅰ、Ⅱ的方程为[13]

$$\left(\frac{r}{R_2}\right)^2 = 1 + \left(\frac{h - H_2}{B_i}\right)^2 \tag{4.1}$$

$$B_1 = R_2\sqrt{\frac{H_1 - H_2}{R_1 \tan\theta_1}} \tag{4.2}$$

$$B_2 = R_2\sqrt{\frac{H_2 - H}{R_3 \tan\theta_2 - (H - H_3)\tan^2\theta_2}} \tag{4.3}$$

式中，R_2——塔筒喉部中面半径；

H_2——塔筒喉部中面高度；

B_i——双曲线参数（i=1,2），对于线段 I 取 i=1，对于线段 II 取 i=2；

R_1——塔筒顶部中面半径；

H_1——塔筒顶部中面高度；

θ_1——塔筒顶部出风口切角；

R_3——塔筒底部/底支柱顶部中面半径；

H_3——塔筒底部/底支柱顶部中面高度；

θ_2——塔筒底部进风口切角；

H——线段 II、III的切点高度。

线段III采用直线，其方程为

$$\frac{h - H_3}{r - R_3} = -\frac{1}{\tan\theta_2} \tag{4.4}$$

壁厚 t 的方程为

$$t = t_2 + (t_i - t_2)\exp\left(-\alpha_i \frac{|h - H_i|}{R_2}\right) \tag{4.5}$$

式中，t_2——塔筒喉部壁厚；

t_i——塔筒端部壁厚（i=1,3）；

H_i——塔筒端部中面高度（i=1,3），对于线段 I 取 i=1，对于线段 II、III取 i=3；

α_i——塔筒壁厚变化幂指参数（i=1,2），对于线段 I 取 i=1，对于线段 II、III取 i=2。

4.2 模 块 运 行

单击“线型和壁厚”图标，打开“塔筒线形和壁厚模拟”对话框（图 4.2）。在“线型参数定义”选项组中采用三段线方式定义冷却塔的线型和壁厚。第一段线：塔筒底部（标高 H_3）至距地面 H（单位为 m）高度，本段为直线段。第二段线：距地面 H（单位为 m）高度至塔筒喉部（标高 H_2），本段为二次曲线段。第三

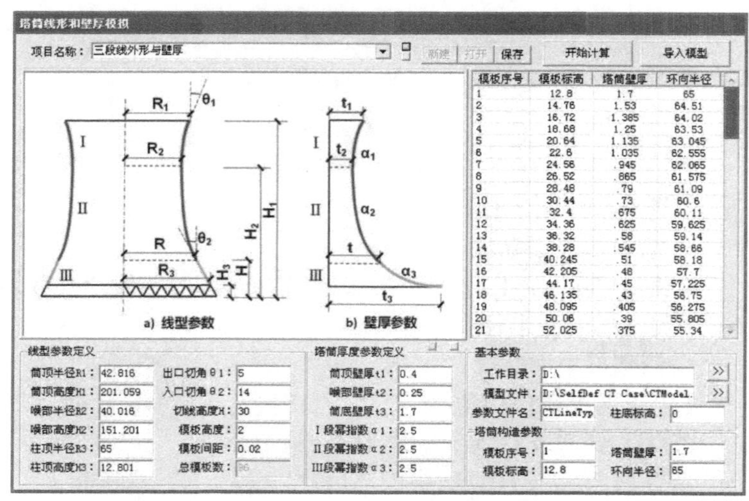

图 4.2　“塔筒线形和壁厚模拟”对话框

段线：塔筒喉部至塔筒出口段（标高 H_1），本段为二次曲线段。“模板间距”定义为施工过程中模板之间的预留空隙；“总模板数”为根据以上参数自动生成的参数项。“塔筒厚度参数定义”中塔筒壁厚也为三段线定义方式，需要指定“筒顶壁厚 t_1”、“喉部壁厚 t_2”和“筒底壁厚 t_3”3 个关键位置参数，关键点之间的壁厚按幂指数连续变化。修改冷却塔塔筒线型和壁厚参数后，单击“保存”按钮生效。相关参数也可采用访问数据库文件的方式直接修改，参数存储于软件平台目录“Wind\ANSYSAssistance\CTLineTypeAndDep.mdb”下。

在设定以上参数后，单击“开始计算”按钮，可自动生成不同高度处冷却塔塔筒的“模板序号”、“模板标高”、“塔筒壁厚”和“环向半径”等参数。计算结果以.txt 文本方式存储于“基本参数”选项组中的“工作目录”和“参数文件名”文本框中的存储路径。利用鼠标单击列表框中不同序号模板所在行，相关参数映射于“塔筒构造参数”选项组中，可根据设计需要人为调整“模板标高”、“塔筒壁厚”和“环向半径”等参数。自动生成塔筒模板信息并人工调整相关参数后，单击“导入模型”按钮，相关冷却塔塔筒参数自动在指定的“模型文件”（此处为 D:\SelfDef CT Case\ CTModel.mdb）导入，其他诸如“塔筒信息”选项卡中的“总模板数”、“子午向单元数”、“刚性环半径”、“刚性环顶标高”和“刚性环壁厚”，“底支柱参数”选项卡中的“柱群顶部半径”、“柱群底部半径”、“柱顶部标高”和“柱底部标高”，“环基参数”选项卡中的“环基半径”等参数也自动更新，以保证整体冷却塔结构尺寸的整体协调。

4.3　塔型参数分析

4.3.1　评价指标

1965 年英国渡桥电厂的冷却塔风毁事故掀起了工程界对大型冷却塔结构抗风安全的研究热潮。作为事故原因，结构稳定性和强度安全性尤其引人重视。对于结构稳定性，工程界采用通风筒的稳定系数来衡量。

1. 塔筒稳定性

通风筒的整体稳定性验算如下式[8-10]：

$$q_{\mathrm{cr}} = CE_{\mathrm{c}}\left(\frac{h}{r_0}\right)^{2.3} \tag{4.6}$$

$$K_{\mathrm{GS}} = \frac{q_{\mathrm{cr}}}{q} \tag{4.7}$$

式中，K_{GS}——弹性稳定安全系数，又称整体稳定系数；

q_{cr}——通风筒屈曲临界压力值（kPa）；

C——经验系数，其值为 0.052；

E_{c}——混凝土弹性模量（kPa）；

h——通风筒喉部处壁厚（m）；

r_0——通风筒喉部半径（m）；

q——塔顶设计风压值（kPa）。

通风筒的整体稳定性验算通过条件为通风筒整体弹性稳定安全系数 $K_{\mathrm{GS}} \geqslant 5$ 。

通风筒的局部稳定性验算如下式[8-10]：

$$0.8K_{\mathrm{LS}}\left(\frac{\sigma_1}{\sigma_{\mathrm{cr1}}}+\frac{\sigma_2}{\sigma_{\mathrm{cr2}}}\right)+0.2K_{\mathrm{LS}}^2\left[\left(\frac{\sigma_1}{\sigma_{\mathrm{cr1}}}\right)^2+\left(\frac{\sigma_2}{\sigma_{\mathrm{cr2}}}\right)^2\right]=1 \tag{4.8}$$

$$\sigma_{\mathrm{cr1}} = \frac{0.985E_{\mathrm{c}}}{\sqrt[4]{(1-\nu_{\mathrm{c}}^2)^3}}\left(\frac{h}{r_0}\right)^{4/3} K_1 \tag{4.9}$$

$$\sigma_{\mathrm{cr2}} = \frac{0.612E_{\mathrm{c}}}{\sqrt[4]{(1-\nu_{\mathrm{c}}^2)^3}}\left(\frac{h}{r_0}\right)^{4/3} K_2 \tag{4.10}$$

式中，K_{LS}——弹性稳定安全系数，又称局部稳定系数；

σ_1、σ_2——$S_{Gk}+S_{Wk}+S_{wsog}$组合产生的环向、子午向压力（kPa），其中S_{Gk}为按永久荷载标准值计算的荷载效应值，S_{Wk}为按风荷载标准值计算的荷载效应值，S_{wsog}为内吸力引起的压力；

σ_{cr1}、σ_{cr2}——环向、子午向的临界压力（kPa）；

v_c——混凝土泊松比；

K_1、K_2——几何参数。

通风筒的局部稳定性验算通过条件为通风筒局部弹性稳定安全系数$K_{LS}\geqslant 5$。

2. 强度安全性

结构强度安全性与构件的“特征内力”关系密切。冷却塔由多种构件组成，每种构件往往存在多种“特征内力”，这些“特征内力”在不同荷载条件下交替取得极值。安全强度是计算配筋量在所有荷载条件下的包络值所对应的应力值，因此难以用某一“特征内力”或其特定组合来衡量或判断整个结构或某一构件的结构强度安全性。以通风筒（图 4.3）为例，子午向特征内力包括子午向轴力T_Y和子午向弯矩M_Y，环向特征内力包括环向轴力T_X和环向弯矩M_X。在子午向，某单元安全强度并非源于子午向最大轴力和最大弯矩的组合，而是源于同一荷载条件下的子午向次大轴力和次大弯矩的组合。因为子午向最大轴力和最大弯矩可能不会出现在同一荷载条件下，所以此组合会得到较保守的计算配筋量；对于相邻的单元，结构安全强度也有可能分别来自不同的荷载条件。由于计算配筋量受安全强度直接控制，故结构实际配筋量（钢筋用量）也在相当程度上反映了结构安全强度的大小，加之含钢率ρ反映了结构受力的合理性（混凝土的抗拉能力远小于其良好的抗压能力，配筋主要用来抵抗拉应力，含钢率ρ越小，说明结构抗力更多地以压应力的形式分布，结构受力越合理），因此可考虑用含钢率ρ来衡量结构的强度安全性。

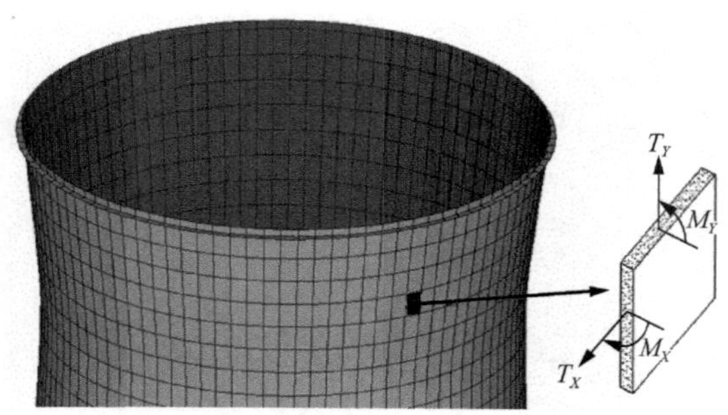

图 4.3　通风筒“特征内力”示意图

含钢率 ρ 是指结构单位（混凝土）体积配筋量，定义如下：

$$\rho = \frac{M_s}{V_c} \tag{4.11}$$

式中，M_s——钢筋用量（t）；

V_c——混凝土用量（m^3）。

引入总造价 P_T 作为评价工程经济性的指标，定义如下：

$$P_T = M_s P_{ms} + V_c P_{vc} \tag{4.12}$$

式中，P_{ms}——钢筋平均造价（元/t），$P_{ms} = 3000$ 元/t；

P_{vc}——混凝土平均造价（元/m^3），$P_{vc} = 500$ 元/m^3。

考虑到材料用量与经济性的关系，式（4.11）可进一步变为

$$\rho_e = \frac{M_s P_{ms}}{V_c P_{vc} + M_s P_{ms}} \tag{4.13}$$

式中，ρ_e——钢筋造价比，它实际上是考虑了经济因素的含钢率。

4.3.2　参数扰动分析

1. 初始塔型

对实际工程 199.724m 超大型双曲线型冷却塔进行结构参数化有限元建模，作为进行优化的初始塔型（表 4.1 和表 4.2），其总单元数为 17 640，其中 Shell63 单元数为 275，Beam188 单元数为 180，Combin14 单元数为 360（表 4.3）。在规范对称风压下计算荷载组合内力及配筋，其风荷载效应指标如表 4.4 所示。

表 4.1　初始塔型参数及取值

结构参数	初始值	结构参数	初始值
通风筒模板高度	2m	切线高度 H	15m
筒顶半径 R_1	42m	筒底/柱顶半径 R_3	66m
筒顶高度 H_1	200m	筒底/柱顶高度 H_3	15m
筒喉半径 R_2	38m	支柱截面径向半轴 L_1	1m
筒喉高度 H_2	150m	支柱截面环向半轴 L_2	1m
出风口切角 θ_1	8°	柱底高度	0m
进风口切角 θ_2	15°	刚性环壁宽 D_2	1.2m
筒顶壁厚 t_1	0.4m	刚性环壁厚 D_1	0.4m
喉部壁厚 t_2	0.33m	段 I 壁厚变化幂参数 α_1	10
筒底壁厚 t_3	1m	段 II、III壁厚变化幂参数 α_2	12

续表

结构参数	初始值	结构参数	初始值
环基截面宽 L_3	7m	环基截面高 L_4	2.5m

注：底支柱柱底半径由柱顶半径、柱顶高度、柱底高度、进风口切角 θ_2 确定。

表 4.2　初始塔型群桩等效刚度

群桩竖向刚度	3.92×10^6kN/m	群桩竖向扭转刚度	1.81×10^5kN•m
群桩径向刚度	5.60×10^5kN/m	群桩径向扭转刚度	9.07×10^5kN•m
群桩环向刚度	5.60×10^5kN/m	群桩环向扭转刚度	9.07×10^5kN•m

表 4.3　结构模型单元数量

单元	数量
塔筒子午向单元（Shell63）	95
塔筒环向单元（Shell63）	3×60
底支柱单元（Beam188）	2×60
环基单元（Beam188）	60
等效刚度弹簧（Combin14）	6×60

表 4.4　初始塔型风荷载效应指标

钢筋用量 M_s/t	混凝土用量 V_c/m^3	钢筋造价比 ρ_e
8603	33126	0.609
整体稳定系数 K_{GS}	局部稳定系数 K_{LS}	总造价 P_T/万元
12.9	5.15	4237

2. 出风口切角

考查出风口切角 θ_1 扰动对风荷载效应指标的影响（表 4.5），在塔筒顶部、喉部、底部位置不变的情况下，出风口切角 θ_1 的取值允许范围为 5°～9°。由图 4.4（a）可知，整体稳定系数不随着出风口切角 θ_1 变化；除出风口切角 θ_1=5°外，局部稳定系数最小值也不随着出风口切角 θ_1 变化，说明过小的出风口切角 θ_1 会使喉部以上子午线型曲线更近似直线，进而降低塔筒局部稳定性。由图 4.4（b）可知，钢筋造价比基本不随着出风口切角 θ_1 变化；除出风口切角 θ_1=9°外，总造价随着出风口切角 θ_1 的变化保持稳定，说明过大的出风口切角 θ_1 会使喉部以上子午线型曲线曲率过大，进而降低经济性。

表 4.5　出风口切角 θ_1 取值　　单位：(°)

扰动参量	第 1 组	第 2 组	第 3 组	第 4 组	第 5 组
出风口切角 θ_1	5	6	7	8	9

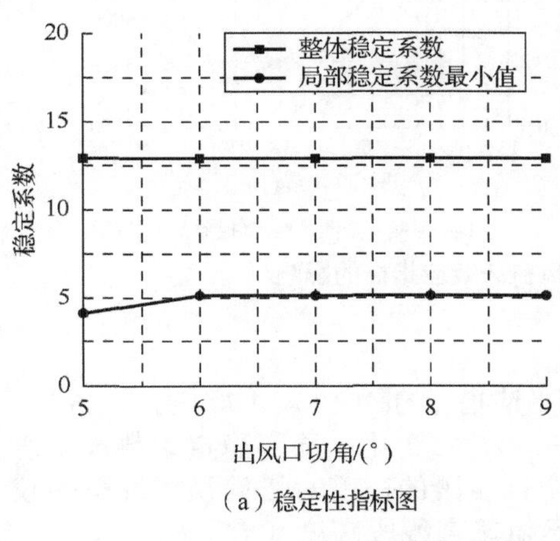

(a) 稳定性指标图

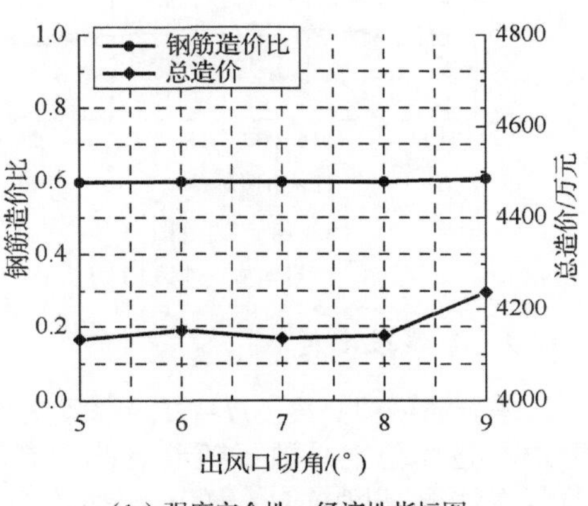

(b) 强度安全性、经济性指标图

图 4.4　出风口切角 θ_1 扰动对风荷载效应指标的影响

3. 进风口切角

考查进风口切角 θ_2 扰动对风荷载效应指标的影响（表 4.6），在塔筒顶部、喉部、底部位置不变的情况下，进风口切角 θ_2 的取值允许范围为 13°～21°。由图 4.5（a）可知，整体稳定系数不随着进风口切角 θ_2 变化；除进风口切角 θ_2=13°外，局部稳定系数最小值随着进风口切角 θ_2 波动较小，说明过小的进风口切角 θ_2 会使喉部以下子午线型曲线更近似直线，进而降低塔筒局部稳定性。由图 4.5（b）可知，钢筋造价比随着进风口切角 θ_2 的增大而减小，说明增大进风口切角 θ_2 会使塔筒受力更加合理；随着进风口切角 θ_2 增大，总造价先线性下降而后下降趋势放缓，这说明喉部以下子午线型曲线曲率越大，经济性越好。

表 4.6　进风口切角 θ_2 取值　　单位：(°)

扰动参量	第 1 组	第 2 组	第 3 组	第 4 组	第 5 组
进风口切角 θ_2	13	15	17	19	21

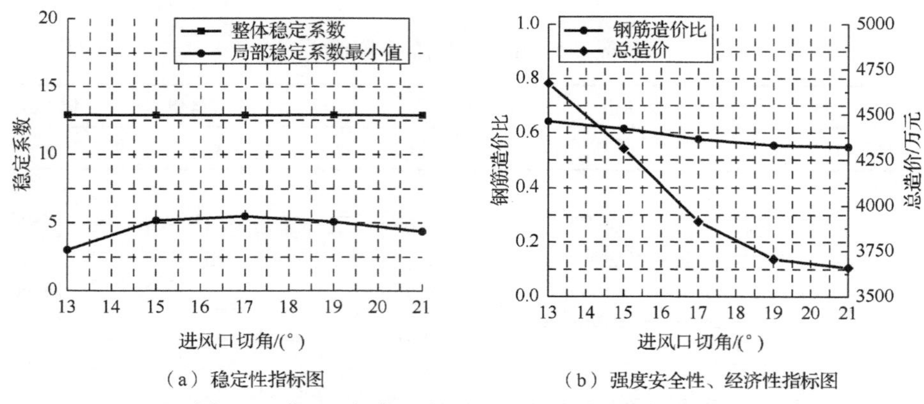

（a）稳定性指标图　　（b）强度安全性、经济性指标图

图 4.5　进风口切角 θ_2 扰动对风荷载效应指标的影响

4. 直线段高度

考查直线段高度（$H-H_3$）扰动对风荷载效应指标的影响（表 4.7）。由图 4.6（a）可知，整体稳定系数不随着直线段高度（$H-H_3$）变化；局部稳定系数最小值随着直线段高度（$H-H_3$）波动较小，说明直线段的高度对塔筒稳定性影响较小。由图 4.6（b）可知，钢筋造价比基本不随着直线段高度（$H-H_3$）变化，说明直线段的存在无法改善结构受力；随着直线段高度的增加，总造价不断增加，这说明直线段的存在会不利于经济性。

表 4.7　直线段高度取值　　单位：m

扰动参量	第 1 组	第 2 组	第 3 组	第 4 组	第 5 组
直线段高度（$H-H_3$）	10	25	40	55	70
切点高度 H	25	40	55	70	85

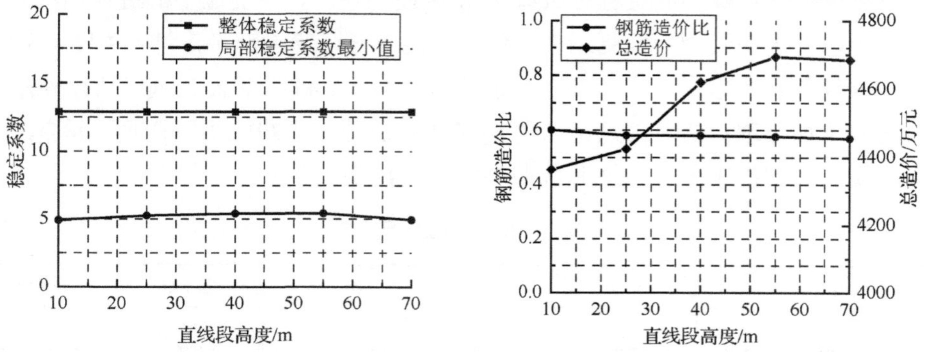

（a）稳定性指标图　　（b）强度安全性、经济性指标图

图 4.6　直线段高度（$H-H_3$）扰动对风荷载效应指标的影响

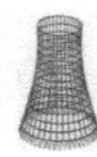

5. 段Ⅰ壁厚变化幂参数

考查段Ⅰ壁厚变化幂参数 α_1 扰动对风荷载效应指标的影响（表 4.8）。由图 4.7（a）可知，整体稳定系数和局部稳定系数最小值都不随着段Ⅰ壁厚变化幂参数 α_1 变化，说明段Ⅰ壁厚变化幂参数 α_1 的变化对稳定系数没有影响。由图 4.7（b）可知，钢筋造价比不随着段Ⅰ壁厚变化幂参数 α_1 变化；随着段Ⅰ壁厚变化幂参数 α_1 的增加，总造价在波动中保持稳定，说明段Ⅰ壁厚变化幂参数 α_1 对经济性的影响是不确定的。

表 4.8　段Ⅰ壁厚变化幂参数 α_1 取值

扰动参量	第 1 组	第 2 组	第 3 组	第 4 组	第 5 组
段Ⅰ壁厚变化幂参数 α_1	2	6	10	14	18

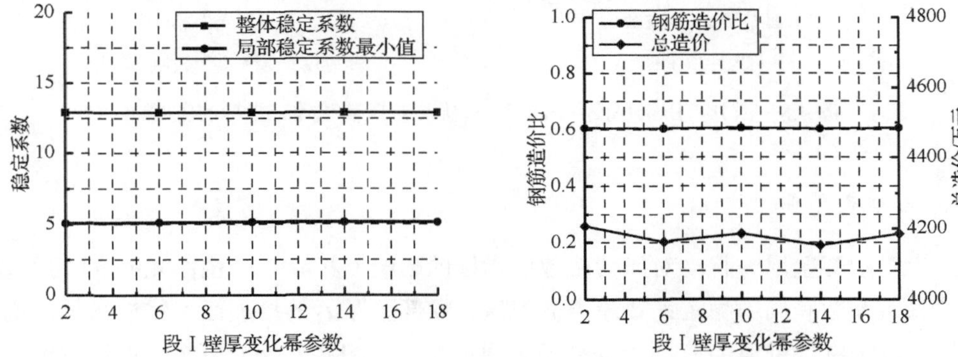

（a）稳定性指标图　（b）强度安全性、经济性指标图

图 4.7　段Ⅰ壁厚变化幂参数 α_1 扰动对风荷载效应指标的影响

6. 段Ⅱ、Ⅲ壁厚变化幂参数

考查段Ⅱ、Ⅲ壁厚变化幂参数 α_2 扰动对风荷载效应指标的影响（表 4.9）。由图 4.8（a）可知，整体稳定系数和局部稳定系数最小值都不随着段Ⅱ、Ⅲ壁厚变化幂参数 α_2 变化，说明段Ⅱ、Ⅲ壁厚变化幂参数 α_2 的变化对稳定系数没有影响。由图 4.8（b）可知，钢筋造价比基本不随着段Ⅱ、Ⅲ壁厚变化幂参数 α_2 变化；随着段Ⅱ、Ⅲ壁厚变化幂参数 α_2 的增加，总造价的波动越来越剧烈，说明段Ⅱ、Ⅲ壁厚变化幂参数 α_2 对经济性的影响是不确定的。

表 4.9　段Ⅱ、Ⅲ壁厚变化幂参数 α_2 取值

扰动参量	第 1 组	第 2 组	第 3 组	第 4 组	第 5 组
段Ⅱ、Ⅲ壁厚变化幂参数 α_2	4	6	8	10	12

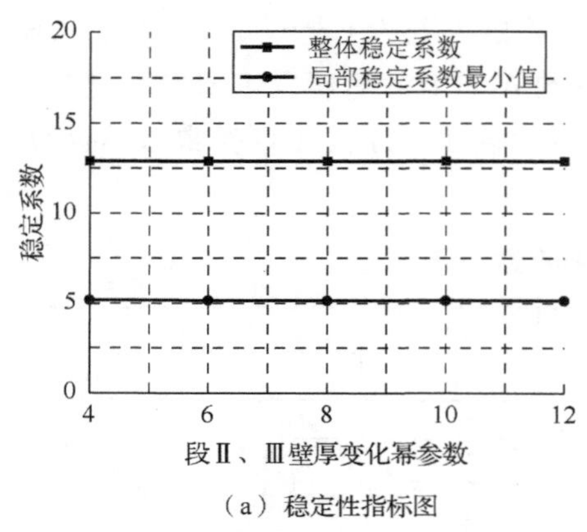

（a）稳定性指标图

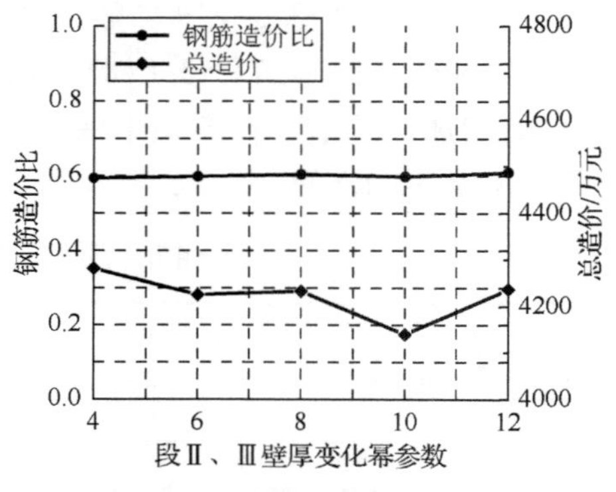

（b）强度安全性、经济性指标图

图 4.8　段Ⅱ、Ⅲ壁厚变化幂参数 α_2 扰动对风荷载效应指标的影响

7. 喉部壁厚

考查喉部壁厚 t_2 扰动对风荷载效应指标的影响（表 4.10）。由图 4.9（a）可知，整体稳定系数和局部稳定系数最小值都随着喉部壁厚 t_2 的增加而呈线性增长，说明适当增加喉部壁厚 t_2 有利于提高塔筒稳定性。由图 4.9（b）可知，钢筋造价比随着喉部壁厚 t_2 的增加而减小，说明适当增加喉部壁厚 t_2 会使塔筒受力更加合理；随着喉部壁厚 t_2 的增加，总造价波动越来越剧烈，说明适当增加喉部壁厚 t_2 有可能会带来经济性的提高。

表 4.10　喉部壁厚 t_2 取值　　单位：m

扰动参量	第 1 组	第 2 组	第 3 组	第 4 组	第 5 组
喉部壁厚 t_2	0.27	0.30	0.33	0.36	0.39

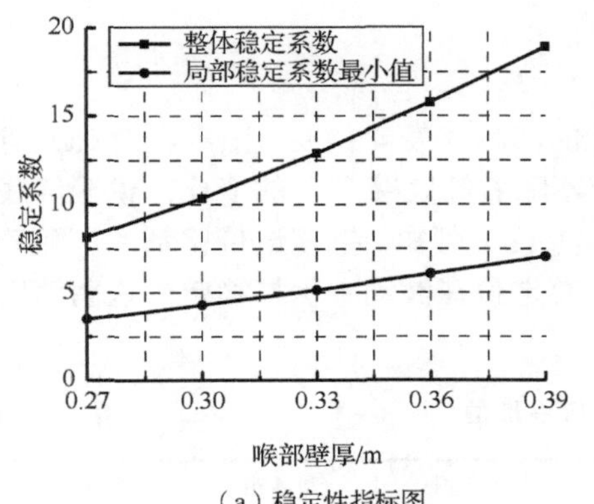

（a）稳定性指标图

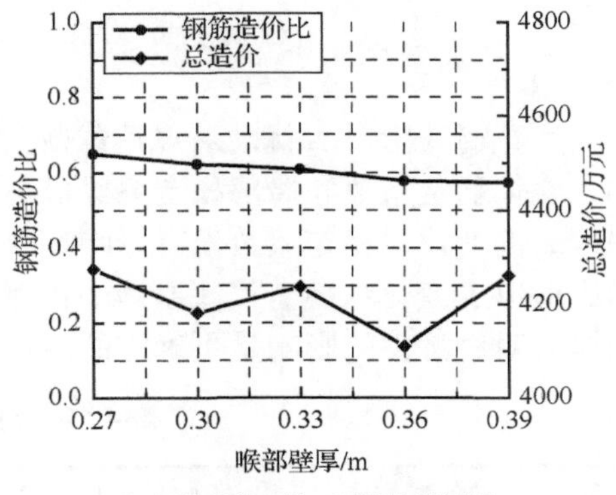

（b）强度安全性、经济性指标图

图 4.9　喉部壁厚 t_2 扰动对风荷载效应指标的影响

8. 筒顶壁厚

考查筒顶壁厚 t_1 扰动对风荷载效应指标的影响（表 4.11）。由图 4.10（a）可知，整体稳定系数和局部稳定系数最小值都不随着筒顶壁厚 t_1 变化，说明筒顶壁厚 t_1 对塔筒稳定性没有影响。由图 4.10（b）可知，钢筋造价比基本不随着筒顶壁厚 t_1 变化；随着筒顶壁厚 t_1 增加，总造价先增长后降低，说明适当增加筒顶壁厚 t_1 有利于提高经济性。

表 4.11　筒顶壁厚 t_1 取值　　单位：m

扰动参量	第 1 组	第 2 组	第 3 组	第 4 组	第 5 组
筒顶壁厚 t_1	0.25	0.30	0.35	0.40	0.45

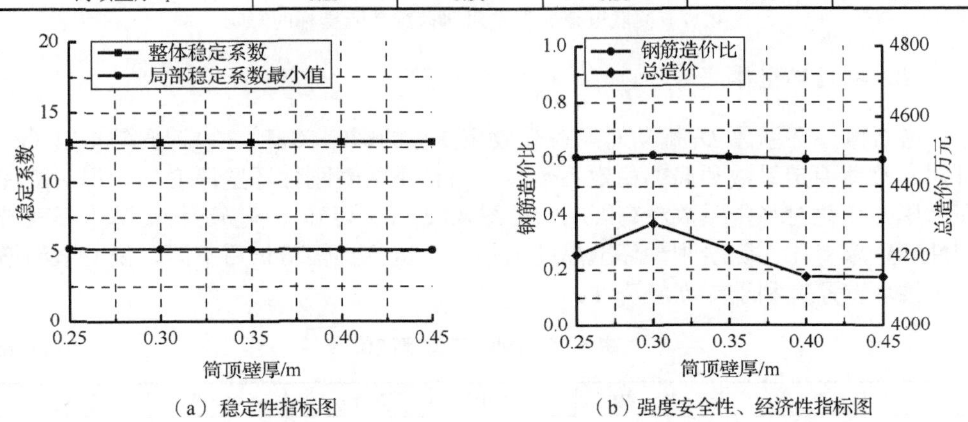

（a）稳定性指标图　　（b）强度安全性、经济性指标图

图 4.10　筒顶壁厚 t_1 扰动对风荷载效应指标的影响

9. 筒底壁厚

考查筒底壁厚 t_3 扰动对风荷载效应指标的影响（表 4.12）。由图 4.11（a）可知，整体稳定系数和局部稳定系数最小值都不随着筒底壁厚 t_3 的变化，说明筒底壁厚 t_3 的变化对稳定系数没有影响。由图 4.11（b）可知，钢筋造价比基本不随着筒底壁厚 t_3 变化；随着筒底壁厚 t_3 的增加，总造价在波动中保持稳定，说明筒底壁厚 t_3 对经济性的影响是不确定的。

表 4.12　筒底壁厚 t_3 取值　　单位：m

扰动参量	第 1 组	第 2 组	第 3 组	第 4 组	第 5 组
筒底壁厚 t_3	0.8	0.9	1.0	1.1	1.2

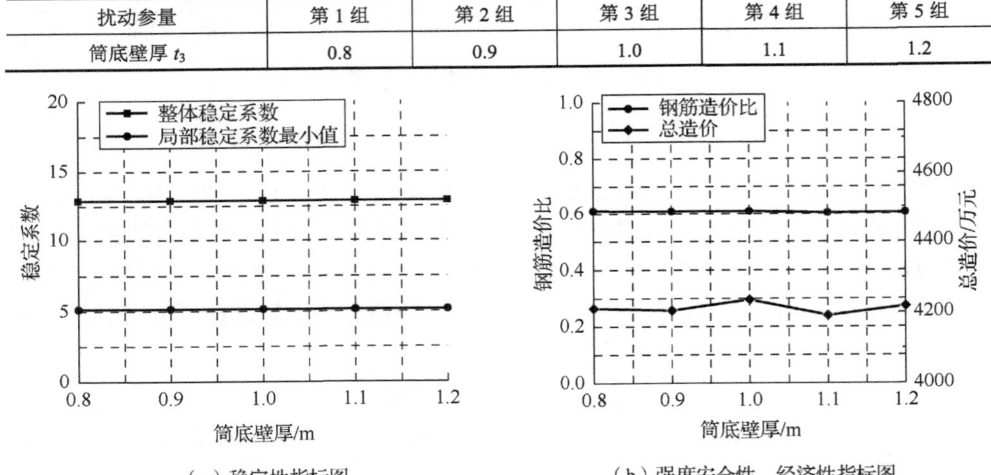

（a）稳定性指标图　（b）强度安全性、经济性指标图

图 4.11　筒底壁厚 t_3 扰动对风荷载效应指标的影响

10. 刚性环壁厚

考查刚性环壁厚 D_1 扰动对风荷载效应指标的影响（表 4.13）。由图 4.12（a）可知，整体稳定系数和局部稳定系数最小值都不随着刚性环壁厚变化，说明刚性环壁厚的变化对稳定系数没有影响。由图 4.12（b）可知，钢筋造价比基本不随着刚性环壁厚变化；随着刚性环壁厚的增加，总造价小幅增长后下降，说明适当增加刚性环壁厚有利于提高经济性。

表 4.13　刚性环壁厚取值　　单位：m

扰动参量	第 1 组	第 2 组	第 3 组	第 4 组	第 5 组
刚性环壁厚	0.2	0.3	0.4	0.5	0.6

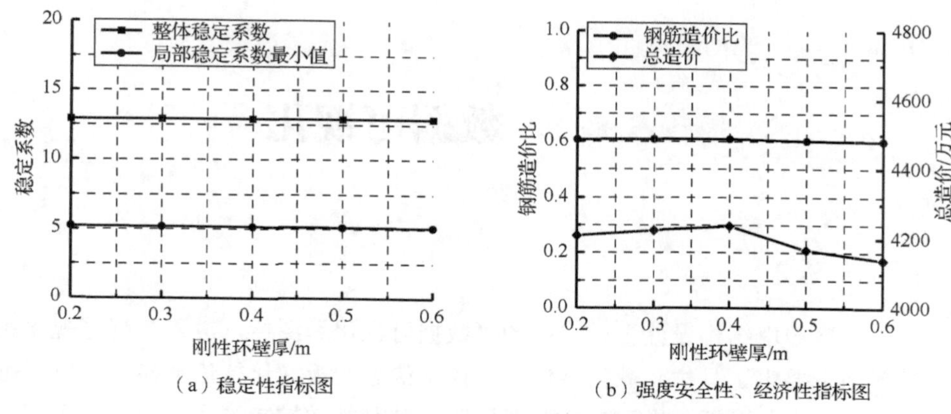

（a）稳定性指标图　（b）强度安全性、经济性指标图

图 4.12　刚性环壁厚扰动对风荷载效应指标的影响

11. 刚性环壁宽

考查刚性环壁宽 D_2 扰动对风荷载效应指标的影响（表 4.14）。由图 4.13（a）可知，整体稳定系数和局部稳定系数最小值都不随着刚性环壁宽变化，说明刚性环壁宽的变化对稳定系数没有影响。由图 4.13（b）可知，钢筋造价比基本不随着刚性环壁宽的变化；随着刚性环壁宽的增加，总造价缓慢增长，说明适当减小刚性环壁宽有利于提高经济性。

表 4.14　刚性环壁宽取值　单位：m

扰动参量	第 1 组	第 2 组	第 3 组	第 4 组	第 5 组
刚性环壁宽	0.6	0.9	1.2	1.5	1.8

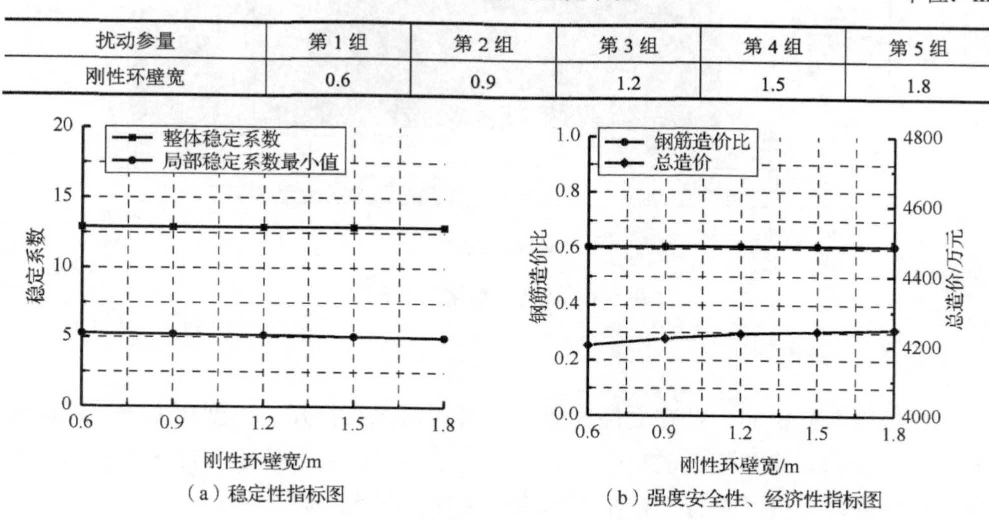

（a）稳定性指标图　（b）强度安全性、经济性指标图

图 4.13　刚性环壁宽扰动对风荷载效应指标的影响

第5章 数据可视化

1. 系统总览

单击“冷却塔结构设计”模块中的“数据可视化”图标，进入数据可视化系统，其界面主要由工具栏、数据操作区、控制信息面板（包括信息显示面板、可视化方法参数设置面板、颜色映射条件面板）、动画播放控制区和主视图区等部分组成（图 5.1）。参考 Wind\Visplatform\doc\Turtor.wmv 视频文件了解可视化界面的操作过程和流程。文件夹 Wind\Visplatform\test data 中扩展名为.vtk 的数据文件给出冷却塔表面气动力荷载和响应变形及内力可视化结果。

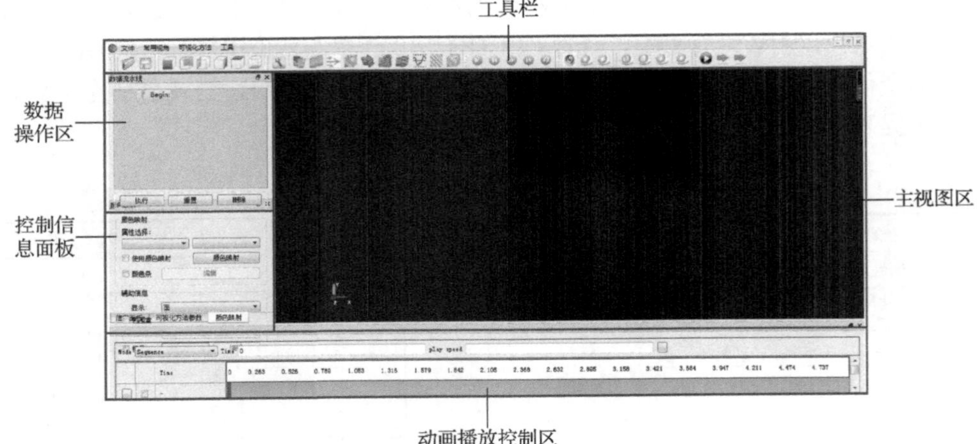

图 5.1 数据可视化系统界面

2. 数据加载

单击工具栏中的“打开文件”图标（图 5.2），在打开的“创建窗口”对话框中选择符合约定格式规范的单个.vtk 文件，单击“open”按钮，打开“数据流水线”对话框，单击“执行”按钮，加载该文件（图 5.3）。

图 5.2　“打开文件”图标

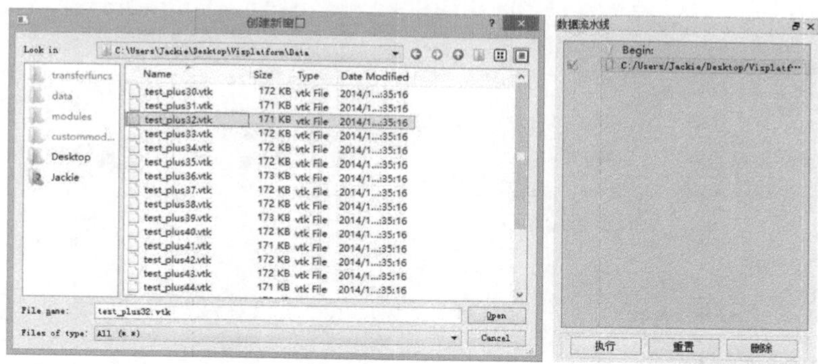

图 5.3　加载文件

3. 基本绘制

数据加载完成后，在右侧主视图区绘制模型（图 5.4），左侧的数据操作区会显示该文件节点。默认情况下，刚加载的文件节点处于活跃状态，左下方的控制信息面板处于可用状态，其中，“信息面板”显示数据的属性、数值范围等信息，如图 5.5（a）所示；“颜色映射”面板用于对该数据进行属性选择，并进行颜色映射设置和颜色条、包围盒、坐标轴等设置及面、线、点等显示模式的选择，如图 5.5（b）所示。图 5.6 所示的工具栏中的图标用于模型的前、后、左、右、上、下视图的快速定位。

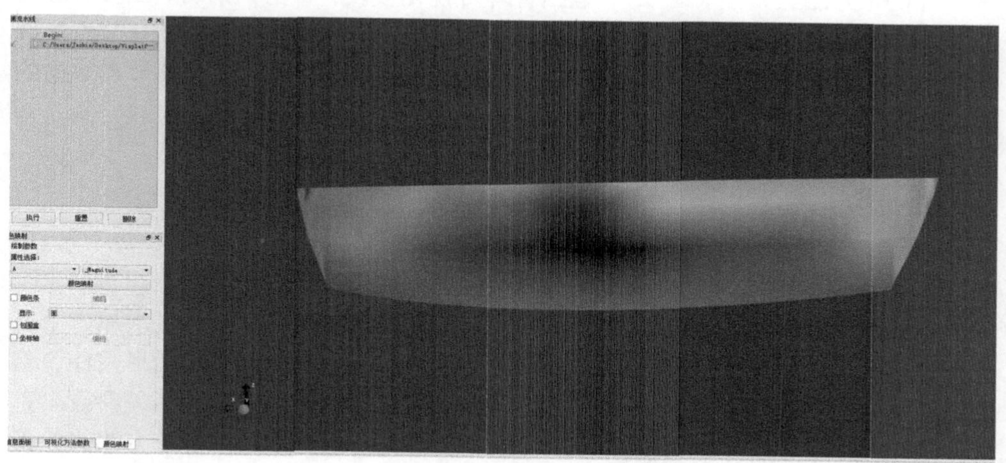

图 5.4　图形绘制

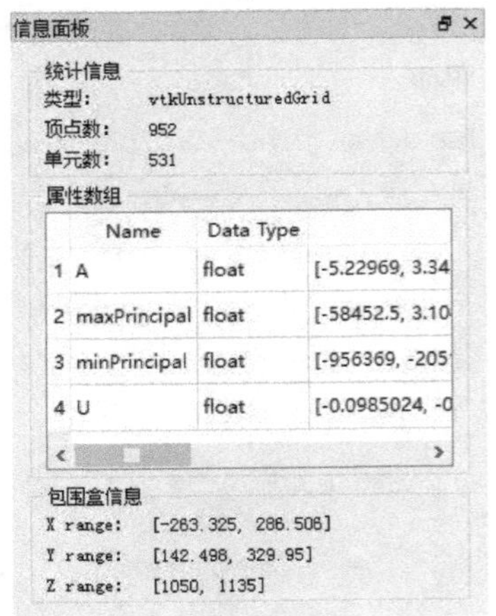

（a）“信息面板”

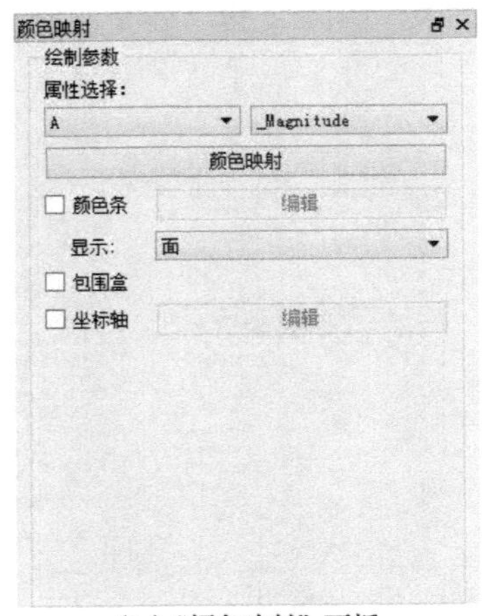

（b）“颜色映射”面板

图 5.5　控制信息面板

图 5.6　工具栏中的视图快速定位图标

4. 可视化选择

可视化方法工具栏（图 5.7）包括管理可视化模块、裁剪、剖切、图标、等值面、流面、流线、流管、管道、棱柱等可视化方法。当数据操作区没有节点被选中时，呈灰色；当数据操作区有节点被选中时，则会高亮显示适合该节点数据的可视化方法。

图 5.7　可视化方法工具栏

以剖切为例，单击高亮的“剖切”图标（图 5.8），在数据操作区增加一个原数据节点的子节点，用于保存剖切后的结果数据；在主视图区通过图形控件调整切面的位置，也可以在“可视化方法参数”面板中精确设置切面的相关参数。完成参数设置后，单击“执行”按钮，将会执行该可视化算法，得出该方法的计算结果和绘制结果（图 5.9）。通过单击数据操作区中节点前的图标，可以使该节点

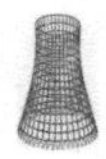

对应数据的绘制结果处于隐藏或显示状态。

图 5.8　“剖切”高亮图标

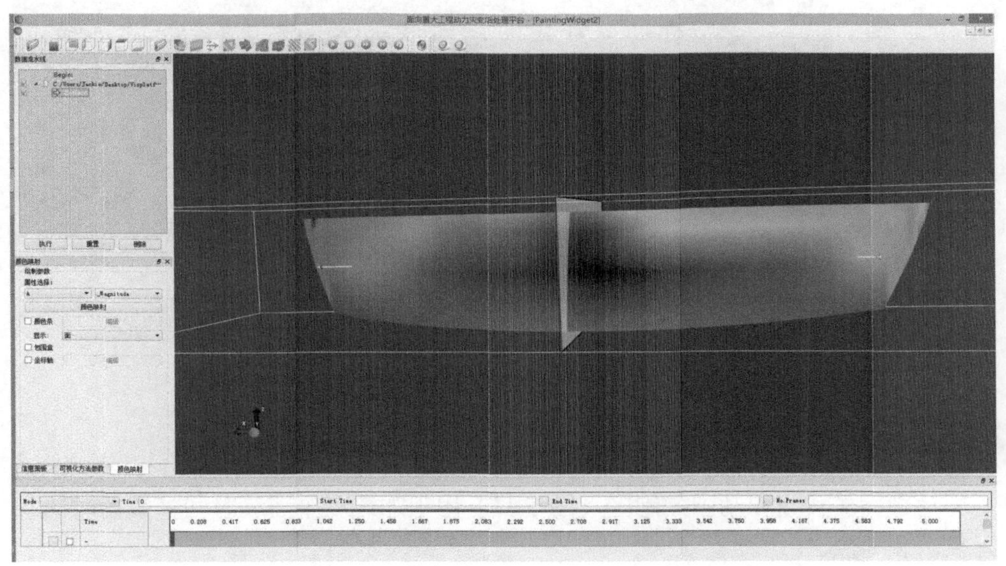

图 5.9　剖切操作

概括说来，使用可视化方法的流程为：①单击选中数据操作区某一数据节点（已通过单击“执行”按钮加载过）；②单击工具栏中某一高亮的可视化方法图标；③在主视图区或“可视化方法参数”面板中设置参数；④单击“执行”按钮，得到该方法对应的可视化结果。得到结果后，仍可以通过图形控件位置或“可视化方法参数”面板来重设参数，再次单击“执行”按钮，得到新的计算结果和绘制结果。由于参数的设置对可视化绘制结果影响很大，因此设置合理的参数值很重要。

当使用多个可视化方法得到绘制结果后（图 5.10），可通过单击数据操作区中节点前的图标，使该节点对应数据的绘制结果处于隐藏或显示状态；可以通过先选中某一节点，再单击“删除”按钮，删去不想要的结果。若选中的节点含有子节点，则子节点也会被一并删除。

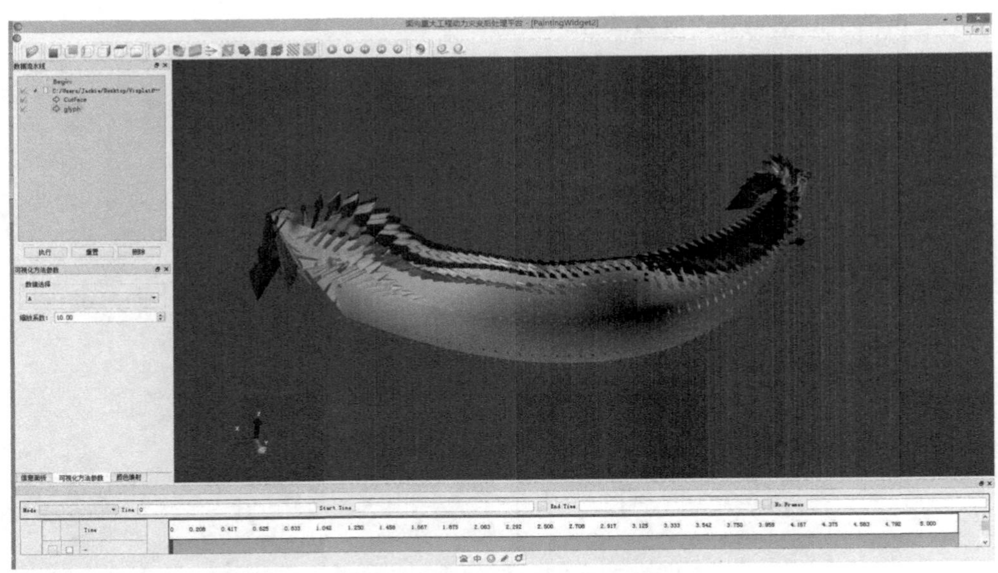

图 5.10　多个可视化操作

5. 动画

动画播放按钮和动画控制区（图 5.11）用于加载多个连续时间帧数据时的动画显示和播放。

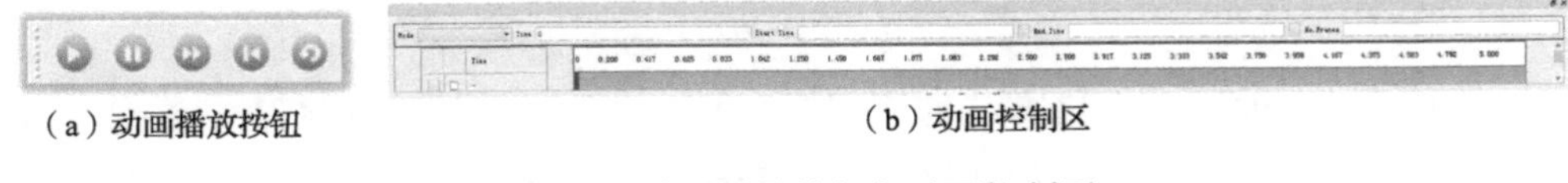

（a）动画播放按钮　　（b）动画控制区

图 5.11　动画播放按钮与动画控制区

6. 其他

工具栏还提供了“开启拾取”、“测试保存流水线”、“测试读取流水线”、“导出图片工具”、“文本编辑工具”、“注册参数到平台”、“体面融合”、“运行脚本”、“导出参数”和“导出相机参数”图标（图 5.12）。在加载数据并单击“开启拾取”图标后，系统将会自动判断鼠标单击的位置所在的单元，并统计该单元所有点的属性值，绘成曲线；“导出图片工具”用于导出.bmp、.jpg、.png 等格式图片；“文本编辑工具”用于给当前主视图添加标题。

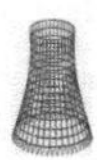

图 5.12　工具栏中的其他图标

当单击“数据操作区”中的某一节点时，会弹出如图 5.13 所示的快捷菜单。选择“删除”选项，会删除该节点及其子节点；选择“导出”选项，会打开文件保存对话框，对该节点对应的结果文件进行保存。

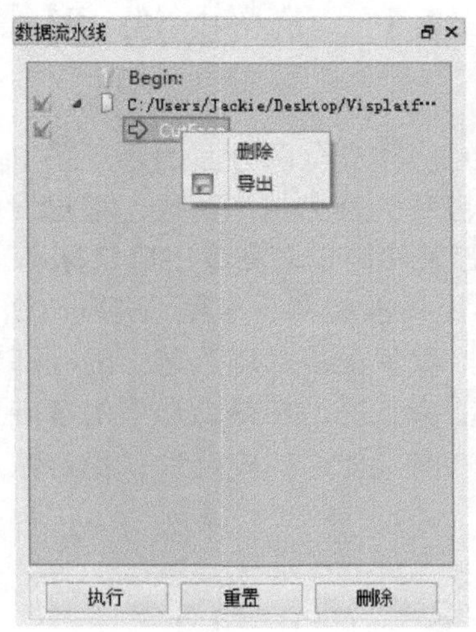

图 5.13　中间结果导出和删除

第6章 优化分析

6.1 优化选型

冷却塔设计需要考虑经济和安全两方面因素（图 6.1），相应的塔型设计需要经历两个阶段[14]：第一阶段称为热力选型阶段，根据发电量、循环水系统技术参数、水文气象、场地地质等条件确定塔高或出风口标高（塔筒顶部标高）、淋水面积（塔筒底部半径）、填料层顶部标高及半径、进风口标高（塔筒底部下缘标高）、塔筒喉部半径等关键参数，以保证冷却塔工艺上的冷却性能；第二阶段称为结构选型阶段，根据冷却塔的荷载工况，在热力选型的基础上进行结构选型优化，在满足冷却塔结构上的力学性能（如结构安全性、稳定性及承载力）的基础上提高工程经济性。

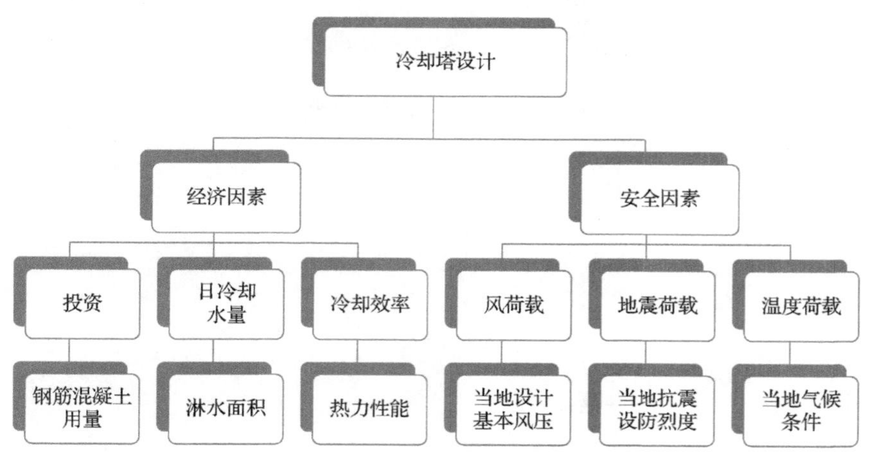

图 6.1 影响冷却塔设计的因素

冷却塔选型的两个阶段并不是相互独立的，而是相互影响的，热力选型确定的塔型必须经过结构选型优化反馈给工艺部门，再经热力部门最终定型。一般来讲，塔越高，进、出风口气压差越大，塔筒内通风抽力越大，但塔受力也会变大；

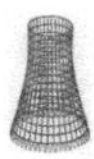

淋水面积越大，冷却能力越高，但总投资会增大；喉部直径越大，通风阻力越小，越有利于热交换，但塔筒力学性能可能会减弱；进风口越高，冷却效果越好，但往淋水层泵水消耗的能量也越大。可见，冷却塔结构选型优化的目标在于寻找一个最优塔型，不仅能够保证工艺上的冷却性能，还能够在满足结构上的力学性能的基础上，尽可能提高技术经济指标，以保持结构安全性和经济性的平衡。冷却塔最优塔型是工艺冷却性能、结构力学性能和经济性的完美结合体。

6.2 优 化 算 法

6.2.1 响应面法

响应面法（response surface methodology，RSM）[15]是一种结合统计方法的渐进拟合算法，它适用于目标响应量受多个控制变量影响的问题，其目的在于得到考虑控制变量随机性或不确定性之后的最优目标响应。

响应面法最先在 20 世纪 50 年代应用于化工领域，随后逐渐在生物学和食品学等领域中不断展现优势[16]。伴随其日趋发展和完善，工程界也引入了这一算法，此后它被频繁应用于解决各种结构优化设计问题。

响应面法的基本思想是构造一个显性闭合多项式函数（即功能函数）来近似表达目标响应量 $\boldsymbol{y}$ 与其相关控制变量 $x_1,x_2,\cdots,x_k$ 之间的隐性函数关系，功能函数可由 $\boldsymbol{y}$ 表示，即

$$\boldsymbol{y}=\boldsymbol{f}'(\boldsymbol{x})\boldsymbol{\beta}+\boldsymbol{\varepsilon} \tag{6.1}$$

式中，$\boldsymbol{x}=(x_1,x_2,\cdots,x_k)'$；

$\boldsymbol{f}'(\boldsymbol{x})$——一个含有 p 个多项式的向量函数，每个多项式是 $x_1,x_2,\cdots,x_k$ 各自的幂或幂的互乘，最高幂次为 d（$d\geqslant 1$）；

$\boldsymbol{\beta}$——含有 p 个未知常数参数的向量；

$\boldsymbol{\varepsilon}$——期望为 0 的随机试验误差；

$\boldsymbol{f}'(\boldsymbol{x})\boldsymbol{\beta}$——目标响应量 $\boldsymbol{y}$ 的期望值，记为 $\boldsymbol{\mu}(\boldsymbol{x})$。

构造功能函数，先进行 n 次试验，在每次试验中，对一组确定的控制变量值，观测其目标响应量 y 的取值。所有这一系列试验设置统称为响应面设计，它可用一个 $n\times k$ 阶矩阵表示，称为设计矩阵 $\boldsymbol{D}$：

$$\boldsymbol{D}=\begin{pmatrix} x_{11} & x_{12} & \cdots & x_{1k} \\ x_{21} & x_{22} & \cdots & x_{2k} \\ \vdots & \vdots & & \vdots \\ x_{n1} & x_{n2} & \cdots & x_{nk} \end{pmatrix} \tag{6.2}$$

式中，x_{ui}——x_i 的第 u 次试验取值（i=1,2,…,k；u=1,2,…,n）。

矩阵 $\boldsymbol{D}$ 的每一行代表 k 维欧氏空间中的一个点，称为设计点。

将 $\boldsymbol{x}_u=(x_{u1},x_{u2},\cdots,x_{uk})'$（即 $\boldsymbol{x}$ 的第 u 次试验取值，u=1,2,…,n）代入式（6.1），可得第 u 次试验目标响应量值 y_u：

$$y_u=\boldsymbol{f}'(\boldsymbol{x}_u)\boldsymbol{\beta}+\varepsilon_u \tag{6.3}$$

式中，u=1,2,…,n；

ε_u——第 u 次试验误差。

式（6.3）也可表示为矩阵形式：

$$\boldsymbol{y}=\boldsymbol{X}\boldsymbol{\beta}+\boldsymbol{\varepsilon} \tag{6.4}$$

式中，$\boldsymbol{y}=(y_1,y_2,\cdots,y_n)'$，$\boldsymbol{\varepsilon}=(\varepsilon_1,\varepsilon_2,\cdots,\varepsilon_n)'$，$\boldsymbol{X}$ 是一个 $n\times k$ 阶矩阵，其第 u 行为 $\boldsymbol{f}'(\boldsymbol{x}_u)$，记 $\boldsymbol{X}$ 的第 1 列为 1_n。

假设 $\boldsymbol{\varepsilon}$ 的期望向量为 $\boldsymbol{0}$，其协方差矩阵为 $\sigma^2\boldsymbol{I}_n$，$\boldsymbol{\beta}$ 的普通最小二乘法估计[17]为

$$\hat{\boldsymbol{\beta}}=(\boldsymbol{X}'\boldsymbol{X})^{-1}\boldsymbol{X}'\boldsymbol{y} \tag{6.5}$$

$\hat{\boldsymbol{\beta}}$ 的协方差矩阵为

$$\mathrm{var}(\hat{\boldsymbol{\beta}})=(\boldsymbol{X}'\boldsymbol{X})^{-1}\boldsymbol{X}'(\sigma^2\boldsymbol{I}_n)\boldsymbol{X}(\boldsymbol{X}'\boldsymbol{X})^{-1}=\sigma^2(\boldsymbol{X}'\boldsymbol{X})^{-1} \tag{6.6}$$

利用 $\hat{\boldsymbol{\beta}}$ 代替 $\boldsymbol{\beta}$，可得第 u 次试验目标响应量期望的估计：

$$\hat{\mu}(\boldsymbol{x}_u)=\boldsymbol{f}'(\boldsymbol{x}_u)\hat{\boldsymbol{\beta}} \tag{6.7}$$

式中，u=1,2,…,n；

$\boldsymbol{f}'(\boldsymbol{x}_u)\hat{\boldsymbol{\beta}}$——也称为第 u 个设计点（u=1,2,…,n）目标响应量期望的估计 $\hat{y}(x_u)$。

一般对于试验域 R 内的任何设计点 $\boldsymbol{x}$，目标响应量期望的估计为

$$\hat{\boldsymbol{y}}(\boldsymbol{x})=\boldsymbol{f}'(\boldsymbol{x})\hat{\boldsymbol{\beta}} \tag{6.8}$$

式中，$\boldsymbol{x}\in R$。由于 $\hat{\boldsymbol{\beta}}$ 是 $\boldsymbol{\beta}$ 的无偏估计，所以 $\hat{\boldsymbol{y}}(\boldsymbol{x})$ 是 $\boldsymbol{f}'(\boldsymbol{x})\hat{\boldsymbol{\beta}}$ 的无偏估计，即试验域 R 内任何设计点 x 的目标响应量期望的估计。由式（6.6）可得 $\hat{\boldsymbol{y}}(\boldsymbol{x})$ 的方差为

$$\mathrm{var}[\hat{\boldsymbol{y}}(\boldsymbol{x})]=\sigma^2\boldsymbol{f}'(\boldsymbol{x})(\boldsymbol{X}'\boldsymbol{X})^{-1}\boldsymbol{f}(\boldsymbol{x}) \tag{6.9}$$

如何合理选取设计对响应面法的研究十分重要，由于估计的准确性取决于设计矩阵 $\boldsymbol{D}$，进一步讲，确定最优目标响应就是在试验域 R 内找到 $\hat{\boldsymbol{y}}(\boldsymbol{x})$ 最优值的过程。

6.2.2 梯度搜索法

梯度搜索法[18]是基于随机有限元法的敏感性分析技术而发展的优化算法，通过敏感性分析可以获得功能函数在当前计算位置的梯度矢量，进而确定下一步计算位置。随机有限元法是考虑了变量（如荷载、构件截面面积、惯矩、材料弹性模量等）的随机性或不确定性的有限元法，适用于解决具有较强随机性的复杂结构问题，这种方法在简单结构的随机场分析、材料及几何非线性分析等领域已经开始了初步尝试。其中，敏感性分析技术可了解基本变量的随机性对于结构不确定性的贡献程度，根据某变量对结构响应的影响程度，或收集更多的信息以改善结构设计的可靠性，或忽略某些变量以在不影响结果的前提下提高计算效率。响应的敏感性分析可由有限差分法、基于传递法则的经典摄动法和迭代摄动法 3 种方法实现。经典摄动法和迭代摄动法一般用于显式闭合表达解析式，如果显式闭合表达解析式的形式复杂且具有多个随机变量，那么摄动法的解析推导过程仍然是一项极其复杂的工作。有限差分法作为一种数值求解算法具有思路简明、计算迭代收敛速度快等优点。

对于解析表达式 $Z=g(X)$，变量 Z 对 X 的导数定义为

$$\frac{\mathrm{d}Z}{\mathrm{d}X}=\lim_{\Delta X\to 0}\frac{\Delta Z}{\Delta X} \tag{6.10}$$

如果式 $g(x)$的解析差分求解困难，那么最简单的计算导数的数值近似方法是比较微小扰动作用下响应变量的变化率（$\Delta z/\Delta x,\Delta X\to 0$）。

对于更一般的情况，当 Z 为 n 个变量的函数 $Z=g(X_1,X_2,\cdots,X_n)$，那么在点 $(X_1^0,X_2^0,\cdots,X_n^0)$ 计算偏导数 $\partial Z/\partial X_1,\partial Z/\partial X_2,\cdots,\partial Z/\partial X_n$ 的步骤如下：

（1）计算 $(X_1^0,X_2^0,\cdots,X_n^0)$ 点的响应：$Z_0=g(X_1^0,X_2^0,\cdots,X_n^0)$；

（2）变量 X_1 做微小扰动 $X_1^0+\Delta X_1$，其他变量 $X_2^0,\cdots,X_n^0$ 保持为原值，计算该点 $(X_1^0+\Delta X_1,X_2^0,\cdots,X_n^0)$ 的响应：$Z_1=g(X_1^0+\Delta X_1,X_2^0,\cdots,X_n^0)$；

（3）计算扰动后与扰动前的差值，$\Delta Z=Z_1-Z_0$，可进一步计算在 $(X_1^0,X_2^0,\cdots,X_n^0)$ 点响应 Z 对于变量 X_1 的近似偏导数：$\Delta Z/\Delta X_1$；

重复步骤（2）、（3），可分别计算响应对于变量 $X_2^0,\cdots,X_n^0$ 的近似偏导数。

由式（6.8），对于试验域 R 内任何设计点 x，目标响应量期望的估计 $\hat{y}(x)=f'(x)\hat{\beta}$，$x\in R$。对其求偏导，可得到每次迭代计算的梯度矢量为

$$\nabla\hat{y}=\left(\frac{\partial\hat{y}}{\partial x_1},\frac{\partial\hat{y}}{\partial x_2},\cdots,\frac{\partial\hat{y}}{\partial x_k}\right) \tag{6.11}$$

式中， $x_1, x_2, \cdots, x_k$ ——控制变量，矢量中的每个元素是 $\hat{y}$ 在当前迭代计算位置对控制变量 x_i 的梯度或敏感度：

$$\alpha_i = \frac{\partial \hat{y}}{\partial x_i} \tag{6.12}$$

式中，$i=1,2,\cdots,k$。

不同变量的随机性对于响应或输出具有不同程度的作用效果，可以通过某个指标定性地衡量其影响程度。这里引入了单位敏感度矢量定义：

$$\gamma = \frac{\boldsymbol{SB}^t \alpha}{\left|\boldsymbol{SB}^t \alpha\right|} \tag{6.13}$$

式中，$\alpha = (\alpha_1, \alpha_2, \cdots, \alpha_k)$；

$\boldsymbol{S}$——对角矩阵，对角元素代表等效标准正态分布变量的均方值；

$\boldsymbol{B}^t$ ——将原坐标系下的变量转换为等效不相关标准正态分布变量的转换矩阵。当随机变量统计独立时，$\boldsymbol{SB}^t$ 为单位对角阵，此时敏感度矢量等同于方向余弦矢量。敏感度矢量中的元素称为变量的敏感度指标。

6.2.3 实现过程

本软件的优化算法是将响应面法与梯度搜索法相结合，通过响应面法的有限次确定性计算结果结合回归分析，拟合一个显性闭合多项式函数（即功能函数，其作用在于确定某特定目标域内的最优目标响应及其位置）来近似表达目标响应量与控制变量的隐性函数关系，利用功能函数来确定最优目标响应及其位置，基于敏感性分析技术的梯度搜索法计算具有复杂形式功能函数的梯度矢量，通过计算每一迭代位置的功能函数值及其梯度矢量，逐步逼近最优响应。现利用响应面法与梯度搜索法解决“寻找特定区域内海拔最高点”，说明响应面法与梯度搜索法的实现过程。

利用优化检验函数 eggholder 构造一个三维曲面函数 $z = g(x, y)$ 来表示某区域的地形（图 6.2），其中，z 为海拔，(x, y) 为区域水平坐标，$x \geqslant -1000$，$y \leqslant 1000$，$z_{\max} = 2289.1$，通过区域任一点坐标（x, y）可得其海拔 z，利用响应面法、梯度搜索法寻找此区域海拔最高点及其海拔值。

优化实现步骤如下：

（1）在区域内均匀选取计算点（x, y）（图 6.3），得到相应的海拔 z。

（2）构造显性闭合多项式函数：

$$z = \sum_{i=0}^{5} A_{ij} x^i y^j \tag{6.14}$$

式中，i, j 是整数，$i+j=5$，对步骤（2）中的数据（x, y, z）采用最小二乘法进行回归分析，得到拟合曲面［图 6.4（a）］，最高海拔点有较高概率位于海拔在 2000～2200 的鹅黄色区域［图 6.4（b）］。

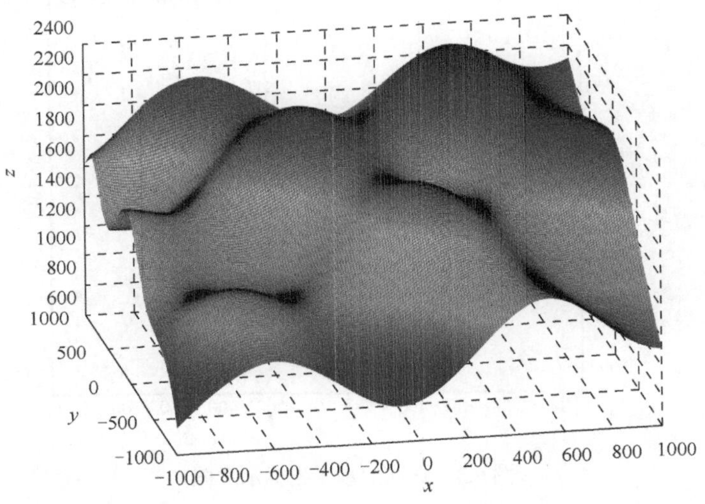

（a）三维地形图

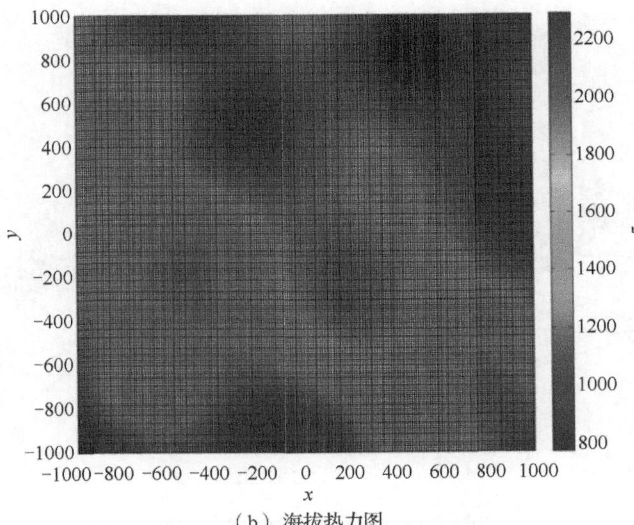

（b）海拔热力图

图 6.2　某区域地势三维曲面示意图

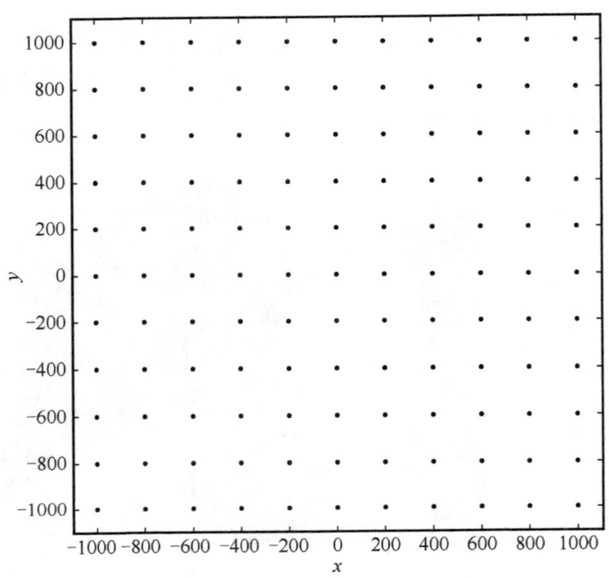

图 6.3 选取的水平坐标示意图

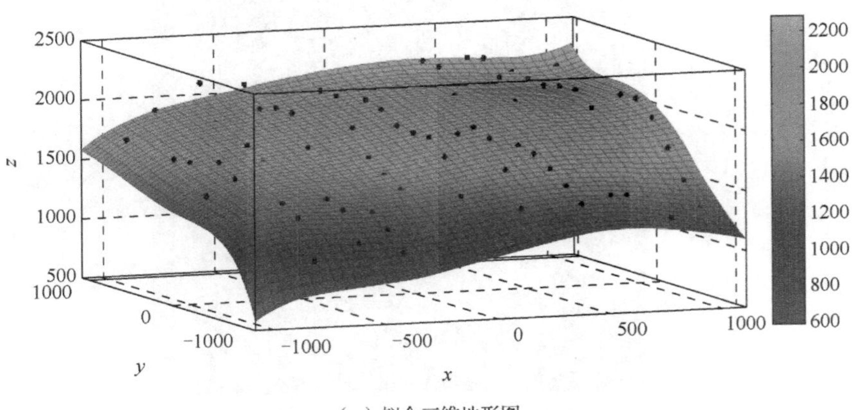

（a）拟合三维地形图

图 6.4 响应面法拟合曲面示意图

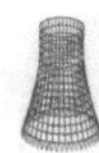

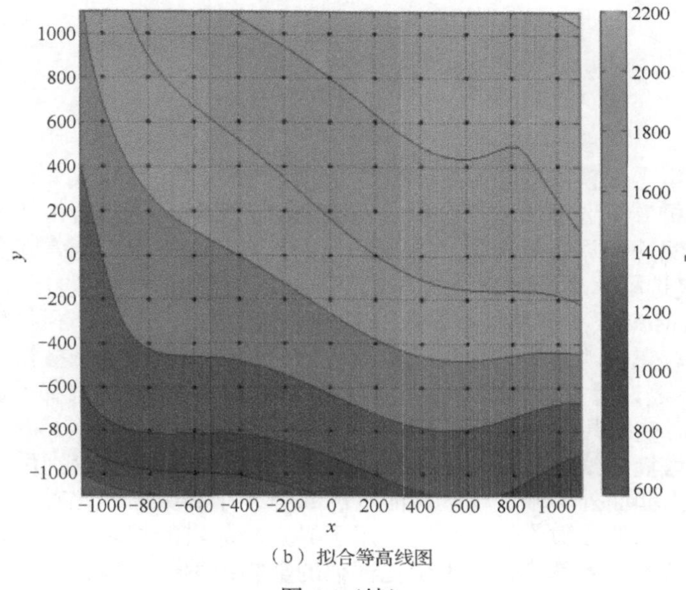

（b）拟合等高线图

图 6.4（续）

彩图 6.4

（3）选取鹅黄色区域内海拔较高点作为起始点，沿其某一较大梯度方向选取下一个点。若下一个点的海拔较高，则以下一个点为新的起始点；若下一个点的海拔较低，改变方向重新选取下一个点，直至确认当前点海拔最高，搜索终止。在此选取 1 个起始点（图 6.5），即 1 号点（800,800），沿其较大梯度方向（黑色的点代表可以选取的点，各点最大梯度方向如红色箭头标记）选取 2 号点（700,800），以此类推，黑色虚线标记出了搜索路径，4 号点是搜索到的海拔最高的点，其海拔为 2220.4m，为最高海拔的 97%。

彩图 6.5

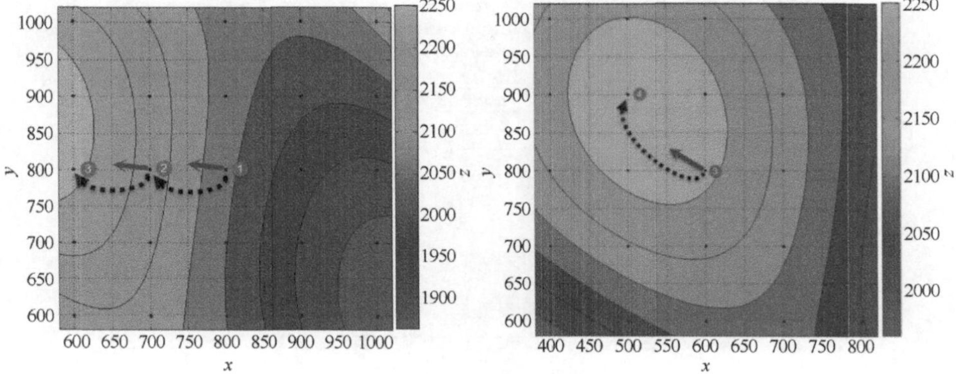

图 6.5 梯度搜索路径图

6.3 软 件 操 作

在“建模与分析”子模块的“控制面板”选项卡中的“计算模式”选项组中选中“结构优化分析”复选框，软件会同时自动选中“多种荷载组合”、“稳定性验算”和“裂缝和配筋计算”复选框（图 6.6）。为提高计算效率，通常避免选中“动力特性分析”复选框。由于优化过程多处于冷却塔前期方案比选阶段，“项目名称”可选择“CTModel 冷却塔简化建模”选项，“荷载组合”可选择“简化模型荷载组合”选项。单击“参数设置”选项组中的“优化模式设置”按钮，打开“冷却塔结构优化参数设置”对话框。在“项目名称”下拉列表框中选择“优化参数设置一”选项，可获得共计 26 个优化参数可选项（图 6.7），编号（1）～（17）的参数定义冷却塔塔筒的线型和壁厚，编号（18）～（22）的参数分别反映刚性环壁厚、底支柱面内和面外半轴、环基截面宽和高等 5 个参数的变化对于优化指标的影响；编号（23）的参数为柱底标高，用于界定冷却塔的相对高度，为塔筒线型的辅助项，通常不计入其变化对于优化评估的影响；编号（24）～（26）的参数分别反映来流风向角度、地震加载角度和阳光入射角度等不同加载角度对于荷载内力的影响。“优化参数设置二”主要用于设置风、温度和地震的加载方向，可用于计算 3 种荷载组合下的最不利加载角度（图 6.8）。

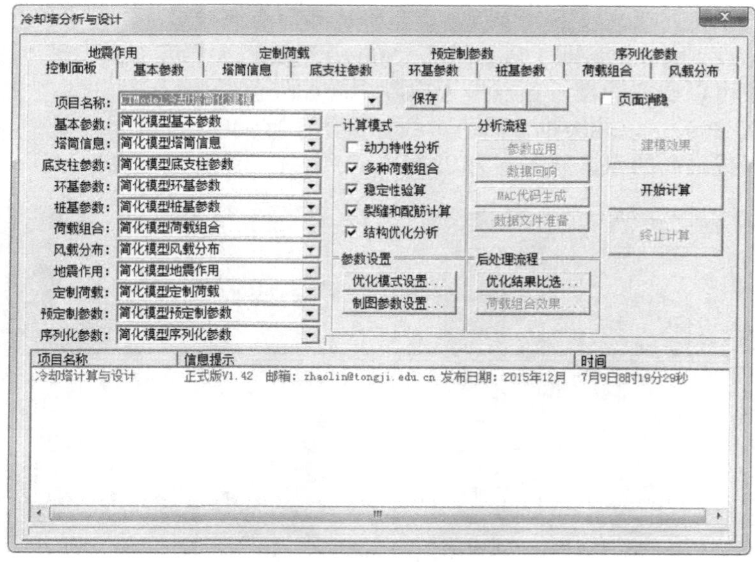

图 6.6　结构优化分析操作

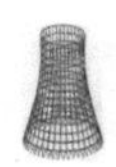

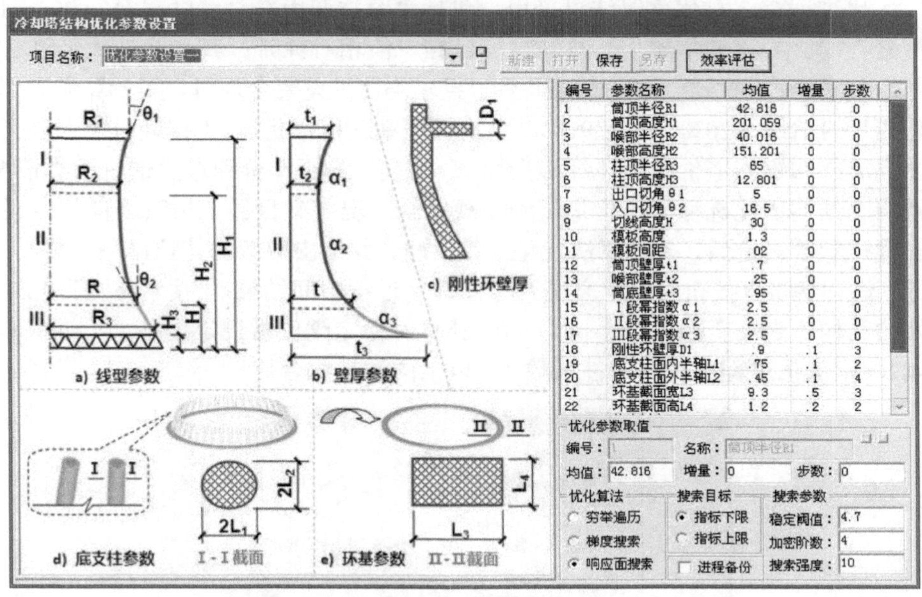

图 6.7 优化参数设置一

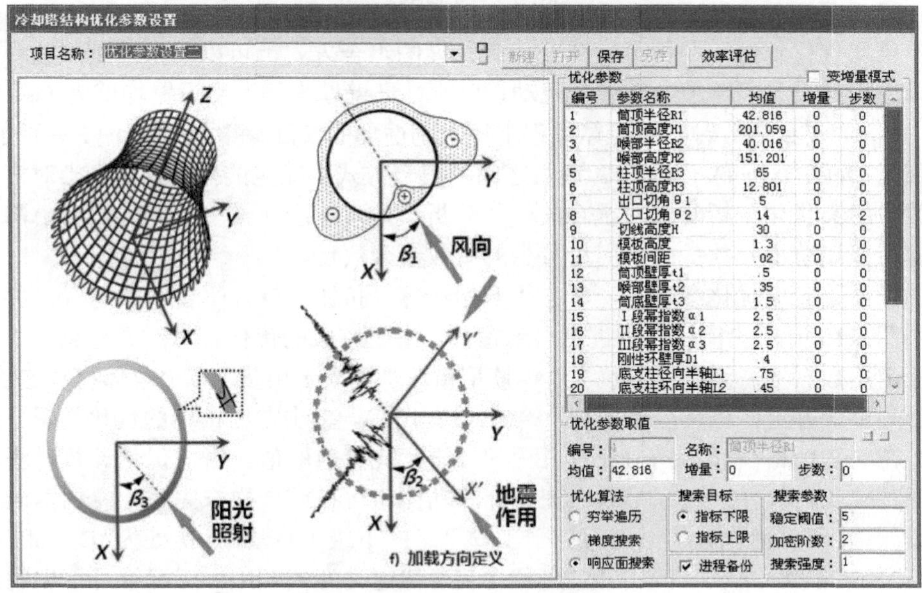

图 6.8 优化参数设置二

优化过程有 3 种优化算法可采用，包括“穷举遍历”、“梯度搜索”和“响应面搜索”。其中，“穷举遍历”算法精度最高，但相对耗时；其他两种优化算法均采用迭代求解过程，当“加密阶数”和“搜索强度”设置合理时，其计算量为“穷举遍历”的 10%～20%，并有 92%以上的保证率获得最优解。“搜索目标”定义为考虑混凝土和钢筋造价的总体经济指标，分为获得最小造价和最大造价两类情况，分别用于结构优化选型和结构最不利荷载组合工况定义目的。按钮“评估效果”给出优化参数设定后，多种算法优化效率比较，并给出取值的建议结果（图 6.9）。单选“进程备份”按钮用于定义是否存储优化过程中间结果。“搜索参数”中如果预期的结构稳定安全因子最小值为 5.0，计算时稳定阈值常设定为略小于该值，如取 4.7，则优化过程可对稳定性系数 4.7 以上的结果综合比选。

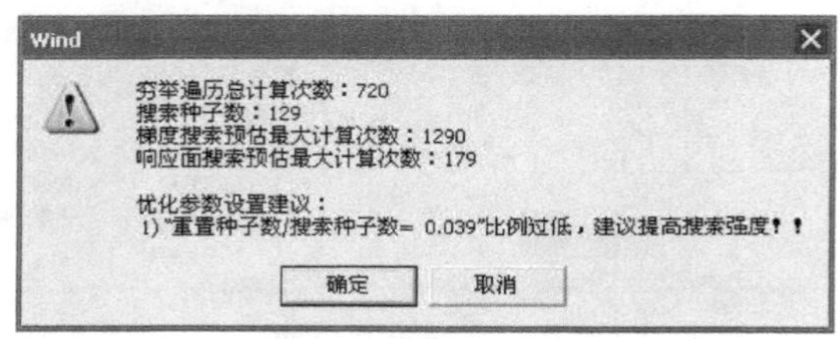

图 6.9　评估效果

借用优化算法，分析多种荷载加载角度的组合方式，可以获得控制配筋率的冷却塔设计结果。关于各类参数扰动，以刚性环壁厚为例，当设置均值为 D_1、增量为 ΔD、步数为 n 时，在计算过程中每次刚性环的实际参数取值有 n+1 种可能，分别为 $D_1+\Delta D\times(i-1), i=1,n+1$。参数之间的组合方式为完全的排列组合。当对多个参数考虑其优化分析时，总组合的优化分析次数可能会非常多，此时可考虑降低冷却塔建模总单元数量或采用尽量少的荷载组合数目。

当设置完成优化参数后，单击“开始计算”按钮，软件平台开始运行，并打开如图 6.10 所示的优化分析进度显示窗口，每组完成的优化计算结果分别以“整体稳定系数”、“局部稳定系数”、“钢筋用量”、“混凝土用量”和“总体材料造价”分项列举，待定计算项以“−999”给出（图 6.11）。单击左窗格中的优化结果，可同时在右侧窗格中显示当前计算过程的预定优化参数取值。考虑优化计算过程可能耗时较长，软件平台采用断点连续计算功能，可在前一次未完成计算的基础上延续计算。所有优化分析结果存储于工作目录的下级子目录中，此处为“D:\SelfDef CT Case\OptiResu\ 子目录名称”，子目录名称定义为 CASE_+工况编号。中间计算过程的相关信息提示于“控制面板”信息列表框中。

项目名称	信息提示	时间
冷却塔计算与设计	推广版Ver1.0 邮箱：zhaolin@tongji.edu.cn 发布日期：2013年10月	10月22日17时19分41秒
建模与计算前处理	参数数据全局化	10月22日18时25分23秒
结构参数优化分析	导入更新后的冷却塔线型参数!	10月22日18时30分57秒
结构参数优化分析	导入更新后的冷却塔结构与荷载参数!	10月22日18时30分57秒
建模与计算前处理	参数数据全局化	10月22日18时30分57秒
建模与计算前处理	数据文件序列化......	10月22日18时30分57秒
参数文件准备	1.基本参数:D:\SelfDef CT Case\ParaData\Config.txt	10月22日18时30分57秒
参数文件准备	2.塔筒参数:D:\SelfDef CT Case\ParaData\BP_Shell.txt	10月22日18时30分57秒
参数文件准备	3.结构材料参数:D:\SelfDef CT Case\ParaData\Mat_Shell.txt	10月22日18时30分57秒
参数文件准备	4.塔筒模板参数:D:\SelfDef CT Case\ParaData\Nodedata.txt	10月22日18时30分57秒
参数文件准备	5.底支柱参数:D:\SelfDef CT Case\ParaData\BP_Column.txt	10月22日18时30分57秒
参数文件准备	6.环基参数:D:\SelfDef CT Case\ParaData\BP_Base.txt	10月22日18时30分57秒

图 6.10 优化分析进度显示窗口

结构参数优化结果比选

工况编号	整体稳定系数	局部稳定系数	钢筋用量	混凝土用量	总体材料造价
1	9.22	6.17	3109.404	30777.93	4648.3
2	-999	-999	-999	-999	-999
3	-999	-999	-999	-999	-999
4	-999	-999	-999	-999	-999
5	-999	-999	-999	-999	-999
6	-999	-999	-999	-999	-999
7	-999	-999	-999	-999	-999
8	-999	-999	-999	-999	-999
9	-999	-999	-999	-999	-999
10	-999	-999	-999	-999	-999
11	-999	-999	-999	-999	-999
12	-999	-999	-999	-999	-999

优化工况参数明细

序号	参数名称	参数取值
1	筒顶半径R1	42.816
2	筒顶高度H1	201.059
3	喉部半径R2	40.016
4	喉部高度H2	151.201
5	柱顶半径R3	65
6	柱顶高度H3	12.801
7	出口切角θ1	5
8	入口切角θ2	14
9	切线高度H	30
10	模板高度	1.3
11	模板间距	[illegible]

导入模型

图 6.11 优化分析结果显示

6.4 优 化 示 例

以冷却塔常见建模精细化程度为准(表 6.1),考虑 10 个荷载工况组合(表 6.2),通过优化搜索获得最优经济指标。采用的优化算法为响应面法，搜索目标为“指标下限”，稳定系数的阈值为 4.7，并对中间结果进行进程备份。第一次优化主要针对入口切角 θ_2、筒顶壁厚 t_1、筒底壁厚 t_3、刚性环壁厚 D_1、环基截面宽 L_3 和环基截面高 L_4 共 6 个参数进行优化，优化参数初始值如表 6.3 所示。通过“评估效果”可得第一次穷举遍历的总计算次数为 7500 次，梯度搜索和响应面搜索的预估最大计算次数分别为 1290 次和 329 次，最终第一次优化完成后的实际优化次数为 417 次，总耗时 4170min；推荐的优化结果为入口切角 θ_2=15°、筒顶壁厚 t_1=0.5m、筒底壁厚 t_3=1.2m、刚性环壁厚 D_1=0.6m、环基截面宽 L_3=9.8m、环基截面高 L_4=1.8m，此时的局部稳定系数为 5.07，总造价为 9183.813 万元；第二～四次优化分别在上一次优化结果的基础上对参数进行调整，实际优化次数分别为 267 次、287 次和 139 次，分别耗时 2670min、2870min 和 1390min；最终的优化（第四次）结果为入口切角 θ_2=16.5°、筒顶壁厚 t_1=0.7m、筒底壁厚 t_3=0.95m、刚性环壁厚 D_1=1.2m、环基截面宽 L_3=9.8m、环基截面高 L_4=1.2m，最终的局部稳定系数为 5.26，总造价为 8111.745 万元（表 6.4）。

表 6.1　模型精细化程度

编号	柱顶间单元数	对柱间单元数	对柱组数	总模板数	模态阶数	总耗时：多种荷载组合+地震反应谱+后处理分析
1	1	1	48	146	300	约 600min

表 6.2　荷载工况组合

荷载序号	自重项	风载项	夏温项	冬温项	水平地震项	竖向地震项	定制荷载项	配筋计算	裂缝验算	备注
1	1.35	0.35	0.6	0	1.3	0.5	0	是	否	1．地震组合一
2	1	0.35	0.6	0	1.3	0.5	0	是	否	2．地震组合二
3	1	1.4	0	0.6	0	0	0	是	否	3．风载组合一
4	1	1.4	0.6	0	0	0	0	是	否	4．风载组合二
5	1	1	0.6	0	0	0	0	是	否	5．风载组合三
6	1	1	0	0.6	0	0	0	是	否	6．风载组合四
7	1.35	1.4	0.6	0	0	0	0	是	否	7．风载组合五
8	1.2	1.4	0.6	0	0	0	0	是	否	8．风载组合六
9	1	1	0.6	0	0	0	0	是	是	9．裂缝验算一
10	1	1	0	0.6	0	0	0	是	是	10．裂缝验算二

表 6.3　优化参数初始取值

编号	参数名称	均值	增量	步数	编号	参数名称	均值	增量	步数
1	筒顶半径 R_1/m	42.816	0	0	14	筒底壁厚 t_3/m	1.2	0.1	4
2	筒顶高度 H_1/m	201.059	0	0	15	Ⅰ段幂指数 α_1	2.5	0	0
3	喉部半径 R_2/m	40.016	0	0	16	Ⅱ段幂指数 α_2	2.5	0	0
4	喉部高度 H_2/m	151.201	0	0	17	Ⅲ段幂指数 α_3	2.5	0	0
5	柱顶半径 R_3/m	65	0	0	18	刚性环壁厚 D_1/m	0.3	0.1	3
6	柱顶高度 H_3/m	12.801	0	0	19	底支柱面内半轴 L_1/m	0.75	0	0
7	出口切角 θ_1/(°)	5	0	0	20	底支柱面外半轴 L_2/m	0.45	0	0
8	入口切角 θ_2/(°)	13	0.5	4	21	环基截面宽 L_3/m	8.3	0.5	4
9	切线高度 H/m	30	0	0	22	环基截面高 L_4/m	1.8	0.2	4
10	模板高度/m	1.3	0	0	23	柱底标高 H_0/m	0	0	0
11	模板间距/m	0.02	0	0	24	来流风向角度 β_1/(°)	0	0	0
12	筒顶壁厚 t_1/m	0.3	0.1	2	25	地震加载角度 β_2/(°)	0	0	0
13	喉部壁厚 t_2/m	0.25	0	0	26	阳光入射角度 β_3/(°)	0	0	0

表 6.4 优化结果比选

参数名称	优化过程参数取值				
	初值	第一次优化	第二次优化	第三次优化	第四次优化
入口切角 θ_2/(°)	14.0	15.0	16.0	16.5	16.5
筒顶壁厚 t_1/m	0.4	0.5	0.6	0.7	0.7
筒底壁厚 t_3/m	1.1	1.2	1.1	0.95	0.95
刚性环壁厚 D_1/m	0.45	0.60	0.75	0.9	1.2
环基截面宽 L_3/m	9.3	9.8	9.8	9.8	9.8
环基截面高 L_4/m	1.6	1.8	1.6	1.4	1.2
稳定系数	6.30	5.07	5.01	6.07	5.26
总体造价	9389.334	9183.813	8733.504	8361.678	8111.745

由于风荷载、温度荷载和地震荷载存在输入方向的问题，为获得风、温度和地震三者组合下的最不利工况组合，采用响应面法，搜索目标为“指标上限”(即总造价最高的工况)，优化参数为来流风向角度 β_1、地震加载角度 β_2 和阳光入射角度 β_3，优化参数初始取值如表 6.5 所示；通过“评估效果”可得穷举遍历的总计算次数为 4913 次，梯度搜索和响应面搜索的预估最大计算次数分别为 5130 次和 713 次，实际完成次数 587 次，总耗时 5870min；最终的最不利工况下来流风向角度 β_1=90°、地震加载角度 β_2=0° 和阳光入射角度 β_3=157.5°；最不利工况下的局部稳定系数为 5.26，结构总造价为 8827.822 万元。

表 6.5 荷载输入方向优化参数初始取值

编号	参数名称	均值	增量	步数	编号	参数名称	均值	增量	步数
1	筒顶半径 R_1/m	42.816	0	0	14	筒底壁厚 t_3/m	1.2	0	0
2	筒顶高度 H_1/m	201.059	0	0	15	Ⅰ段幂指数 α_1	2.5	0	0
3	喉部半径 R_2/m	40.016	0	0	16	Ⅱ段幂指数 α_2	2.5	0	0
4	喉部高度 H_2/m	151.201	0	0	17	Ⅲ段幂指数 α_3	2.5	0	0
5	柱顶半径 R_3/m	65	0	0	18	刚性环壁厚 D_1/m	0.9	0	0
6	柱顶高度 H_3/m	12.801	0	0	19	底支柱面内半轴 L_1/m	0.75	0	0
7	出口切角 θ_1/(°)	5	0	0	20	底支柱面外半轴 L_2/m	0.45	0	0
8	入口切角 θ_2/(°)	16.5	0	0	21	环基截面宽 L_3/m	9.3	0	0
9	切线高度 H/m	30	0	0	22	环基截面高 L_4/m	1.2	0	0
10	模板高度	1.3	0	0	23	柱底标高 H_0/m	0	0	0
11	模板间距	0.02	0	0	24	来流风向角度 β_1/(°)	0	22.5	16
12	筒顶壁厚 t_1/m	0.7	0	0	25	地震加载角度 β_2/(°)	0	22.5	16
13	喉部壁厚 t_2/m	0.25	0	0	26	阳光入射角度 β_3/(°)	0	22.5	16

6.5 考虑多种风荷载分布模式的结构优化选型

6.5.1 概述

大型冷却塔结构对于风荷载作用较为敏感，1965 年，英国渡桥电厂八塔组合中三座位于背风区的冷却塔发生风致倒塌，风致干扰效应引起了人们的极大重视。水工规范[8-10]采用塔群比例系数考虑风致干扰效应，冷却塔塔筒模板基于规范二维等效静力荷载条件下配筋率通常须大于风洞试验风压设计的包络配筋，较少在满足安全性的同时兼顾经济性。关于冷却塔结构设计的优化，设计院大多采用试算结构构件设计尺寸的控制变量法结合穷举算法[19]，效率低下，并非真正的结构优化设计。冷却塔向大型化发展，塔群组合也趋于复杂，现有的结构优化设计难以满足发展趋势。冷却塔塔群干扰效应的结构设计优化，通常包括两个环节：首先，需要确定在复杂干扰条件下，哪一种风荷载作用模式为可能的最不利荷载模式；其次，在此基础上引入响应面法和梯度搜索法，优化潜在最不利荷载条件下整体结构刚度协调分配，进而获得优化的结构构件尺寸。由于动力荷载作用的多样性和整体结构优化算法的复杂性，众多结构抗风设计等效准则的理念和计算结果差异明显。1963 年，Csonka[20]推导了双曲线壳体的壁厚变化公式，保证了结构在自重作用下的材料的合理使用。1971 年，Croll[21]提出冷却塔壳体优化的观点：以合理的最小筒壁厚度保证稳定性，以合适的子午线形状得到最小总重。1973 年，Greiner-Mai 和 Auerbach[22]从力学和工艺观点研究了子午线形状的选择问题，开始考虑冷却塔的形状与功能、承载能力、投资之间的关系。上述研究多采用方案比选的方式，呈现了塔筒少数参数对结构经济性、稳定性或安全性的影响。以下学者的研究采用优化算法进行结构多参数优化。2006 年，Lagaros 和 Papadopoulos[23]引入进化策略进行基于可靠度的结构优化设计，以非确定分析得到的屈曲失效概率和确定性分析得到的单元 Mises 应力为约束。2007 年，Uysal 等[24]采用线性规划法优化壳体质量，以单元 Mises 应力为约束条件。2011 年，张宗方[25]采用二次规划法分别进行了基于质量和塔筒最大拉应力的优化，约束源于我国规范中对优化变量上下限和稳定系数的要求，并以单元单轴和三轴应力检验强度安全。2015 年，Rumpf 等[26]对混凝土薄壳结构的几何外形和局部截面厚度进行优化，基于总质量、位移、应变等目标，进行多方案比选；2015 年，Wu 等[18]采用梯度搜索法和模式搜索法对结构形状与尺寸进行优化，以最小应变能和自重为优化目标。上述学者的研究多以结构效应（内力或位移效应）为优化目标，存在优化目标准则的非唯一性，难以明确多种优化策略的经济性指标；常用的优化过程仅聚焦于上部结构塔筒线型和结构尺寸的优化，忽略下部结构对整

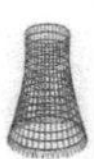

体结构性能的影响；约束条件多采用局部失稳公式验算稳定性，没有基于整体结构，且缺少对于结构强度问题的考虑，这样得出的优化结论会以偏概全。

针对上述问题，本章定义以内力组合加权效应（配筋量）和经济造价为综合效应指标，聚焦多种优化策略的经济性指标，兼顾结构强度安全性，实施了冷却塔抗风设计的分阶段优化设计策略。首先，实现了双曲线型冷却塔的参数化和有限元分析的结合；其次，将稳定系数、构件配筋率和总造价确定为衡量塔筒稳定性、强度安全性（结构受力合理性）和经济性的量化指标；最后，确定优化目标及约束条件，利用响应面法与梯度搜索法进行结构优化选型，优化适用于不同的风荷载分布模式的塔型，并以初始塔型为参照，对比各最优塔型的塔筒稳定性、强度安全性和经济性，采用交叉检验方式最终推荐最优化塔型。研究思路如图 6.12 所示。

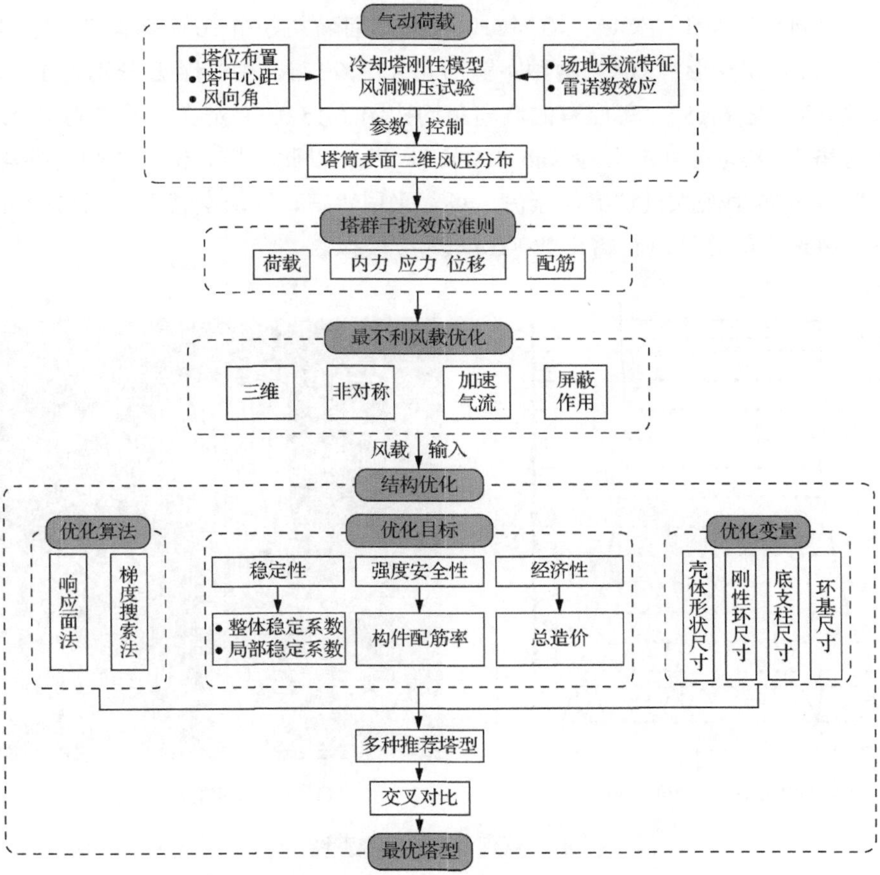

图 6.12 研究思路

6.5.2 最不利荷载模式

以六塔组合风洞试验为例，获得塔群干扰效应下的最不利风荷载分布模式。塔群干扰刚性模型风洞测压试验在同济大学土木工程防灾减灾全国重点实验室TJ-3风洞中进行。冷却塔实际塔高为250m，支柱底部直径为191.8m，缩尺比为1∶200；利用美国Scanivalue公司的DSM3000电子式压力扫描阀系统、信号采集测控系统获取冷却塔表面的风压信号，采样频率为300Hz，采样时长为40s。测压孔沿模型外表面子午向、环向布置12×36=432个，即沿塔筒高度布置12层测压孔，每层沿环向以10°为间隔均匀布置36个测压孔（图6.13）。干扰效应受塔位布置、风向和塔间距的影响，沿环向以22.5°间隔共分布16个风向角，塔群采用矩形（Rec）和菱形（Rho）两种布置形式（图6.14），中心距L分别为1.5D、1.75D、2.0D（图6.15）。每座塔的风向角均按图6.15（c）定义，菱形布置1.5D间距1号塔0°风向角可定义为Rho_1.5D_T1_0°，以此类推。试验中利用尖劈和粗糙元模拟B类地貌大气边界层紊流风场，采用“三、四层交替粘贴纸带+10m/s试验参考风速”的方法进行雷诺数（Re）效应模拟。

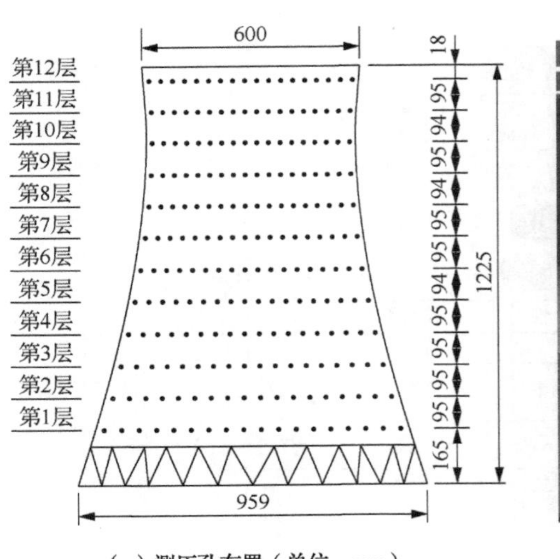

（a）测压孔布置（单位：mm）

（b）测压塔模型和流场布置

图6.13 测压塔尺寸和模型图

（a）矩形布置

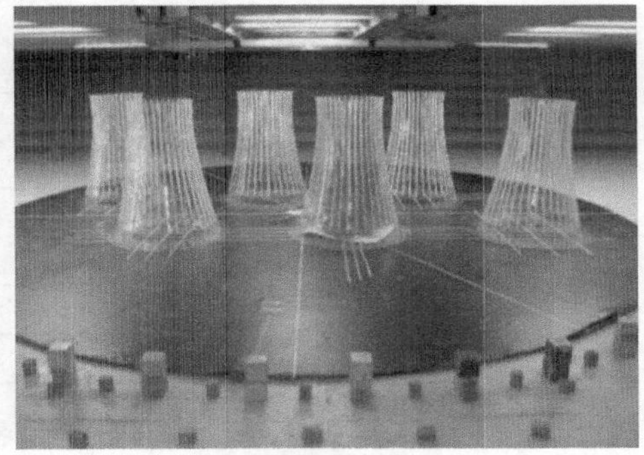

（b）菱形布置

图 6.14 六塔模型风洞布置

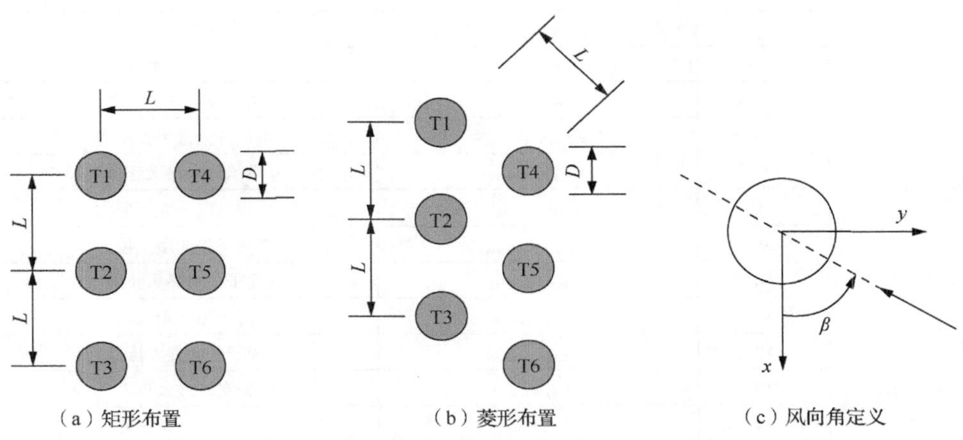

（a）矩形布置　　（b）菱形布置　　（c）风向角定义

图 6.15 六塔布置和风向角定义

风洞测压试验工况共 241 个，如表 6.6 所示；涉及 3 种塔位布置形式、3 种塔中心距、16 个风向角；定义荷载、响应、配筋层面的 25 种塔群比例系数 K（表 6.7）：

$$K=\frac{I_X}{I_{\mathrm{S}}} \tag{6.15}$$

式中，K——塔群比例系数；

I_X——某特征量在塔群组合中所有塔在所有风向的最值；

I_{S}——该特征量的单塔值。

表 6.6 风洞测压试验工况

塔位布置形式	塔中心距	被测塔	风向	试验工况数
单塔		单塔	0°	1
矩形布置	1.5*D* 1.75*D* 2.0*D*	T1	环向 22.5°间隔 16 个风向角	48
		T2		48
菱形布置		T1		48
		T2		48
		T3		48

表 6.7 塔群特征量定义说明

分组形式	编号	符号	物理含义
荷载层面	1	C_D	顺风向整体荷载系数
	2	C_F	横风向整体荷载系数
	3	$C_{sc,max}$	最大体型系数
	4	$C_{sc,min}$	最小体型系数
响应层面	5	$F_{T,shell\_cir,max}$	塔筒环向最大拉力
	6	$S_{T,shell\_cir,max}$	塔筒环向最大拉应力
	7	$F_{P,shell\_cir,max}$	塔筒环向最大压力
	8	$S_{P,shell\_cir,max}$	塔筒环向最大压应力
	9	$F_{T,shell\_mer,max}$	塔筒子午向最大拉力
	10	$S_{T,shell\_mer,max}$	塔筒子午向最大拉应力
	11	$F_{P,shell\_mer,max}$	塔筒子午向最大压力
	12	$S_{P,shell\_mer,max}$	塔筒子午向最大压应力
	13	$F_{T,col,max}$	底支柱最大拉力
	14	$F_{P,col,max}$	底支柱最大压力
	15	D_{max}	塔筒最大位移
	16	S_{1st_Ps}	第一主应力
	17	S_{3rd_Ps}	第三主应力
	18	$M_{shell\_mer,max}$	塔筒子午向最大正弯矩
	19	$M_{shell\_mer,min}$	塔筒子午向最大负弯矩
	20	$M_{shell\_cir,max}$	塔筒环向最大正弯矩
	21	$M_{shell\_cir,min}$	塔筒环向最大负弯矩
配筋层面	22	$R_{shell\_cir\_out,max}$	塔筒环向外侧最大配筋率
	23	$R_{shell\_cir\_in,max}$	塔筒环向内侧最大配筋率
	24	$R_{shell\_mer\_out,max}$	塔筒子午向外侧最大配筋率
	25	$R_{shell\_mer\_in,max}$	塔筒子午向内侧最大配筋率

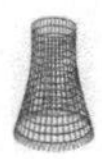

基于任一特征量定义的塔群比例系数都难以确切描述实际干扰效应导致的复杂风压分布变化。鉴于此，根据25种塔群比例系数最大值出现的频率、塔位布置形式、塔相对位置，筛选出相应工况的塔筒表面三维风压作为典型风荷载分布模式，即最不利风荷载。为探究最不利工况，表6.8统计了25种塔群比例系数最大值及其对应工况并将其频率分布以饼状图的形式表示（图6.16），菱形和矩形布置形式出现的频率分别为88%、12%，说明菱形布置较矩形不利。

表6.8 各种塔群比例系数最大值及对应工况

塔群比例系数编号	最大值	对应工况			
		塔位布置形式	塔间距	塔位	风向角/(°)
1	1.47	菱形	1.5*D*	1号塔	315
2	1.59	矩形	1.75*D*	1号塔	337.5
3	1.22	菱形	2.0*D*	3号塔	45
4	1.35	菱形	2.0*D*	1号塔	337.5
5	1.17	菱形	1.75*D*	1号塔	315
6	1.17	菱形	1.75*D*	1号塔	315
7	1.15	菱形	1.75*D*	1号塔	315
8	1.15	菱形	1.75*D*	1号塔	315
9	1.12	菱形	1.5*D*	2号塔	90
10	1.11	菱形	1.5*D*	2号塔	90
11	1.11	菱形	1.75*D*	1号塔	315
12	1.18	菱形	1.75*D*	1号塔	315
13	1.19	矩形	2.0*D*	1号塔	337.5
14	1.18	菱形	1.75*D*	1号塔	315
15	1.13	菱形	2.0*D*	3号塔	90
16	1.3	菱形	1.75*D*	3号塔	67.5
17	1.2	菱形	2.0*D*	1号塔	337.5
18	1.29	菱形	1.75*D*	3号塔	90
19	1.28	菱形	1.5*D*	2号塔	135
20	1.36	菱形	1.75*D*	1号塔	315
21	1.71	菱形	1.5*D*	1号塔	315
22	1.11	矩形	1.75*D*	1号塔	270
23	1.26	菱形	1.75*D*	1号塔	90
24	1.36	菱形	1.5*D*	2号塔	202.5
25	1.18	菱形	1.5*D*	3号塔	112.5

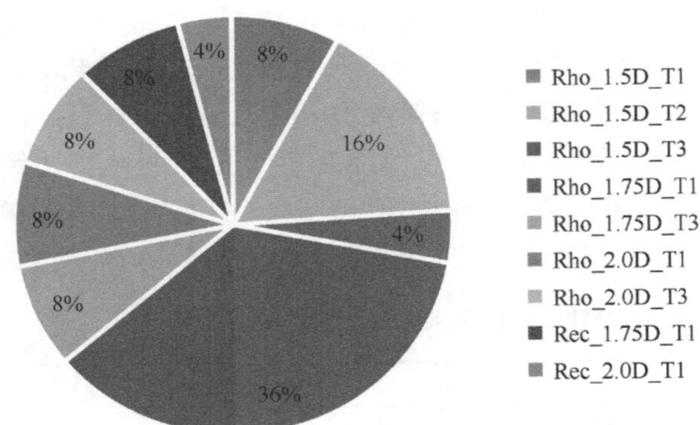

图 6.16　不利工况频率分布图　　彩图 6.16

在 25 个最大值工况中，Rho_1.75D_T1 出现的次数最多，共 9 次，占比 36%，该工况中的最不利风向角为 315°，出现 8 次，占该工况比重的 89%；Rho_1.5D_T2 出现的次数次之，共 4 次，占比 16%，该工况中的最不利风向角为 90°，出现 2 次，占该工况比重的 50%；其他情况的最大值都出现在分散的风向角。选取 Rho_1.75D_T1_315° 工况（出现频率为 36%×89%≈32%）、Rho_1.5D_T2_90° 工况（出现频率为 16%×50%=8%），结合六塔组合的塔位布置，同时选取 Rec_1.5D_T1_0° 工况，将这 3 种工况对应的风洞试验平均风压系数及规范模式二维对称风压作为六塔组合的典型风荷载分布模式，并依据“通道”气流加速效应、“屏蔽”荷载降低效应和风压对称性给 3 种风荷载分布模式命名（表 6.9）。

表 6.9　典型风荷载分布模式

风荷载分布模式	塔筒外表面平均风压分布系数	塔群比例系数 K
规范模式二维对称风压	水工规范平均风压分布系数	1.3
遮挡干扰三维非对称风压	Rec_1.5D_T1_0°工况平均风压系数	
试验等效三维非对称风压	Rho_1.75D_T1_315°工况平均风压系数	
通道加速气流三维对称风压	Rho_1.5D_T2_90°工况平均风压系数	

对于试验单塔工况，根据塔筒表面平均风压系数的分布［图 6.17（a）］，可将塔筒沿环向分为迎风区（330°～30°）、侧风区（30°～120°、240°～330°）、背风区（120°～240°）。风压沿塔筒壁垂直向内作用（风压为正），最大平均风压系数出现在 0°（即来流方向）位置，自此平均风压系数沿环向向两侧递减；在侧风区，风压沿塔筒壁垂直向外作用（风压为负），在 70°、290° 位置负压最大；在背风区，风压为负，分布均匀，平均风压系数为-0.5。试验单塔工况的塔筒风压基本呈对称分布，与水工规范平均风压相比，其差异主要存在于端部，表现在侧风区和背风区

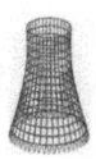

平均风压系数较小。对于单塔而言，可用规范模式二维对称风压进行设计，塔群比例系数取 1.3，该系数是 25 种干扰准则获得的比例系数最大值的算术平均。

对于 Rec_1.5D_T1_0° 工况［图 6.17（b）］：2、3 号塔对 1 号塔的“屏蔽”荷载降低效应，使 1 号塔的平均风压系数极值较水工规范的有较大降低；上风区两排冷却塔形成的“通道”气流加速效应导致 1 号塔塔筒迎风、侧风区风压分布呈现严重的不对称。屏蔽荷载效应占主导，将此风荷载分布模式称之为遮挡干扰三维非对称风压。

对于 Rho_1.75D_T1_315° 工况［图 6.17（c）］：平均风压系数极值较水工规范的有较大增长；塔筒风压在迎风区基本对称分布，其不对称性主要出现在侧风区，这是 1 号塔受到其上风区 2 号塔的“通道”气流加速效应引起的。将此风荷载分布模式称之为试验等效三维非对称风压。

对于 Rho_1.5D_T2_90° 工况［图 6.17（d）］：平均风压系数极值较水工规范的有较小增长，平均风压系数负极值（70°、290°）较试验单塔工况的有较大增长，这是 2 号塔受到上风区对称分布的 4、5 号塔的“通道”气流加速效应导致的；塔筒风压基本呈对称分布，因“通道”气流加速效应整体放大，将此风荷载模式称之为通道加速气流三维对称风压。

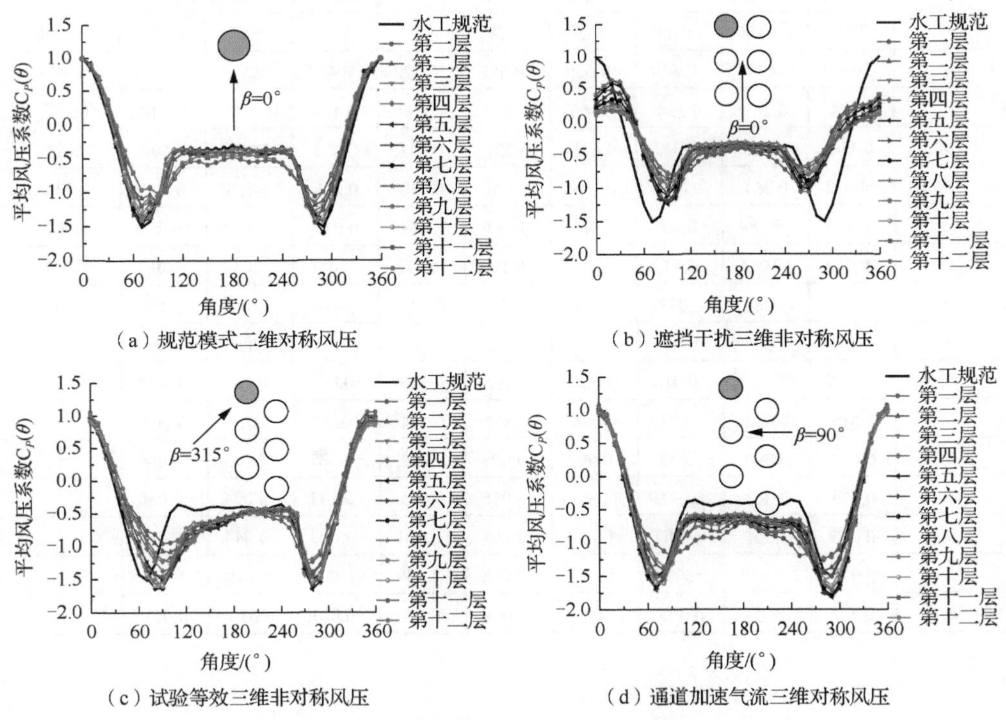

（a）规范模式二维对称风压

（b）遮挡干扰三维非对称风压

（c）试验等效三维非对称风压

（d）通道加速气流三维对称风压

图 6.17 塔群组合典型风荷载分布模式

考虑复杂塔群干扰条件下的冷却塔抗风设计需要，采用典型最不利风荷载分布模式，将 3 种试验风荷载分布模式用傅里叶展开式拟合，考虑到塔筒进风口和出风口的典型三维分布特征，对塔筒下部（≤0.3H）、中部（介于 0.3H 和 0.8H 之间）、上部（≥0.8H）的平均风压分布曲线分别模拟，拟合参数结果如表 6.10 所示。以遮挡干扰三维非对称风压的拟合曲线（图 6.18）进行说明，拟合曲线相比水工规范，正负压峰值均有明显下降，正、负压极值所在点均向背风区偏移，背风区缩短，且随着高度增加，风压沿环向分布趋于平缓，三维分布特性显著。这种与规范二维风压分布截然不同的风荷载分布模式对冷却塔抗风设计的影响须审慎评估。

$$C_p(\theta)=\sum_{i=0}^{7}a_i\cdot\cos(i\theta)+\sum_{i=1}^{7}b_i\cdot\sin(i\theta) \tag{6.16}$$

表 6.10　塔群组合典型最不利风压分布拟合参数

拟合参数	遮挡干扰三维非对称风压			试验等效三维非对称风压			通道加速气流三维对称风压			水工规范
	下部	中部	上部	下部	中部	上部	下部	中部	上部	全高度
a_0	−0.340	−0.349	−0.340	−0.659	−0.651	−0.572	−0.452	−0.535	−0.477	−0.443
a_1	0.401	0.261	0.234	0.466	0.310	0.400	0.479	0.380	0.440	0.245
a_2	0.416	0.428	0.306	0.678	0.721	0.694	0.651	0.720	0.696	0.675
a_3	−0.013	0.064	0.018	0.395	0.573	0.460	0.268	0.415	0.337	0.536
a_4	−0.157	−0.184	−0.107	0.114	0.133	0.069	0.016	−0.017	−0.030	0.062
a_5	−0.014	−0.051	−0.013	−0.007	−0.102	−0.072	−0.014	−0.087	−0.069	−0.138
a_6	0.043	0.061	0.023	0.058	−0.015	0.020	0.034	0.017	0.034	0.001
a_7	−0.018	0.005	−0.009	0.003	0.028	0.047	0.041	0.037	0.045	0.065
b_1	−0.017	−0.018	−0.010	0.061	0.062	0.019	−0.047	−0.157	−0.139	
b_2	0.015	0.034	0.033	0.006	0.002	0.004	0.072	0.079	0.063	
b_3	0.023	0.080	0.053	−0.007	−0.008	0.020	−0.121	−0.013	−0.006	
b_4	0.035	0.062	0.026	0.000	−0.015	0.016	−0.143	−0.094	−0.080	
b_5	0.015	0.001	−0.007	−0.009	−0.009	−0.001	−0.003	−0.044	−0.023	
b_6	0.012	−0.010	−0.003	−0.018	−0.008	−0.009	0.031	0.064	0.042	
b_7	0.010	0.005	0.005	0.000	−0.004	−0.006	−0.021	0.015	0.012	

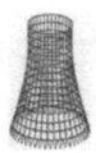

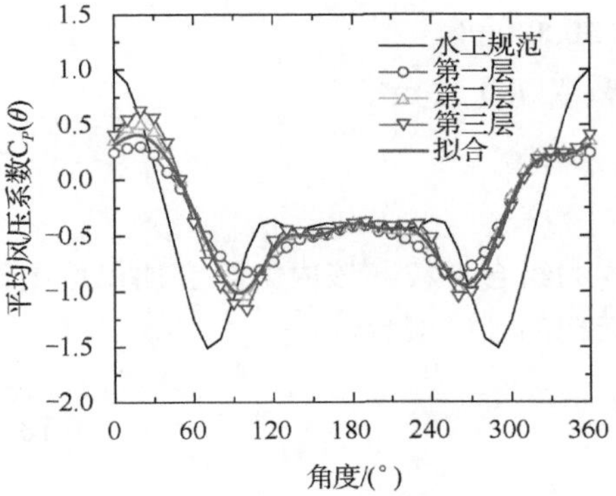

（a）塔筒下部风压拟合

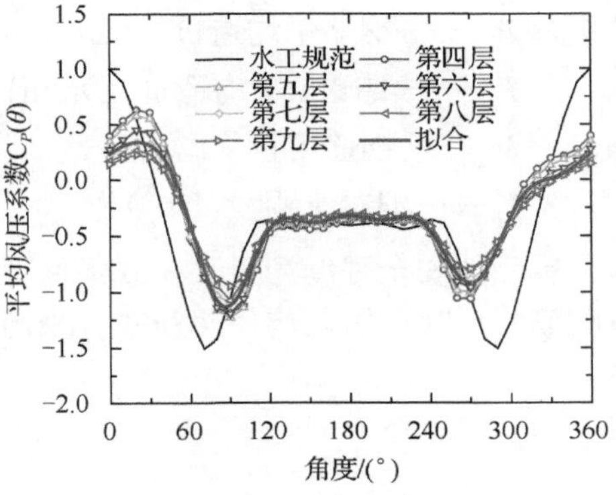

（b）塔筒中部风压拟合

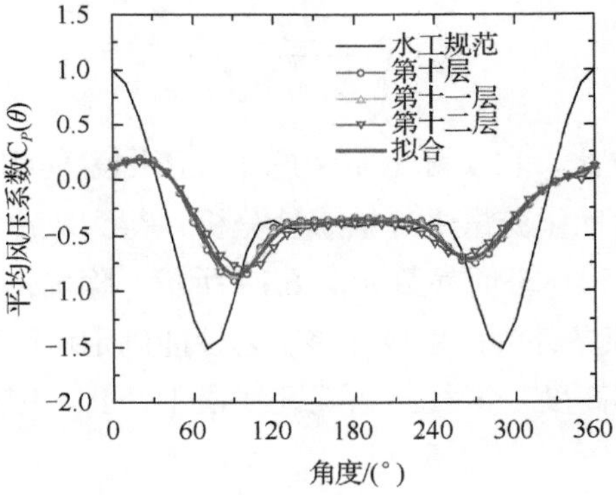

（c）塔筒上部风压拟合

图 6.18　遮挡干扰三维非对称风压拟合曲线

6.5.3　结构优化过程和结果

获得最不利风荷载分布模式后，进行结构优化设计。优化目标为找到适用于4 种风荷载分布模式的最优塔型方案，以总造价主导优化过程，同时以构件配筋率和稳定系数兼顾安全性和稳定性。已有研究的优化目标多为壳体质量或结构效应，优化目标不唯一，难以明确优化策略的经济性，或有研究关注经济性，但仅聚焦于壳体的材料造价，未能关注整体结构优化的经济性指标。鉴于此，引入总造价 P_T 作为评价经济性的指标：

$$P_T = M_s P_{ms} + V_c P_{vc} \tag{6.17}$$

式中，P_{ms}——钢筋平均造价（元/t），暂取 3000 元/t；

P_{vc}——混凝土平均造价（元/m³），暂取 500 元/m³；

M_s——钢筋用量（t）；

V_c——混凝土用量（m³）。

单元的安全强度源于某荷载条件下的内力组合加权，该内力组合加权可由计算配筋量反映，引入构件配筋率 ρ 来衡量结构的强度安全性：

$$\rho = \frac{M_s}{V_c} \tag{6.18}$$

考虑到材料用量与经济性的关系，式（6.18）可进一步变为

$$\rho_e = \frac{M_s P_{ms}}{V_c P_{vc} + M_s P_{ms}} \tag{6.19}$$

式中，ρ_e——钢筋造价比，它实际上是考虑了经济因素的构件配筋率。

采用梯度搜索法对优化变量进行敏感性分析，得到对冷却塔结构性能影响较大的 13 个参数（表 6.11），塔筒参数如图 6.19 所示，除优化变量外的其他塔筒参数如表 6.12 所示。约束条件为：由冷却塔工艺性能确定塔筒顶半径、高度，筒底/柱顶半径、高度，喉部高度、半径；为保证线段Ⅰ、Ⅱ、Ⅲ整体保持下凹曲线和圆锥直线，须满足

$$\tan\theta_1 > \frac{R_1 - R_2}{H_1 - H_2} \tag{6.20}$$

$$\tan\theta_2 \geqslant \frac{R_3 - R_2}{H_2 - H_3} \tag{6.21}$$

表 6.11　优化变量

变量	物理含义	变量	物理含义	变量	物理含义
θ_1	出风口切角	α_1	段Ⅰ壁厚变化幂参数	L_2	支柱截面环向半轴
θ_2	进风口切角	α_2	段Ⅱ、Ⅲ壁厚变化幂参数	L_3	环基截面宽
t_1	筒顶壁厚	D_1	刚性环壁厚	L_4	环基截面高
t_2	喉部壁厚	D_2	刚性环壁宽		
t_3	筒底壁厚	L_1	支柱截面径向半轴		

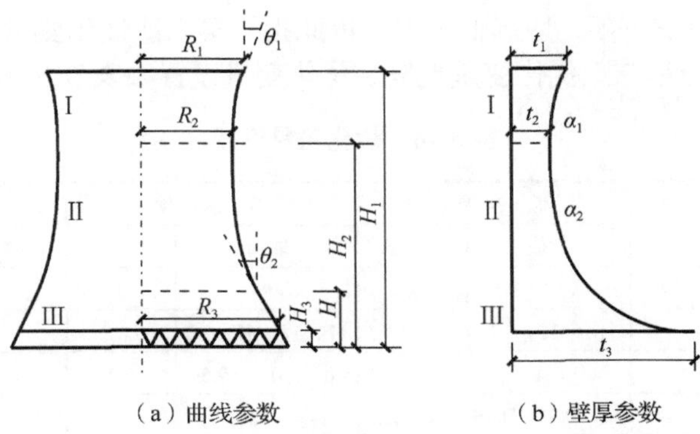

图 6.19 塔筒参数

表 6.12 非优化变量

变量	物理含义	变量	物理含义	变量	物理含义	变量	物理含义
R_1	筒顶半径	R_2	喉部半径	R_3	筒底半径	H	直线段高度
H_1	筒顶高度	H_2	喉部高度	H_3	筒底高度		

塔筒的几何尺寸应结合结构、施工等因素确定，根据水工规范，确定在优化时塔型几何尺寸取值范围满足表 6.13。此外，塔筒整体弹性稳定安全系数和局部弹性稳定安全系数不小于 5.0；所有构件满足设计配筋要求，包括构件承载能力验算、裂缝验算、配筋率校核等。

表 6.13 双曲线型通风筒壳体几何尺寸

R_2/R_3	H_2/H_1	θ_1/(°)	θ_2/(°)	t_2/m
0.55～0.63	0.75～0.85	5～9	13～21	≥0.25

荷载组合取水工规范规定的工况，基本风压取 0.45kPa。为实现较符合实际的内力荷载组合效应，分析过程计了地震烈度（本例取 8 度）、自重和温度荷载组合效应，但实际配筋过程最终均以风荷载为控制内力。以规范模式二维对称风压为例说明每次优化变量的设置及相应的优化结果。

设置优化变量时，在中间值上下分别取值。若优化值小于中间值，则降低取值下限；若等于中间值，则暂不优化或降低取值步长；若大于中间值，则提高取值上限。第一次优化的变量取值设置如下：θ_1、θ_2 是子午线形状的决定性参数，t_2 对稳定性有较大影响，t_3 约束 t_1、t_2 的取值允许范围，参与第一次优化；L_1、L_2、L_3、L_4 为下部结构（底支柱、环基）主要尺寸，参与第一次优化。第一次优化结果如下：θ_1、t_2 取中间值，暂不优化；θ_2、t_3、α_1、α_2 都达到取值上限，应提高取值上限；L_1、

L_2、L_3、L_4达到取值下限，应降低下限。以此指导第二次优化变量设置，同样以第二次优化结果指导第三次优化变量设置。优化变量设置如表 6.14 所示。

表 6.14　优化变量设置

结构参数	第一次优化		第二次优化		第三次优化	
	取值	优化值	取值	优化值	取值	优化值
出风口切角 θ_1/(°)	7、8、9	8	8	8	8	8
进风口切角 θ_2/(°)	14、15、17	17	17、18、19、20	20	20	20
筒顶壁厚 t_1/m	0.4	0.4	0.3、0.4、0.5	0.3	0.25、0.3、0.35	0.3
喉部壁厚 t_2/m	0.3、0.33、0.36	0.33	0.33	0.33	0.31、0.33、0.35	0.35
筒底壁厚 t_3/m	0.8、1、1.2	1.2	1.0、1.2、1.4	1.4	1.2、1.4、1.6	1.4
段Ⅰ壁厚变化幂参数 α_1	6、10、14	14	10、14、18	18	18、22、26、30	26
段Ⅱ、Ⅲ壁厚变化幂参数 α_2	10、12、14	14	12、14、16	14	14	14
刚性环壁厚 D_1/m	0.4	0.4	0.4	0.4	0.2、0.4、0.6	0.6
刚性环壁宽 D_2/m	1.2	1.2	1.2	1.2	0.9、1.2、1.5	1.9
支柱截面径向半轴 L_1/m	0.9、1.0、1.1	0.9	0.8、0.9、1.0	0.8	0.7、0.8、0.9	0.7
支柱截面环向半轴 L_2/m	0.9、1.0、1.1	0.9	0.8、0.9、1.0	0.8	0.7、0.8、0.9	0.8
环基截面宽 L_3/m	6.7、7、7.3	7	6.8、6.9、7	6.9	6.9	6.9
环基截面高 L_4/m	2.3、2.5、2.7	2.3	1.9、2.1、2.3	1.9	1.9	1.9

经过 3 次优化，所得推荐塔型的整体、局部稳定系数较初始塔型都有提高，且满足水工规范不小于 5.0 的要求，钢筋用量下降 23.3%，混凝土用量下降 12.2%，钢筋造价比下降 5.4%，总造价下降 19.0%，具体结果如表 6.15 所示。第一次优化组合总数 59049，迭代次数约 4000 次，相比控制变量法和穷举法，优化效率得到极大提高。遮挡干扰三维非对称风压、试验等效三维非对称风压、通道加速气流三维对称风压均按照与上述方式优化 3 次得到推荐塔型，连同规范模式二维对称风压下的推荐塔型与初始塔型对比结果如表 6.16 所示，塔型线型如图 6.20 所示。

表 6.15　优化结果

参数	初始塔型	第一次优化塔型	第二次优化塔型	第三次优化塔型
整体稳定系数	12.9	15.76	12.9	14.77
局部稳定系数最小值	5.15	5.27	5.08	5.23
钢筋用量/t	8603	7603	6890	6597
混凝土用量/m^3	33126	31877	30467	29100
钢筋造价比	0.609	0.589	0.576	0.576
总造价/万元	4237	3875	3590	3434

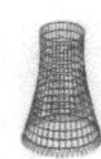

表 6.16 各推荐塔型通风筒结构参数

结构参数		规范模式二维对称风压	遮挡干扰三维非对称风压	试验等效三维非对称风压	通道加速气流三维对称风压
最优推荐塔型	初始	推荐 1	推荐 2	推荐 3	推荐 4
出风口切角 θ_1/(°)	8	8	9	8	8
进风口切角 θ_2/(°)	15	20	20	20	20
筒顶壁厚 t_1/m	0.4	0.3	0.25	0.25	0.25
喉部壁厚 t_2/m	0.33	0.35	0.33	0.34	0.35
筒底壁厚 t_3/m	1	1.4	1.2	1.4	1.2
段Ⅰ壁厚幂参数 α_1	10	26	10	26	2
段Ⅱ、Ⅲ壁厚幂参数 α_2	12	14	12	14	10
刚性环壁厚 D_1/m	0.4	0.6	0.6	0.6	0.6
刚性环壁宽 D_2/m	1.2	0.9	0.9	0.9	0.9
支柱截面径向半轴 L_1/m	1	0.7	0.6	0.7	0.7
支柱截面环向半轴 L_2/m	1	0.8	0.8	0.8	0.9
环基截面宽 L_3/m	7	6.9	6.1	6.4	6.7
环基截面高 L_4/m	2.5	1.9	1.7	2.1	1.7

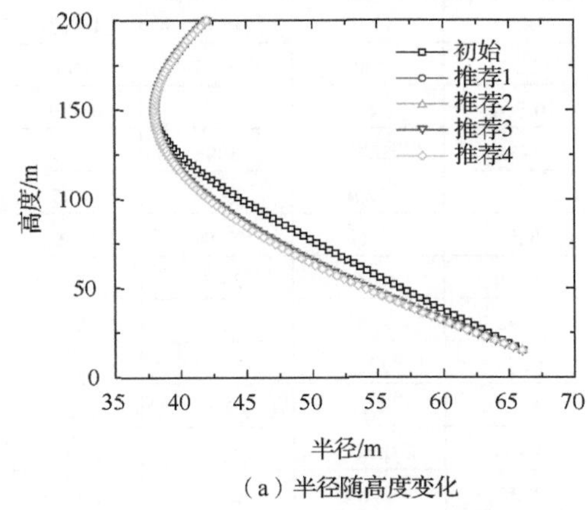

（a）半径随高度变化

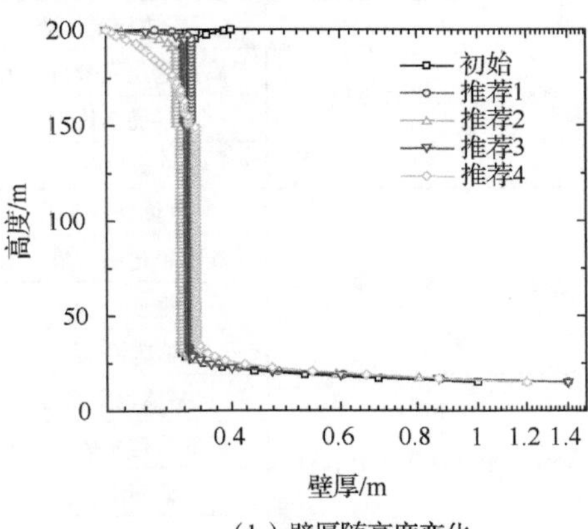

（b）壁厚随高度变化

图 6.20 各推荐塔型子午线型

相较于初始塔型，各推荐塔型：喉部以上子午线型与初始子午线型十分接近，对结构性能影响较小；喉部以下子午线型接近，但曲率均较初始子午线型增大，对结构性能影响显著。$t_3>t_2>t_1$，t_1 接近 0.25m，t_2 分布在 0.33～0.35m，t_3 分布在 1.2～1.4m；α_1 最优值差异较大，这与较小的局部稳定系数分布的模板位置有关，对规范对称风压、试验侧向非对称风压而言，较小的 α_1 意味着喉部以上壁厚减小，局部稳定性降低，可能小于 5.0，不满足水工规范对于局部稳定性的要求；α_2 都分布在 10～14，意味着喉部以下大部分子午向模板壁厚都等于 t_2；刚性环壁宽厚比 D_2/D_1 为 1.5，支柱截面环向径向半轴比 L_2/L_1 分布在 1.1～1.4，环基截面宽高比 L_3/L_4 分布在 3～4。为选定最优塔型，对各推荐塔型在 4 种风荷载分布模式下进行了关于塔筒稳定性、强度安全性和经济性的交叉对比（表 6.17、表 6.18），选定的最优塔型在各风荷载分布模式下的塔筒理论配筋曲线如图 6.21 所示。

表 6.17　各推荐塔型交叉对比稳定性验算

风荷载分布模式	推荐 1	推荐 2	推荐 3	推荐 4
规范模式二维对称风压	√		√	
遮挡干扰三维非对称风压	√	√	√	√
试验等效三维非对称风压	√		√	√
通道加速气流三维对称风压	√		√	√

注：√表示最优塔型。

表 6.18　各推荐塔型交叉对比

风荷载分布模式	风荷载效应指标	推荐 1	推荐 2	推荐 3	推荐 4
规范模式二维对称风压	整体稳定系数	14.77	12.90	13.81	14.77
	局部稳定系数最小值	5.23	4.80	5.07	4.94
	钢筋造价比	0.576	0.600	0.578	0.579
	总造价/万元	3434	3277	3398	3368
遮挡干扰三维非对称风压	整体稳定系数	14.77	12.9	13.81	14.77
	局部稳定系数最小值	5.57	5.11	5.33	5.38
	钢筋造价比	0.419	0.462	0.431	0.436
	总造价/万元	2492	2481	2519	2511
试验等效三维非对称风压	整体稳定系数	14.77	12.9	13.81	14.77
	局部稳定系数最小值	5.37	4.91	5.06	5.07
	钢筋造价比	0.498	0.525	0.507	0.515
	总造价/万元	2826	2760	2962	2922
通道加速气流三维对称风压	整体稳定系数	14.77	12.9	13.81	14.77
	局部稳定系数最小值	5.26	4.82	5.02	5.06
	钢筋造价比	0.510	0.534	0.520	0.516
	总造价/万元	2892	2814	2984	2992

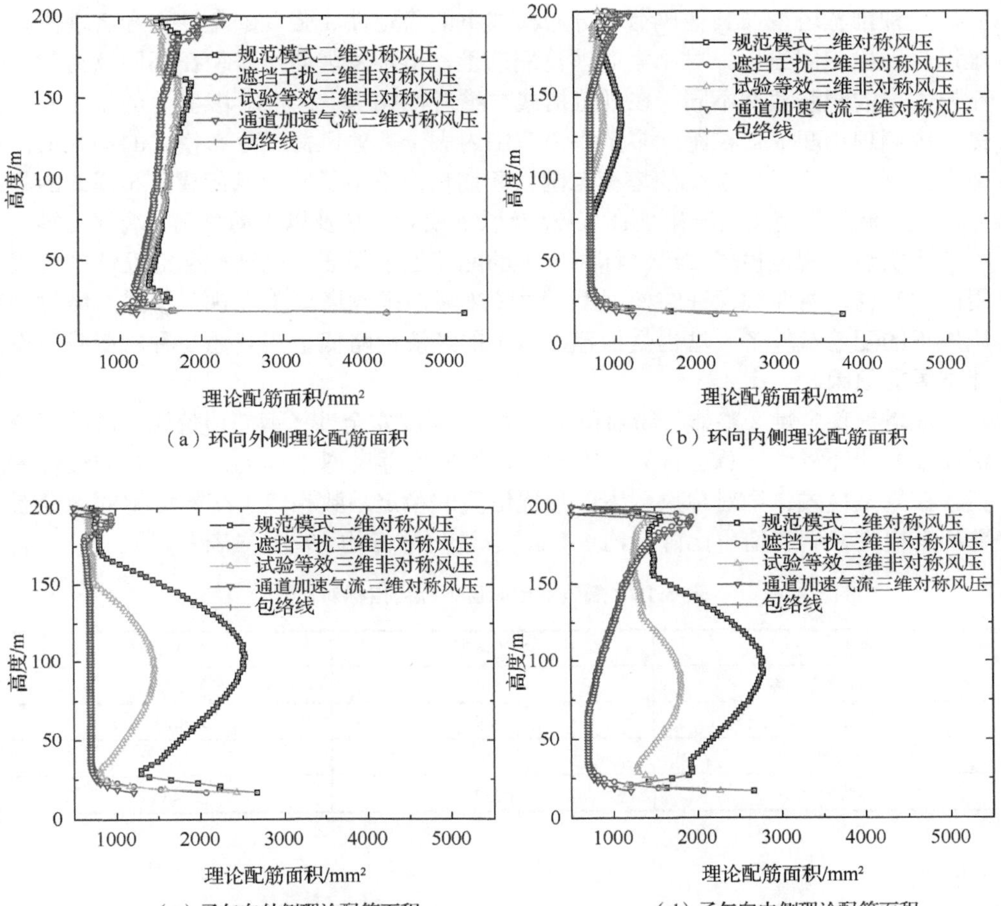

（a）环向外侧理论配筋面积

（b）环向内侧理论配筋面积

（c）子午向外侧理论配筋面积

（d）子午向内侧理论配筋面积

图 6.21　推荐塔型 1 在 4 种风荷载分布模式下的塔筒理论配筋量

推荐塔型 2 在除了遮挡干扰三维非对称风压下，局部稳定系数最小值都小于 5.0，推荐塔型 4 的局部稳定系数最小值在规范模式二维对称风压下小于 5.0，两者都不满足水工规范关于局部稳定性的要求，只有推荐塔型 1、3 通过了稳定性验算。在各风荷载分布模式下，推荐塔型 1 与 3 的各项指标都很接近，但推荐塔型 1 在除规范模式二维对称风压下的经济性指标没有明显的优势外，其余荷载分布下稳定性、强度安全性、经济性都略胜一筹：整体稳定系数提高 6.9%，局部稳定系数最大提高 6.1%，钢筋造价比最大降低 2.8%，总造价最大降低 4.6%。可以认为推荐塔型 1 的子午线型和整体结构刚度分配更加合理，在规范二维模式对称风压和复杂塔群条件下，均能提高结构利用效率。

一种推荐塔型在其他风荷载分布模式下的稳定性、强度安全性、经济性指标难以呈现出相同结果。对比塔筒理论配筋量，不难发现同一塔型在不同风荷载分布模式下的配筋截然不同：在规范模式二维对称风压下，推荐塔型 1 的子午向外侧、内侧理论配筋量在绝大多数塔筒范围内大于其他风荷载分布模式的相应值；环向外侧、内侧至少 70%的塔筒范围内配筋量都不小于其他风荷载分布模式的相应值；其余曲线交叉情况出现在 0.9H 及以上或 0.12H 及以下的塔筒，端部三维绕流效应明显，规范模式二维对称风压下的配筋趋于保守，在结构配筋设计中可采用图中配筋包络曲线保证结构强度。总体来说，推荐塔型 1 在规范模式二维对称风压下的配筋量较多，这也是推荐塔型 1 的经济性略低于在其他 3 种风荷载下设计结果的原因。

从塔筒稳定性（整体、局部稳定系数）、强度安全性（钢筋造价比、塔筒理论配筋量）和经济性（总造价）三方面，可选取推荐塔型 1 作为六塔组合的最优塔型。在规范模式二维对称风压下，最优塔型的稳定系数相较于初始塔型的稳定系数都有提高，钢筋造价比降低约 5.4%，总造价降低约 19.0%（表 6.19）。

表 6.19 规范对称风压下综合指标对比

风荷载效应指标	初始塔型	最优塔型
整体稳定系数	12.9	14.77
局部稳定系数最小值	5.15	5.23
钢筋造价比	0.609	0.576
总造价/万元	4237	3434

第7章 风致动力响应计算

7.1 冷却塔风振

冷却塔作为典型的空间薄壁壳体结构，基频较低，振型复杂，风振效应显著，加之其表面风荷载特性尤其是脉动荷载特性的实测数据非常有限，所以其风振效应一直是工程和学术界关注的热点，各国研究者在试验和计算两个方面对风振效应进行了长期的探索[27-31]。

冷却塔的风致振动属于典型的线性或弱非线性振动问题，在计算时可采用频域或者时域分析方法。频域分析法的基本思想是采用模态分析方法，引入气动导纳和机械导纳的概念，通过气动导纳将风速谱转化为风压谱，再通过机械导纳获得结构响应谱，这样就在频域内利用传递函数建立了外部激励与结构响应之间的联系。该方法具有计算简便、概念清晰、计算费用低等优点，在工程界得到了广泛的应用。目前在脉动风的频域求解问题上主要有两种方法：一种是直接根据随机振动理论采用模态叠加法进行求解[32]；另一种是根据结构的振动特性和脉动风荷载的频谱特性，将脉动风响应分解为背景和共振分量，再分别对两者进行求解的三分量方法[33]。模态叠加法概念清晰、计算简便，在各种结构的随机响应分析中都得到了广泛应用，其计算误差主要来源于参振模态的合理选取及各阶模态响应的组合方式；为了得到较高的计算效率，通常计算前若干阶模态的响应，并通过平方和的平方根法（square root of sum of squares method，SRSS）组合得到随机响应标准差，SRSS 忽略了模态与模态之间的耦合效应，因而与完全二次型方根法（complete quadric combination method，CQC）相比，计算量大幅减少，但对频率密集和阻尼比较大的结构，用 SRSS 求解会带来相当大的误差。三分量方法中的背景响应发生在几乎所有的结构频率上，属于准静态响应，与结构的动力特性无关，一般采用基于荷载和响应相关性的荷载-响应相关法[34]（load response correlation method，LRC）。该方法考虑了脉动风荷载的空间相关性和结构各模态之间的耦合项。共振响应发生在结构的各阶自振频率上，其大小与结构动力特性（如模态、阻尼等）密切相关。共振响应需要根据结构动力学方程来求解，将物理坐标系下的运动方程变换到模态坐标系下，可得结构响应对应的某阶共振分量。

虽然频域法计算简便、概念清晰，但是只能对结构进行线性分析，无法有效地考虑结构的几何非线性、材料非线性的影响，同时它只能得到结构响应的统计意义，而无法得到结构在某一具体时刻的响应特征，对于疲劳破坏等问题的研究只能依赖时域分析方法[35]。通过时域分析法得到的结构响应信息大大超过了频域分析法的信息，甚至完全包含了所有频域分析法的计算结果，正因为时域分析法具有这些优点，使时域分析法的计算量大大超过了频域分析法。有限元时域分析法包括完全法、模态叠加法和缩减法 3 种。其中，完全法采用完整的系统矩阵计算瞬态响应，无质量矩阵的近似，相比模态叠加法和缩减法，不存在因振型或主自由度的选择问题而导致的误差，可考虑如塑性、大变形、大应变等非线性问题，可施加节点力、非零位移、单元荷载等所有荷载形式，而且该算法一次分析就能得到所有的位移和应力，虽然相比模态叠加法和缩减法计算成本高，但是随着计算机硬件的不断发展，对于冷却塔这类可采用简化模型进行时域分析的结构而言，计算成本已不是问题。

7.2　风致响应理论分析

7.2.1　频域分析理论

冷却塔结构与大跨空间结构一样同属于典型的风敏感柔性结构。采用 CQC 可以获得结构风振响应的精确计算结果，但计算结果是以总的脉动响应的均方差呈现的，不能更深入地揭示结构风振现象的物理本质，且至今也没有找到与之相应的等效静力风荷载（equivalent static wind load，ESWL）的求解方法，故在结构随机风振机理研究中较少采用。传统 LRC+IWL（inertial wind load，惯性风荷载）的三分量方法由于计算各分量时采用不同的求解理论，其等效静力风荷载物理含义也不相同，导致在组合过程中容易遗漏耦合项，结果不够精确，基于 CQC 组合的频域求解，采用背景和共振相关系数来求解背景和共振交叉项，其过程烦琐，没有相应的等效静风荷载计算理论。鉴于此，本节基于协方差算法和模态加速度法提出了一套可以完全考虑背景、共振以及背景和共振分量之间交叉项的风致响应计算理论，即一致耦合法（consistent coupling method，CCM）[36]，并应用到超大型冷却塔结构风振分析中，通过与全模态 CQC 的精确计算结果进行对比验证该方法的有效性和精确性。一致耦合法从模态加速度法出发定义背景响应、共振响应及背景和共振交叉项。

在随机激励下结构的运动方程可由下式描述：

$$\boldsymbol{M}\ddot{\boldsymbol{y}}(t)+\boldsymbol{C}\dot{\boldsymbol{y}}(t)+\boldsymbol{K}\boldsymbol{y}(t)=\boldsymbol{F}(t) \tag{7.1}$$

式中，$\boldsymbol{M}$、$\boldsymbol{C}$、$\boldsymbol{K}$——n 阶质量、阻尼及刚度矩阵；

$\boldsymbol{F}(t)$——作用在所有节点上的荷载向量；

$\boldsymbol{y}(t)$——结构的动力位移响应。

一般来说，风洞试验获得的表面荷载 $\boldsymbol{p}(t)$测点数要小于有限元计算所需施加荷载 $\boldsymbol{F}(t)$的节点数，因此需要引入力指示矩阵 $\boldsymbol{R}$ 来满足这一条件。此时式（7.1）转换成

$$\boldsymbol{M}\ddot{\boldsymbol{y}}(t)+\boldsymbol{C}\dot{\boldsymbol{y}}(t)+\boldsymbol{K}\boldsymbol{y}(t)=\boldsymbol{R}\boldsymbol{p}(t)=\boldsymbol{F}(t) \tag{7.2}$$

对式（7.2）进行整理，可得

$$\boldsymbol{y}(t)=\boldsymbol{K}^{-1}\boldsymbol{F}(t)+(-\boldsymbol{K}^{-1}\boldsymbol{M}\ddot{\boldsymbol{y}}(t)-\boldsymbol{K}^{-1}\boldsymbol{C}\dot{\boldsymbol{y}}(t)) \tag{7.3}$$

根据模态展开原理，结构响应又可用全模态振型表示为

$$\boldsymbol{y}(t)=\boldsymbol{\Phi}\boldsymbol{q}(t)=\sum_{i=1}^{n}\boldsymbol{\phi}_i\boldsymbol{q}_i(t) \tag{7.4}$$

式中，$\boldsymbol{q}(t)$——所有广义模态位移向量组成的集合；

$\boldsymbol{q}_i(t)$——第 i 阶模态的广义位移向量；

$\boldsymbol{\Phi}$——结构的振型矩阵；

$\boldsymbol{\phi}_i$——第 i 阶振型向量。

将式（7.4）代入式（7.1）整理得

$$\ddot{\boldsymbol{q}}(t)+\boldsymbol{\Omega}\dot{\boldsymbol{q}}(t)+\boldsymbol{\Lambda}\boldsymbol{q}(t)=\boldsymbol{f}(t)/\boldsymbol{M}^{*} \tag{7.5}$$

式中，$\boldsymbol{\Omega}=\mathrm{diag}(2\zeta_i\omega_i)$，其中 $\mathrm{diag}(\cdot)$为取矩阵的对角元素组成的列向量，ζ_i 为第 i 阶模态的阻尼比，ω_i 为第 i 阶模态的角频率；

$\boldsymbol{\Lambda}=\mathrm{diag}(\omega_i^2)$；

$\boldsymbol{f}(t)$——各阶广义力的向量集合；

$\boldsymbol{M}^{*}$——广义质量矩阵。

展开式（7.3）并整理可得所有模态下的结构总响应为

$$\begin{aligned}\boldsymbol{y}(t)&=\boldsymbol{K}^{-1}\boldsymbol{F}(t)-(\boldsymbol{K}^{-1}\boldsymbol{M}\ddot{\boldsymbol{y}}(t)+\boldsymbol{K}^{-1}\boldsymbol{C}\dot{\boldsymbol{y}}(t))\\&=\boldsymbol{K}^{-1}\boldsymbol{F}(t)-\left(\boldsymbol{K}^{-1}\boldsymbol{M}\sum_{i=1}^{n}\boldsymbol{\phi}_i\ddot{\boldsymbol{q}}_i(t)+\boldsymbol{K}^{-1}\boldsymbol{C}\sum_{i=1}^{n}\boldsymbol{\phi}_i\dot{\boldsymbol{q}}_i(t)\right)\\&=\boldsymbol{K}^{-1}\boldsymbol{F}(t)-\sum_{i=1}^{n}\left(\frac{\ddot{\boldsymbol{q}}_i(t)}{\omega_i^2}+\frac{2\zeta_i\dot{\boldsymbol{q}}_i(t)}{\omega_i}\right)\boldsymbol{\phi}_i\end{aligned} \tag{7.6}$$

又由式（7.5）可得

$$\ddot{\boldsymbol{q}}_i(t)+2\zeta_i\omega_i\dot{\boldsymbol{q}}_i(t)=\boldsymbol{f}_i(t)/M_i-\omega_i^2\boldsymbol{q}_i(t) \tag{7.7}$$

式中，$\boldsymbol{f}_i(t)$——第 i 阶的广义力向量。

将式（7.7）代入式（7.6），因结构的风振响应，只需考虑在截断前 m 阶模态惯性力和所有模态的准静力作用，可得截断形式的结构总响应求解公式为

$$\begin{aligned}\boldsymbol{y}(t)&\approx\boldsymbol{K}^{-1}\boldsymbol{F}(t)-\sum_{i=1}^{m}\frac{\ddot{\boldsymbol{q}}_i(t)+2\zeta_i\omega_i\dot{\boldsymbol{q}}_i(t)}{\omega_i^2}\boldsymbol{\phi}_i\\&=\boldsymbol{K}^{-1}\boldsymbol{F}(t)-\sum_{i=1}^{m}\frac{\boldsymbol{f}_i(t)/M_i-\omega_i^2\boldsymbol{q}_i(t)}{\omega_i^2}\boldsymbol{\phi}_i\\&=\boldsymbol{K}^{-1}\boldsymbol{F}(t)+\sum_{i=1}^{m}\left[\boldsymbol{q}_i(t)\boldsymbol{\phi}_i-\frac{\boldsymbol{f}_i(t)}{K_i}\boldsymbol{\phi}_i\right]\end{aligned} \tag{7.8}$$

式中，K_i——第 i 阶振型的广义刚度。

由此可知，式（7.8）中右边第一项表示外荷载作用下所有振型的准静力贡献，即背景响应 $\boldsymbol{y}(t)_{b,n}$；第二项表示前 m 阶振型由于共振效应产生的动态位移，即共振响应 $\boldsymbol{y}(t)_{r,m}$。背景响应和共振响应的表达式分别为

$$\boldsymbol{y}(t)_{b,n}=\boldsymbol{K}^{-1}\boldsymbol{F}(t) \tag{7.9}$$

$$\boldsymbol{y}(t)_{r,m}=\sum_{i=1}^{m}\left[\boldsymbol{q}_i(t)\boldsymbol{\phi}_i-\frac{\boldsymbol{f}_i(t)}{K_i}\boldsymbol{\phi}_i\right] \tag{7.10}$$

由式（7.8）可知，当采用全部模态进行叠加求解时，计算的结果与全模态位移法是完全等价的；当采用截断振型进行求解时，式（7.8）中包含剩余振型中所有背景响应的贡献，其结果相比模态位移法更加接近精确解。在此基础上进一步获取结构的均方响应为

$$\sigma_t^2=\sigma_r^2+\sigma_b^2+2\rho_{r,b}\sigma_r\sigma_b \tag{7.11}$$

式（7.11）等号右边 3 项分别代表结构风振响应中的共振分量、背景分量，以及背景和共振分量之间的耦合项；$\rho_{r,b}$ 表示背景和共振响应间的相关系数，计算公式为

$$\rho_{r,b}=\frac{\sigma_{r,b}^2}{\sigma_r\sigma_b}=\frac{\int\sum_{j=1}^{m}\sum_{k=1}^{m}\phi_{j,i}\phi_{k,i}S_{q_{b,j},q_{r,k}}(\omega)\mathrm{d}\omega}{\mathrm{sqrt}\left(\int\sum_{j=1}^{m}\sum_{k=1}^{m}\phi_{j,i}\phi_{k,i}S_{q_{r,j},q_{r,k}}(\omega)\mathrm{d}\omega\int\sum_{j=1}^{m}\sum_{k=1}^{m}\phi_{j,i}\phi_{k,i}S_{q_{b,j},q_{b,k}}(\omega)\mathrm{d}\omega\right)} \tag{7.12}$$

根据式（7.11）的思路，可以将脉动风总响应均方差精确地表示为

$$\sigma_t^2=\sigma_{r,m}^2+\sigma_{b,n}^2+2\rho_{r,b}\sigma_{r,m}\sigma_{b,n}=\sigma_{r,m}^2+\sigma_{b,n}^2+\sigma_{c,nm}^2 \tag{7.13}$$

式中，$\sigma_{c,nm}$——前 n 阶背景分量和前 m 阶共振分量的交叉项。

背景分量可以基于外荷载激励的协方差矩阵，并采用 LRC 原理进行精确求解，其好处在于荷载协方差矩阵的非对角线元素包含了背景模态之间的耦合项影响，式（7.13）转换为

$$\boldsymbol{I}\boldsymbol{C}_{pp\,t}\boldsymbol{I}^{\mathrm{T}} = \boldsymbol{I}\boldsymbol{C}_{pp\,b}\boldsymbol{I}^{\mathrm{T}} + \boldsymbol{I}\boldsymbol{C}_{pp\,r}\boldsymbol{I}^{\mathrm{T}} + \boldsymbol{I}\boldsymbol{C}_{pp\,c}\boldsymbol{I}^{\mathrm{T}} \tag{7.14}$$

式中，$\boldsymbol{C}_{pp\,t}$——广义恢复力协方差矩阵；

$\boldsymbol{C}_{pp\,b}$——外荷载协方差矩阵；

$\boldsymbol{C}_{pp\,r}$——共振恢复力协方差矩阵；

$\boldsymbol{C}_{pp\,c}$——耦合恢复力协方差矩阵；

$\boldsymbol{I}$——影响线矩阵。

整理式（7.14），可以进一步变化耦合恢复力协方差矩阵的表达式为

$$\boldsymbol{C}_{pp\,c} = \boldsymbol{C}_{pp\,t} - \left(\boldsymbol{C}_{pp\,b} + \boldsymbol{C}_{pp\,r}\right) \tag{7.15}$$

CCM 的提出使背景、共振和交叉项分量的求解有了统一的理论基础，从而使共振和交叉项分量对应的等效静力风荷载有了明确的物理意义。

根据静力学原理，结构在脉动风荷载 $\boldsymbol{F}(t)$作用下的准静力响应 $R(t)$可由下式表示：

$$R(t) = \boldsymbol{I}\boldsymbol{F}(t) = \boldsymbol{I}\boldsymbol{R}\boldsymbol{p}(t) = \boldsymbol{I}\boldsymbol{R}\boldsymbol{G}\boldsymbol{a}(t) \tag{7.16}$$

式中，$\boldsymbol{I}$——影响线矩阵，对于位移响应则为柔度矩阵，I_{ij}的物理意义是结构在 j 自由度上单位力的作用下在 i 自由度上产生的响应；

$\boldsymbol{G}$——脉动风荷载构成的向量 $\boldsymbol{p}(t)$} 经本征正交分解（proper orthogonal decomposition，POD）方法分解后的本征模态矩阵；

$\boldsymbol{a}(t)$——分解后得到的时间坐标构成的向量；

$\boldsymbol{R}$——表面风荷载向量的力指示矩阵。

为了获得节点响应的方差，将式（7.16）两端同时乘以各自的转置，并对时间进行平均，考虑各个时间坐标之间的正交性，整理后得到下式：

$$\boldsymbol{C}_{bb} = \boldsymbol{I}\boldsymbol{C}_{qq\,b}\boldsymbol{I}^{\mathrm{T}} = \boldsymbol{I}\boldsymbol{R}\boldsymbol{G}\boldsymbol{S}_{A}^{2}\boldsymbol{G}^{\mathrm{T}}\boldsymbol{R}^{\mathrm{T}}\boldsymbol{I}^{\mathrm{T}} = \boldsymbol{I}\boldsymbol{R}\boldsymbol{G}\boldsymbol{E}_{\lambda}\boldsymbol{G}^{\mathrm{T}}\boldsymbol{R}^{\mathrm{T}}\boldsymbol{I}^{\mathrm{T}} \tag{7.17}$$

式中，$\boldsymbol{C}_{bb}$——背景响应的互协方差矩阵；

$\boldsymbol{C}_{qq\,b}$——表面风荷载向量的互协方差矩阵；

$\boldsymbol{S}_{A}^{2}$——时间坐标向量的协方差矩阵；

$\boldsymbol{E}_{\lambda}$——由本征值组成的对角矩阵。

所有节点的背景响应为

$$\sigma_{R,b} = \sqrt{\mathrm{diag}(\boldsymbol{C}_{bb})} \tag{7.18}$$

从式（7.8）可获得仅包含共振分量的第 i 阶广义模态响应为

$$\boldsymbol{q}_{r,i}(t) = \boldsymbol{q}_i(t) - \frac{\boldsymbol{f}_i(t)}{K_i} \tag{7.19}$$

第 i 阶和第 j 阶广义共振模态响应的互功率谱为

$$\begin{aligned}
S_{q_{r,i},q_{r,j}}(\omega) &= \int_{-\infty}^{\infty} R_{q_{r,i},q_{r,j}}(\tau)\mathrm{e}^{-\mathrm{i}2\pi\omega\tau}\mathrm{d}\tau \\
&= \int_{-\infty}^{\infty} E[q_{r,i}(t), q_{r,j}(t+\tau)]\mathrm{e}^{-\mathrm{i}2\pi\omega\tau}\mathrm{d}\tau \\
&= \int_{-\infty}^{\infty} E\left[\left(\int_{-\infty}^{\infty} H_i(u)\boldsymbol{f}_i(t-u)\mathrm{d}u - \frac{\boldsymbol{f}_i(t)}{K_i}\right)\right. \\
&\quad \left.\cdot\left(\int_{-\infty}^{\infty} H_j(v)\boldsymbol{f}_j(t+\tau-v)\mathrm{d}v - \frac{\boldsymbol{f}_j(t+\tau)}{K_j}\right)\right]\mathrm{e}^{-\mathrm{i}2\pi\omega\tau}\mathrm{d}\tau \\
&= \int_{-\infty}^{\infty} H_i(u)\mathrm{e}^{-\mathrm{i}2\pi\omega u}\mathrm{d}u \cdot \int_{-\infty}^{\infty} R_{f_if_i}(\tau+u-v)\mathrm{e}^{-\mathrm{i}2\pi\omega(\tau+u-v)}\mathrm{d}(\tau+u-v) \\
&\quad \cdot \int_{-\infty}^{\infty} H_j(v)\mathrm{e}^{-\mathrm{i}2\pi\omega v}\mathrm{d}v \\
&\quad - \frac{1}{K_i}\int_{-\infty}^{\infty} H_j(v)\mathrm{e}^{-\mathrm{i}2\pi\omega v}\mathrm{d}v \int_{-\infty}^{\infty} R_{f_if_i}(\tau-v)\mathrm{e}^{-\mathrm{i}2\pi\omega(\tau-v)}\mathrm{d}(\tau-v) \\
&\quad - \frac{1}{K_j}\int_{-\infty}^{\infty} H_i(u)\mathrm{e}^{-\mathrm{i}2\pi\omega u}\mathrm{d}u \cdot \int_{-\infty}^{\infty} R_{f_if_i}(\tau+u)\mathrm{e}^{-\mathrm{i}2\pi\omega(\tau+u)}\mathrm{d}(\tau+u) \\
&\quad + \frac{1}{K_i \cdot K_j}\int_{-\infty}^{\infty} R_{f_if_i}(\tau)\mathrm{e}^{-\mathrm{i}2\pi\omega\tau}\mathrm{d}\tau \\
&= \left(H_i^*(\omega)H_j(\omega) - \frac{1}{K_i}H_j(\omega) - \frac{1}{K_j}H_i(\omega) + \frac{1}{\omega_i^2 K_j}\right)S_{f_i,f_j}(\omega) \\
&= \left(H_i^*(\omega) - \frac{1}{K_i}\right)\left(H_j(\omega) - \frac{1}{K_j}\right)S_{f_i,f_j}(\omega) \\
&= H_{r,i}^*(\omega)H_{r,j}(\omega)S_{f_i,f_j}(\omega)
\end{aligned} \tag{7.20}$$

式中，$H_i(\omega)$——第 i 阶广义振型频响函数；

$H_{r,i}(\omega)$——第 i 阶仅包含共振分量的振型频响函数，$H_{r,i}(\omega)=H_i(\omega)-1/K_i$。

从式（7.20）中可以发现，广义共振模态响应功率谱函数的求解关键是确定广义共振频响传递函数，记为 H_r。第 j 阶广义振型频响函数表达式如下：

$$H_j(\omega)=\frac{1}{M_j(\omega_j^2-\omega^2+2i\zeta_j\omega_j\omega)} \tag{7.21}$$

综合以上各式，广义共振模态响应协方差矩阵 $\boldsymbol{C}_{qq\,r}$ 可表示为

$$\boldsymbol{C}_{qq\,r}=\int_{-\infty}^{\infty}H_r^{*}\boldsymbol{S}_{ff}(\omega)H_r\mathrm{d}\omega=\int_{-\infty}^{\infty}H_r^{*}\boldsymbol{\Phi}^{\mathrm{T}}\boldsymbol{RGS}_{AA}(\omega)\boldsymbol{G}^{\mathrm{T}}\boldsymbol{R}^{\mathrm{T}}\boldsymbol{\Phi}H_r\mathrm{d}\omega \tag{7.22}$$

式中，$\boldsymbol{S}_{ff}(\omega)$——广义力谱矩阵；

$\boldsymbol{S}_{AA}(\omega)$——经 POD 分解获得的前 d 阶时间坐标函数 $\boldsymbol{a}(t)$互功率谱矩阵，用作降阶处理。

应用模态展开理论，仅包含共振分量的结构弹性恢复力可表示为

$$\boldsymbol{P}_{eq\,r}=\boldsymbol{K\Phi}\boldsymbol{\delta}_r=\boldsymbol{M\Phi\Lambda}\boldsymbol{\delta}_r \tag{7.23}$$

式中，$\boldsymbol{\delta}_r$——各模态广义共振位移响应的均方差向量，数值等于式（7.22）求解的 $\boldsymbol{C}_{qq\,r}$ 中对角元素的平方根。

传统的三分量方法中的共振分量求解到此结束，其最大的问题在于不能考虑共振模态之间的耦合项影响。研究表明，对于频率密集的柔性结构，忽略耦合项的影响会对共振响应和 ESWL 产生很大的误差。

结合式（7.22）和式（7.23），求解 $\boldsymbol{P}_{eq\,r}$ 的互协方差矩阵 $\boldsymbol{C}_{pp\,r}$，得

$$\begin{aligned}\boldsymbol{C}_{pp\,r}&=\overline{\boldsymbol{P}_{eq\,r}\boldsymbol{P}_{eq\,r}}=\boldsymbol{M\Phi\Lambda}\overline{\boldsymbol{q}(t)_r\boldsymbol{q}(t)_r}\boldsymbol{\Lambda}^{\mathrm{T}}\boldsymbol{\Phi}^{\mathrm{T}}\boldsymbol{M}^{\mathrm{T}}\\&=\boldsymbol{M\Phi\Lambda}\boldsymbol{C}_{qq\,r}\boldsymbol{\Lambda}^{\mathrm{T}}\boldsymbol{\Phi}^{\mathrm{T}}\boldsymbol{M}^{\mathrm{T}}\end{aligned} \tag{7.24}$$

从以上的推导容易看出，$\boldsymbol{P}_{eq\,r}$ 是仅包含共振分量的弹性恢复力向量，其精确程度取决于计算 $\boldsymbol{\delta}_r$ 时所取的模态阶数和系统的动力特性。

此时求解共振响应及其等效静风荷载转化为求系统在广义共振弹性恢复力 $\boldsymbol{P}_{eq\,r}$ 作用下的准静力响应，利用 LRC 原理，可知

$$\boldsymbol{r}(t)_r=\boldsymbol{IP}_{eqr} \tag{7.25}$$

当 $\boldsymbol{I}$ 为柔度矩阵时，$\boldsymbol{r}(t)$即结构的共振响应，其协方差矩阵为

$$\begin{aligned}\boldsymbol{C}_{rr}&=\overline{\boldsymbol{r}(t)_r\boldsymbol{r}(t)_r}=\boldsymbol{IC}_{pp\,r}\boldsymbol{I}^{\mathrm{T}}\\&=\boldsymbol{IM\Phi\Lambda}\boldsymbol{C}_{qq\,r}\boldsymbol{\Lambda}^{\mathrm{T}}\boldsymbol{\Phi}^{\mathrm{T}}\boldsymbol{M}^{\mathrm{T}}\boldsymbol{I}^{\mathrm{T}}\\&=\boldsymbol{IM\Phi\Lambda}\left(\int_{-\infty}^{\infty}H_r^{*}\boldsymbol{\Phi}^{\mathrm{T}}\boldsymbol{RGS}_{AA}(\omega)\boldsymbol{G}^{\mathrm{T}}\boldsymbol{R}^{\mathrm{T}}\boldsymbol{\Phi}H_r\mathrm{d}\omega\right)\\&\quad\cdot\boldsymbol{\Lambda}^{\mathrm{T}}\boldsymbol{\Phi}^{\mathrm{T}}\boldsymbol{M}^{\mathrm{T}}\boldsymbol{I}^{\mathrm{T}}\end{aligned} \tag{7.26}$$

则结构的共振响应为

$$\boldsymbol{\sigma}_{R,r}=\sqrt{\operatorname{diag}\left(\boldsymbol{C}_{rr}\right)} \tag{7.27}$$

广义模态响应协方差矩阵 $\boldsymbol{C}_{qq\ t}$ 可表示为

$$\boldsymbol{C}_{qq\ t}=\int_{-\infty}^{\infty}H^{*}\boldsymbol{S}_{ff}(\omega)H\mathrm{d}\omega=\int_{-\infty}^{\infty}H^{*}\boldsymbol{\Phi}^{\mathrm{T}}\boldsymbol{RGS}_{AA}(\omega)\boldsymbol{G}^{\mathrm{T}}\boldsymbol{R}^{\mathrm{T}}\boldsymbol{\Phi}H\mathrm{d}\omega \tag{7.28}$$

然后应用模态展开理论，得到结构广义模态弹性恢复力向量如下：

$$\boldsymbol{P}_{eqt}=\boldsymbol{K\Phi}\boldsymbol{\delta}_{t}=\boldsymbol{M\Phi\Lambda}\boldsymbol{\delta}_{t} \tag{7.29}$$

式中，$\boldsymbol{\delta}_t$——各模态广义位移响应的均方差向量，数值等于式（7.28）求解的 $\boldsymbol{C}_{qq\ t}$ 中对角元素的均方差。

$$\boldsymbol{r}(t)_{t}=\boldsymbol{IP}_{eq\ t} \tag{7.30}$$

当 $\boldsymbol{I}$ 为柔度矩阵时，$\boldsymbol{r}(t)$即结构的脉动风总响应，其协方差矩阵为

$$\begin{aligned}\boldsymbol{C}_{tt}&=\overline{\boldsymbol{r}(t)_{t}\boldsymbol{r}(t)_{t}}=\boldsymbol{IC}_{pp\ t}\boldsymbol{I}^{\mathrm{T}}\\&=\boldsymbol{IM\Phi\Lambda C}_{qq\ t}\boldsymbol{\Lambda}^{\mathrm{T}}\boldsymbol{\Phi}^{\mathrm{T}}\boldsymbol{M}^{\mathrm{T}}\boldsymbol{I}^{\mathrm{T}}\\&=\boldsymbol{IM\Phi\Lambda}\int_{-\infty}^{\infty}H^{*}\boldsymbol{\Phi}^{\mathrm{T}}\boldsymbol{RGS}_{AA}(\omega)\boldsymbol{G}^{\mathrm{T}}\boldsymbol{R}^{\mathrm{T}}\boldsymbol{\Phi}H\mathrm{d}\omega\\&\quad\cdot\boldsymbol{\Lambda}^{\mathrm{T}}\boldsymbol{\Phi}^{\mathrm{T}}\boldsymbol{M}^{\mathrm{T}}\boldsymbol{I}^{\mathrm{T}}\end{aligned} \tag{7.31}$$

则结构的总响应为

$$\boldsymbol{\sigma}_{R,t}=\sqrt{\operatorname{diag}\left(\boldsymbol{C}_{tt}\right)} \tag{7.32}$$

前面已经统一基于恢复力协方差矩阵采用 LRC 原理对脉动风总响应、背景响应和共振响应进行了精确求解，结合式（7.13）提出将背景和共振交叉项也作为一个独立的分量进行求解，从而避开对背景和共振相关系数的计算，并且采用 LRC 原理可以更明确、简单地获得对应响应的等效交叉项静风荷载。

将式（7.13）做如下等价变换：

$$\boldsymbol{C}_{tt}=\boldsymbol{C}_{bb}+\boldsymbol{C}_{rr}+\boldsymbol{C}_{cc} \tag{7.33}$$

式中，$\boldsymbol{C}_{tt}$、$\boldsymbol{C}_{bb}$、$\boldsymbol{C}_{rr}$ 和 $\boldsymbol{C}_{cc}$——总的脉动响应、背景响应、共振响应协方差矩阵和交叉项响应协方差矩阵。

再结合式（7.17）、式（7.26）和式（7.32）可将式（7.33）转变为

$$\boldsymbol{IC}_{pp\ t}\boldsymbol{I}^{\mathrm{T}}=\boldsymbol{IC}_{pp\ b}\boldsymbol{I}^{\mathrm{T}}+\boldsymbol{IC}_{pp\ r}\boldsymbol{I}^{\mathrm{T}}+\boldsymbol{IC}_{pp\ c}\boldsymbol{I}^{\mathrm{T}} \tag{7.34}$$

整理后，得

$$\boldsymbol{C}_{pp\ c}=\boldsymbol{C}_{pp\ t}-\left(\boldsymbol{C}_{ppb}+\boldsymbol{C}_{pp\ r}\right) \tag{7.35}$$

展开式（7.35）右端各参数的表达式并整理得

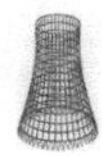

$$
\begin{aligned}
\boldsymbol{C}_{pp\ c} = & \boldsymbol{M\Phi\Lambda}\left(\int_{-\infty}^{\infty} H^{*}\boldsymbol{\Phi}^{\mathrm{T}}\boldsymbol{RGS}_{AA}(\omega)\boldsymbol{G}^{\mathrm{T}}\boldsymbol{R}^{\mathrm{T}}\boldsymbol{\Phi}H\mathrm{d}\omega\right)\boldsymbol{\Lambda}^{\mathrm{T}}\boldsymbol{\Phi}^{\mathrm{T}}\boldsymbol{M}^{\mathrm{T}} \\
& -\left[\boldsymbol{RGE}_{\lambda}\boldsymbol{G}^{\mathrm{T}}\boldsymbol{R}^{\mathrm{T}} + \boldsymbol{M\Phi\Lambda}\left(\int_{-\infty}^{\infty} H_r^{*}\boldsymbol{\Phi}^{\mathrm{T}}\boldsymbol{RGS}_{AA}(\omega)\boldsymbol{G}^{\mathrm{T}}\boldsymbol{R}^{\mathrm{T}}\boldsymbol{\Phi}H_r\mathrm{d}\omega\right)\right. \\
& \left.\cdot\boldsymbol{\Lambda}^{\mathrm{T}}\boldsymbol{\Phi}^{\mathrm{T}}\boldsymbol{M}^{T}\right] \\
= & \boldsymbol{M\Phi\Lambda}\left[\int_{-\infty}^{\infty}(H-H_r)^{*}\boldsymbol{\Phi}^{\mathrm{T}}\boldsymbol{RGS}_{AA}(\omega)\boldsymbol{G}^{\mathrm{T}}\boldsymbol{R}^{\mathrm{T}}\boldsymbol{\Phi}(H-H_r)\mathrm{d}\omega\right] \\
& \cdot\boldsymbol{\Lambda}^{\mathrm{T}}\boldsymbol{\Phi}^{\mathrm{T}}\boldsymbol{M}^{\mathrm{T}} - \boldsymbol{RGE}_{\lambda}\boldsymbol{G}^{\mathrm{T}}\boldsymbol{R}^{\mathrm{T}}
\end{aligned} \tag{7.36}
$$

又有 $H_{r,i}(\omega)=H_i(\omega)-1/K_i$，且$[\Lambda]=\mathrm{diag}(\omega_i^2)$，代入式（7.36），继续整理，得

$$
\begin{aligned}
\boldsymbol{C}_{pp\ c} = & \boldsymbol{M\Phi\Lambda}\left(\int_{-\infty}^{\infty}\boldsymbol{\Lambda}_k^{-1*}\boldsymbol{\Phi}^{\mathrm{T}}\boldsymbol{RGS}_{AA}(\omega)\boldsymbol{G}^{\mathrm{T}}\boldsymbol{R}^{\mathrm{T}}\boldsymbol{\Phi}\boldsymbol{\Lambda}_k^{-1}\mathrm{d}\omega\right) \\
& \cdot\boldsymbol{\Lambda}^{\mathrm{T}}\boldsymbol{\Phi}^{\mathrm{T}}\boldsymbol{M}^{\mathrm{T}} - \boldsymbol{RGE}_{\lambda}\boldsymbol{G}^{\mathrm{T}}\boldsymbol{R}^{\mathrm{T}}
\end{aligned} \tag{7.37}
$$

需要说明的是，耦合恢复力协方差与背景、共振及广义恢复力协方差矩阵最大的区别在于，其元素可能出现负值。从耦合恢复力协方差矩阵的推导结果可以看出，背景和共振交叉项与质量、表面风荷载特性有关。

在获得了耦合恢复力协方差矩阵的基础上，可以基于 LRC 原理求解结构所有节点的背景和共振交叉项响应及任一响应对应的等效静力风荷载分布。

利用 LRC 原理，可知

$$
\boldsymbol{r}(t)_c = \boldsymbol{IP}_{eqc} \tag{7.38}
$$

当 $\boldsymbol{I}$ 为柔度矩阵时，$\boldsymbol{r}(t)$即结构的背景和共振交叉项响应，其协方差矩阵为

$$
\begin{aligned}
\boldsymbol{C}_{cc} & = \overline{\boldsymbol{r}(t)_c\boldsymbol{r}(t)_c} = \boldsymbol{IC}_{pp\ c}\boldsymbol{I}^{\mathrm{T}} \\
& = \boldsymbol{I}\left(\boldsymbol{M\Phi}\int_{-\infty}^{\infty}\boldsymbol{\Phi}^{\mathrm{T}}\boldsymbol{RGS}_{AA}(\omega)\boldsymbol{G}^{\mathrm{T}}\boldsymbol{R}^{\mathrm{T}}\boldsymbol{\Phi}\mathrm{d}(\omega)\boldsymbol{\Phi}^{\mathrm{T}}\boldsymbol{M}^{\mathrm{T}} - \boldsymbol{RGE}_{\lambda}\boldsymbol{G}^{\mathrm{T}}\boldsymbol{R}^{\mathrm{T}}\right)\boldsymbol{I}^{\mathrm{T}}
\end{aligned} \tag{7.39}
$$

考虑式（7.39）中的对角元素可能出现负值，其物理意思说明忽略交叉项对于结构的脉动响应的结果有保守估计。结构的交叉项响应均方差可表示为

$$
\boldsymbol{\sigma}_{R,c} = \mathrm{sign}\left(\mathrm{diag}\left(\boldsymbol{C}_{cc}\right)\right)\cdot\left|\mathrm{diag}\left(\boldsymbol{C}_{cc}\right)\right| \tag{7.40}
$$

根据式（7.13）可知，总脉动风响应的均方差可表达如下：

$$
\boldsymbol{\sigma}_{R,t} = \sqrt{\boldsymbol{\sigma}_{R,r}^2 + \boldsymbol{\sigma}_{R,b}^2 + \mathrm{sign}\left(\mathrm{diag}\left(\boldsymbol{C}_{cc}\right)\right)\boldsymbol{\sigma}_{R,c}^2} \tag{7.41}
$$

相应地，总风振响应均方差表达式为

$$\begin{aligned}\boldsymbol{R}_a &= \overline{\boldsymbol{R}} + g\cdot\boldsymbol{\sigma}_{R,t} \\ &= \overline{\boldsymbol{R}} + g\cdot\sqrt{\boldsymbol{\sigma}_{R,r}^2 + \boldsymbol{\sigma}_{R,b}^2 + \operatorname{sign}\left(\operatorname{diag}\left(\boldsymbol{C}_{cc}\right)\right)\boldsymbol{\sigma}_{R,c}^2}\end{aligned} \tag{7.42}$$

式中，g——保证系数，又称峰值因子。当脉动风响应的概率分布为正态分布时，g 可表示为

$$g = \sqrt{2\ln \nu T} + \frac{\gamma}{\sqrt{2\ln \nu T}} \tag{7.43}$$

其中，T——最大值相应的时距，我国荷载规范规定平均风的时距为 10min，因此 T 取 600s；

γ——欧拉常数，通常取 0.5772；

ν——水平跨越数，可按下式计算：

$$\nu = \frac{1}{2\pi}\sqrt{\frac{\int_0^\infty \omega^2 S_{rr}(\omega)\mathrm{d}\omega}{\int_0^\infty \omega S_{rr}(\omega)\mathrm{d}\omega}} \tag{7.44}$$

7.2.2 时域分析理论

冷却塔风振响应时域分析一般采用完全法瞬态动力分析中基于隐式数值积分算法的 Newmark-β 法，基本原理如下：

在风荷载向量 $\boldsymbol{p}(t)$ 作用下的结构动力方程为

$$\boldsymbol{M}\ddot{\boldsymbol{x}}(t) + \boldsymbol{C}\dot{\boldsymbol{x}}(t) + \boldsymbol{K}\boldsymbol{x}(t) = \boldsymbol{p}(t) \tag{7.45}$$

式中，$\ddot{\boldsymbol{x}}(t)$、$\dot{\boldsymbol{x}}(t)$、$\boldsymbol{x}(t)$——结构的加速度、速度和位移向量。

将 t_n 时刻、t_{n+1} 时刻的加速度 $\ddot{\boldsymbol{x}}(t_n)$、$\ddot{\boldsymbol{x}}(t_{n+1})$ 进行线性插值，从而获得 t_n 和 t_{n+1} 之间任一时刻的加速度 $\ddot{\boldsymbol{x}}(t_{n\sim n+1})$，即

$$\ddot{\boldsymbol{x}}(t_{n\sim n+1}) = (1-\gamma)\ddot{\boldsymbol{x}}(t_n) + \gamma\ddot{\boldsymbol{x}}(t_{n+1}) \tag{7.46}$$

此时，t_{n+1} 时刻的速度 $\dot{\boldsymbol{x}}(t_{n+1})$、位移 $\boldsymbol{x}(t_{n+1})$ 分别为

$$\dot{\boldsymbol{x}}(t_{n+1}) = \dot{\boldsymbol{x}}(t_n) + \Delta t\ddot{\boldsymbol{x}}(t_{n\sim n+1}) = \dot{\boldsymbol{x}}(t_n) + \Delta t[(1-\gamma)\ddot{\boldsymbol{x}}(t_n)] + \gamma\ddot{\boldsymbol{x}}(t_{n+1})] \tag{7.47}$$

$$\boldsymbol{x}(t_{n+1}) = \boldsymbol{x}(t_n) + \Delta t\dot{\boldsymbol{x}}(t_{n\sim n+1}) + \left(\frac{1}{2}-\beta\right)\Delta t^2\ddot{\boldsymbol{x}}(t_n) + \beta\Delta t^2\ddot{\boldsymbol{x}}(t_{n+1}) \tag{7.48}$$

式中，Δt——$t_n \sim t_{n+1}$ 的时差；

γ——Δt 时间内加速度在 $\ddot{\boldsymbol{x}}(t_n)$ 和 $\ddot{\boldsymbol{x}}(t_{n+1})$ 之间的线性变换权重；

β——Δt 时间内加速度 $\ddot{\boldsymbol{x}}(t_n)$ 和 $\ddot{\boldsymbol{x}}(t_{n+1})$ 对位移改变量的权重。

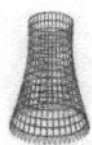

t_{n+1} 时刻的加速度 $\ddot{\boldsymbol{x}}(t_{n+1})$、速度 $\dot{\boldsymbol{x}}(t_{n+1})$ 与 t_{n+1} 时刻的位移 $\boldsymbol{x}(t_{n+1})$、t_n 时刻的加速度 $\ddot{\boldsymbol{x}}(t_n)$、速度 $\dot{\boldsymbol{x}}(t_n)$、位移 $\boldsymbol{x}(t_n)$ 的关系如下：

$$\ddot{\boldsymbol{x}}(t_{n+1})=\frac{1}{\beta\Delta t^2}\left[\boldsymbol{x}(t_{n+1})-\boldsymbol{x}(t_n)\right]-\frac{1}{\beta\Delta t}\dot{\boldsymbol{x}}(t_n)+\left(1-\frac{1}{2\beta}\right)\ddot{\boldsymbol{x}}(t_n) \tag{7.49}$$

$$\dot{\boldsymbol{x}}(t_{n+1})=\frac{\gamma}{\beta\Delta t}\left[\boldsymbol{x}(t_{n+1})-\boldsymbol{x}(t_n)\right]+\left(1-\frac{\gamma}{\beta}\right)\dot{\boldsymbol{x}}(t_n)+\left(1-\frac{\gamma}{2\beta}\right)\Delta t\ddot{\boldsymbol{x}}(t_n) \tag{7.50}$$

将式（7.49）、式（7.50）代入 t_{n+1} 时刻的结构动力方程，得

$$\boldsymbol{K}^*\boldsymbol{x}(t_{n+1})=\boldsymbol{p}(t_{n+1})^* \tag{7.51}$$

式中，$\boldsymbol{K}^*$、$\boldsymbol{p}(t_{n+1})^*$ 的表达式分别为

$$\boldsymbol{K}^*=\boldsymbol{K}+\frac{1}{\beta\Delta t^2}\boldsymbol{M}-\frac{\gamma}{\beta\Delta t}\boldsymbol{C} \tag{7.52}$$

$$\begin{aligned}\boldsymbol{p}(t_{n+1})^*=\boldsymbol{p}(t_{n+1})&+\boldsymbol{M}\left[\frac{1}{\beta\Delta t^2}\boldsymbol{x}(t_n)+\frac{1}{\beta\Delta t}\dot{\boldsymbol{x}}(t_n)+\left(\frac{1}{2\beta}-1\right)\ddot{\boldsymbol{x}}(t_n)\right]\\&+\boldsymbol{C}\left[\frac{\gamma}{\beta\Delta t}\boldsymbol{x}(t_n)+\left(\frac{\gamma}{\beta}-1\right)\dot{\boldsymbol{x}}(t_n)+\left(\frac{\gamma}{2\beta}-1\right)\Delta t\ddot{\boldsymbol{x}}(t_n)\right]\end{aligned} \tag{7.53}$$

通过式（7.51）求出 t_{n+1} 时刻的位移 $\boldsymbol{x}(t_{n+1})$，然后根据式（7.49）、式（7.50）求出 t_{n+1} 时刻的加速度 $\ddot{\boldsymbol{x}}(t_{n+1})$ 和速度 $\dot{\boldsymbol{x}}(t_{n+1})$，重复迭代后可以求出所有时刻的位移、速度和加速度；在结构线弹性范围内，已知所有时刻的位移响应，通过对位移求导得到截面应变，结合材料本构关系得到截面应力，最后对截面应力积分得到截面内力。该方法中时间积分步长 Δt 的选取尤为关键，为了反映高阶模态对结构风振响应的贡献，必须选择足够小的时间步长，一般情况下时间步长 $\Delta t \leqslant 1/(20f)$，其中，$f$ 为风振响应计算需要考虑的最高阶结构频率。

7.3 软 件 操 作

7.3.1 操作界面

单击“结构风振模拟”模块下的“结构风振计算分析”图标，打开项目管理和参数定义对话框，共有 4 个选项卡：“控制面板”、“基本参数”、“计算参数”和“动态风压”。相关的参数对应 WindLock 软件平台子目录中的 Access 数据库 D:\Wind\ANSYSAssistance\ StructureVibrationPara.mdb。本项功能模块可利用“冷

却塔结构设计”模块中的“建模与分析”参数化生成的冷却塔结构有限元模型，实施频域多模态组合的风振响应分析，计算过程可利用冷却塔风洞试验获得的表面气动力试验结果，分析结果包括结构节点风振系数、等效风荷载等。

“控制面板”主选项卡可控制其他 3 个选项卡的主要参数组合，并包括“参数应用”、“数据回响”、“MAC 代码生成”和“数据文件准备”等功能按钮。“基本参数”选项卡定义结构工程风振响应分析数据文件存取目录和输入输出参数文件字根。“计算参数”选项卡定义气动力荷载“加载参数”，来流风效应“风载参数”，结构建模关键信息“塔筒建模参数”和计算过程中的主要控制参数“频谱变换参数”。“动态风压”选项卡定义拟加载气动力风洞试验过程测点布置、动态采样参数设置和静态风压分布特征值。对话框中所有参数的物理单位除特殊规定或说明外，均采用法定单位。

气动力加载仅限于冷却塔塔筒内外表面，风洞试验中获得的表面测点压力采用曲面插值的方式分散到各个有限单元节点。冷却塔计算、分析和设计过程所涉及的各类参数定义均存储于相关的.mdb 文件中，相关的参数对应 WindLock 软件平台子目录中的 Access 数据库“Wind\ANSYSAssistance\StructureVibrationPara.mdb”。“StructureVibrationPara.lib”文件可采用 Access 方式打开并编辑，预存储了冷却塔结构建模和气动力加载等关键参数，使用者可以根据需要自定义或修改相关参数。多数冷却塔风振响应分析参数可以在对话框中直接修改并保存，但当改动量较大且涉及多项自定义内容时，在 Access 参数数据库中直接修改会更方便。

7.3.2 “控制面板”设置

“控制面板”选项卡中的“项目名称”下拉列表框默认预定义了两类冷却塔结构相关参数，分别为“示例一常规冷却塔”和“示例二常规冷却塔”，选择其一即指定了全部 4 个选项卡的相关参数（图 7.1）。两类参数定义方式在冷却塔风致动力计算精度、耗时方面等均有差别。通常情况下，示例一适用于冷却塔初设过程中的快速、定性的计算和分析工作，示例二适用于针对最终的施工图方案的详尽计算和分析工作。“控制面板”选项卡中的 3 个下拉列表框可与其他 3 个选项卡（即“基本参数”、“计算参数”和“动态风压”选项卡）交互操作。Access 数据库文件的扩展名为“.mdb”，为常见的 Windows 操作系统桌面办公软件 Office 数据库文件，WindLock 采用该数据库格式进行数据存储和管理。

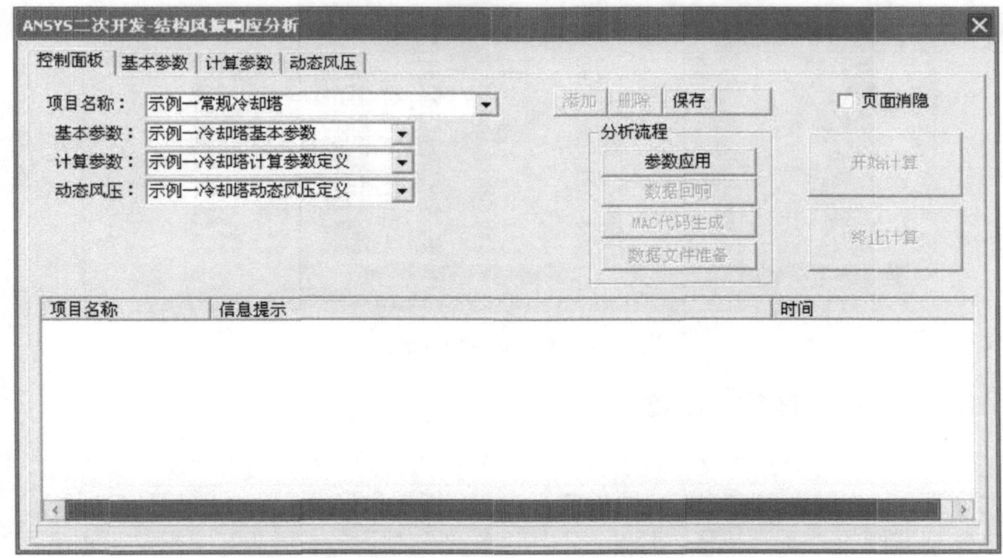

图 7.1　结构风振响应分析“控制面板”选项卡

“分析流程”选项组中有多个功能控制按钮，各项功能之间存在前后执行次序，为便于计算控制和操作，采用智能化的逐步判断、启用模式。例如，“参数应用”为“数据回响”、“MAC 代码生成”和“数据文件准备”的必选前一执行步。以上 4 个按钮也为“开始计算”按钮可用的前提，计算开始后，“终止计算”按钮自动由禁用状态变为可执行状态，每一步操作过程均会在信息提示窗格给出相应的提示（图 7.2）。单击“数据回响”按钮，可重新再现所有选项卡参数的设计情况，可以核对多个选项卡参数设置的正确性和合理性（图 7.3）。为记录计算工作要求和细节，单击“保存”按钮可存储当前参数的设置情况，便于多项计算的记录和分析结果的比对。

项目名称	信息提示	时间
结构风振响应计算	正式版Ver1.0　邮箱：zhaolin@tongji.edu.cn 发布日期：2014年3月	3月8日18时45分50秒
结构风振分析前处理	参数数据全局化	3月8日18时45分52秒
结构风振分析前处理	参数数据回响	3月8日18时45分58秒
结构风振分析前处理	生成辅助参数数据提取代码	3月8日18时46分0秒
结构风振分析前处理	数据文件序列化......	3月8日18时46分1秒
参数文件准备	1.初始参数:D:\2000-2013软件开发平台\Wind\iniParas.txt	3月8日18时46分1秒
参数文件准备	2.基本计算参数:D:\SelfDef_CT_Case\ParaFiles\Config.txt	3月8日18时46分1秒

图 7.2　分析流程操作信息提示

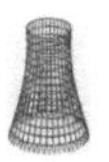

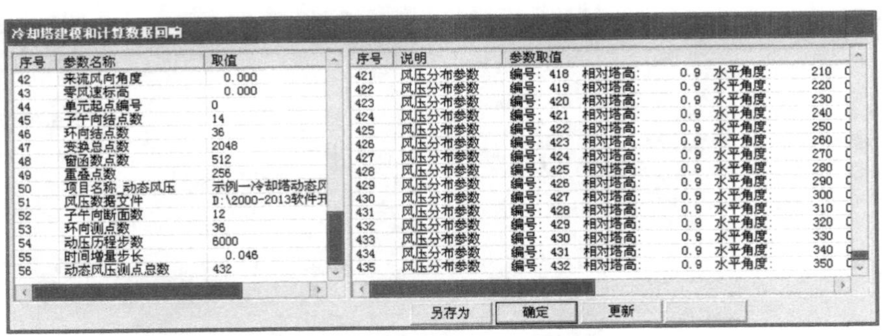

冷却塔建模和计算数据回响

序号	参数名称	取值
42	来流风向角度	0.000
43	零风速标高	0.000
44	单元起点编号	0
45	子午向结点数	14
46	环向结点数	36
47	变换总点数	2048
48	窗函数点数	512
49	重叠点数	256
50	项目名称_动态风压	示例一冷却塔动态风
51	风压数据文件	D:\2000-2013软件开
52	子午向断面数	12
53	环向测点数	36
54	动压历程步数	6000
55	时间增量步长	0.046
56	动态风压测点总数	432

序号	说明	参数取值
421	风压分布参数	编号：418 相对塔高：0.9 水平角度：210
422	风压分布参数	编号：419 相对塔高：0.9 水平角度：220
423	风压分布参数	编号：420 相对塔高：0.9 水平角度：230
424	风压分布参数	编号：421 相对塔高：0.9 水平角度：240
425	风压分布参数	编号：422 相对塔高：0.9 水平角度：250
426	风压分布参数	编号：423 相对塔高：0.9 水平角度：260
427	风压分布参数	编号：424 相对塔高：0.9 水平角度：270
428	风压分布参数	编号：425 相对塔高：0.9 水平角度：280
429	风压分布参数	编号：426 相对塔高：0.9 水平角度：290
430	风压分布参数	编号：427 相对塔高：0.9 水平角度：300
431	风压分布参数	编号：428 相对塔高：0.9 水平角度：310
432	风压分布参数	编号：429 相对塔高：0.9 水平角度：320
433	风压分布参数	编号：430 相对塔高：0.9 水平角度：330
434	风压分布参数	编号：431 相对塔高：0.9 水平角度：340
435	风压分布参数	编号：432 相对塔高：0.9 水平角度：350

另存为 确定 更新

图 7.3　数据回响信息提示

7.3.3　“基本参数”设置

单击“工作目录”文本框右侧的“>>”按钮（图 7.4），打开“浏览文件夹”对话框，可在其中指定或新建结构风振响应分析工作目录。单击“结果存贮目录”文本框右侧的“>>”按钮，打开“浏览文件夹”对话框，可在其中指定或新建计算过程中所涉及的输出结果，本目录包括系列文本文件。单击“结构建模文件”文本框右侧的“>>”按钮，打开“指定结构建模文件”对话框，可在其中指定拟进行结构风振分析的 ANSYS 建模文件，可采用“冷却塔结构设计”模块中的“建模与分析”自动生成的结构建模文件。“输入文件名字根定义”和“输出文件名字根定义”选项组用于指定计算过程中所涉及的各类参数文件。

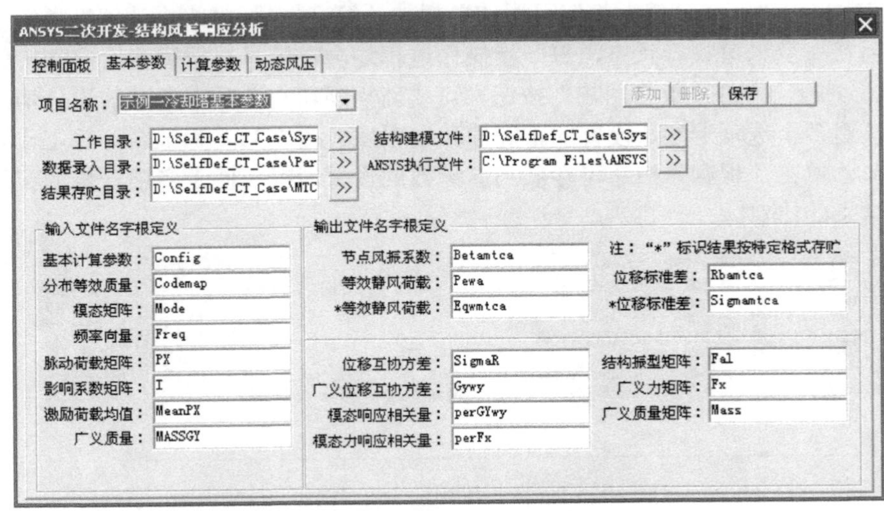

图 7.4　结构风振响应分析“基本参数”选项卡

7.3.4　“计算参数”设置

风致动力计算部分可以计算塔筒建模时“子午向结点数”和“环向结点数”分别为 14 和 36 的取值工况。如图 7.5 所示，“加载参数”选项组中的“结构节点数目”包括冷却塔塔筒所有的建模节点数目，以“冷却塔结构设计”模块中“建模与分析”子模块中的“塔筒信息”和“底支柱参数”为例，“结构节点数目”=“总模板数”×“对柱组数”×（“柱顶间单元数”+“对柱间单元数”）；对于大型冷却塔结构，风致振动分析“参与模态数量”不宜低于 20 阶；“共振分量阶数”宜小于“参与模态数量”，该参数的取值决定了风振过程的计算耗时；“荷载激励点数”为拟在冷却塔塔筒表面加载气动力荷载节点数目，通常考虑除底支柱上缘和刚性环上缘环向节点之外的所有其他节点，即有：“荷载激励点数”=（“总模板数”−2）×“对柱组数”×（“柱顶内单元数”+“对柱间单元数”）；“加载历程步数”为风洞试验动态测量塔筒风压过程的总测量时间步数；“加载频率”为风洞试验动态测量塔筒风压过程采样频率；“结构阻尼比”为实际结构比例阻尼系数，对于混凝土材料冷却塔，该参数宜取 2.5%～5.0%。

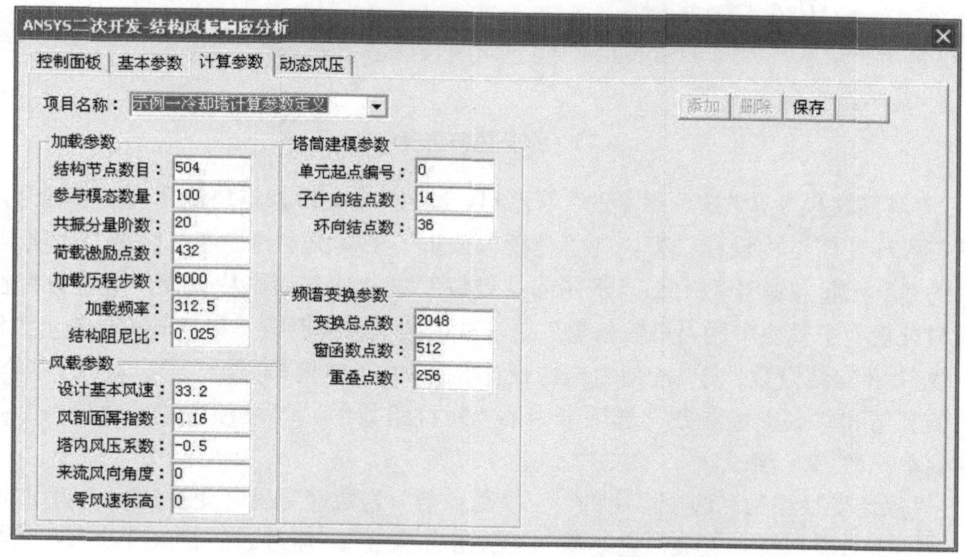

图 7.5　结构风振响应分析“计算参数”选项卡

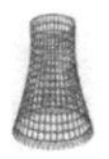

“风载参数”选项组中的“设计基本风速”为工程场地重现期内离地面10m高度处的设计风速；“风剖面幂指数”为风速沿高度变化幂指数率参数；“塔内风压系数”通常为负压，定义为相对冷却塔筒顶高度处来流风压的相对值，常取-0.5，该参数的定义模式不同于塔筒外表面压力分布的体型系数；“来流风向角度”为来流风的作用角度，绕冷却塔竖向轴线水平面内逆时针转动为正向（右手法则），单位为度（°），如图7.6所示；“零风速标高”与冷却塔建模过程指定的Z向参考水平面高度一致。

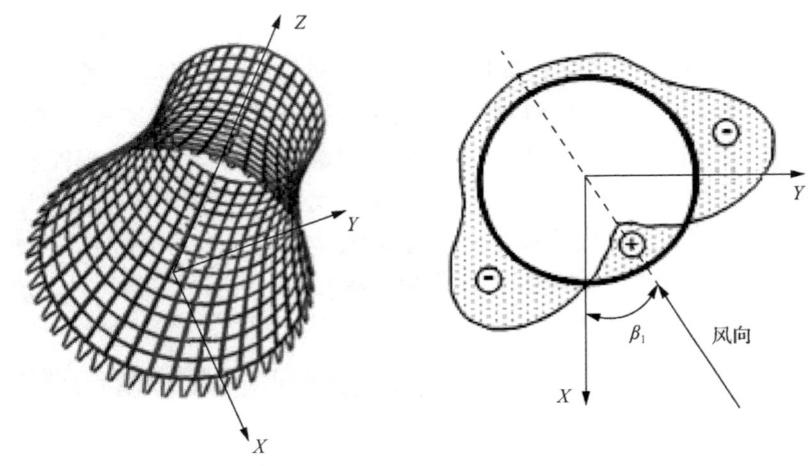

图7.6　来流风向角度定义

“塔筒建模参数”选项组中的“单元起点编号”定义冷却塔塔筒单元起点编号，宜与“冷却塔结构设计”模块中“建模与分析”子模块中的“塔筒信息”选项卡中的“单元起点编号”一致；“子午向结点数”与“冷却塔结构设计”模块中“建模与分析”子模块中的“塔筒信息”选项卡中的“总模板数”和“子午向单元数”一致；“环向结点数”与“冷却塔结构设计”模块中“建模与分析”子模块中的“塔筒信息”和“底支柱参数”选项卡中的“对柱组数”×（“柱顶内单元数”+“对柱间单元数”）一致。

“频谱变换参数”选项组中的“变换总点数”为快速傅里叶变换过程中选用的总脉动压力序列时间点数，宜小于“荷载激励点数”，且为2的整倍数次幂；“窗函数点数”为快速傅里叶变换过程中选用的窗函数内平均点数；“重叠点数”为快速傅里叶变换过程中窗函数之间交叠的点数。

7.3.5　“动态风压”参数

单击“导入风压数据”按钮（图 7.7），在打开的对话框中指定冷却塔塔筒表面三维动态风压数据文件，该数据文件基于物理风洞试验获得的冷却塔塔筒表面气动力分布，也可由 WindLock 软件平台中“辅助项”模块中的“塔群动压数据库”典型塔群组合条件气动力荷载分布模式指定。

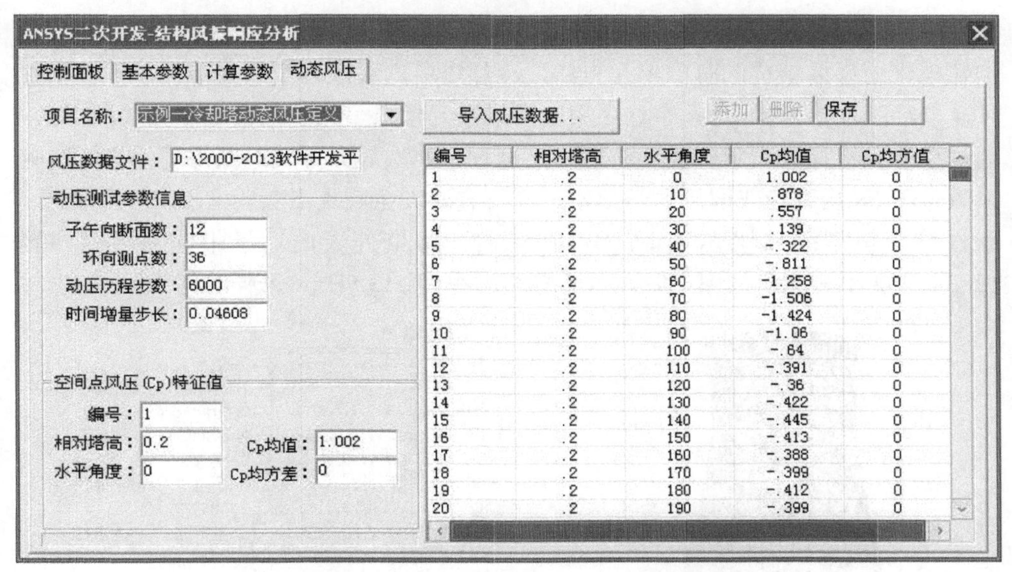

编号	相对塔高	水平角度	Cp均值	Cp均方值
1	.2	0	1.002	0
2	.2	10	.878	0
3	.2	20	.557	0
4	.2	30	.139	0
5	.2	40	-.322	0
6	.2	50	-.811	0
7	.2	60	-1.258	0
8	.2	70	-1.506	0
9	.2	80	-1.424	0
10	.2	90	-1.06	0
11	.2	100	-.64	0
12	.2	110	-.391	0
13	.2	120	-.36	0
14	.2	130	-.422	0
15	.2	140	-.445	0
16	.2	150	-.413	0
17	.2	160	-.388	0
18	.2	170	-.399	0
19	.2	180	-.412	0
20	.2	190	-.399	0

图 7.7　结构风振响应分析动态风压属性页

“动压测试参数信息”选项组中的“子午向断面数”为风洞试验实施过程中，冷却塔塔筒表面竖向布置的动态压力测量断面数量；“环向测点数”为风洞试验实施过程中，冷却塔塔筒表面环向布置的动态压力测量点数量；“动压历程步数”为风洞试验实施过程中，动态压力测量总步数；“时间增量步长”对应拟进行计算的冷却塔结构加载的动态压力时间增量，为“计算参数”选项卡中“加载频率”的倒数×“冷却塔模型缩尺比”的均方根。

“空间点风压（C_p）特征值”选项组中的“编号”为动态压力测点编号；“相对塔高”为动压测点距地面高度/塔顶距地面高度；“水平角度”为动压测点水平环向角度，单位为度（°）；“C_p 均值”为压力体型系数均值；“C_p 均方差”为压力体型系数均方差。

7.4 工 程 应 用

7.4.1 频率分析实例

以某大型冷却塔结构为工程应用背景，塔高 177.2m，塔顶外半径为 41.1m，喉部中面半径为 39.1m，进风口中面半径为 67.4m，48 对人字柱直径为 1.3m。结构建模采用离散结构的有限单元方法，冷却塔塔壁离散为空间壳单元，顶部刚性环及与环基连接的 48 对人字柱采用空间梁单元模拟，人字柱柱底固接（图 7.8）。通过模态分析提取了所有模态信息，又进行了二次静力开发，获得了结构的影响系数矩阵。风洞试验在同济大学土木工程防灾减灾全国重点实验室 TJ-3 风洞进行，刚性测压模型缩尺比为 1∶200，在待测冷却塔外表面沿子午向和环向布置 12×36=432 个测压点（图 7.9），试验采样频率为 313.5Hz，采样时间为 19.2s。

图 7.8 冷却塔有限元计算模型

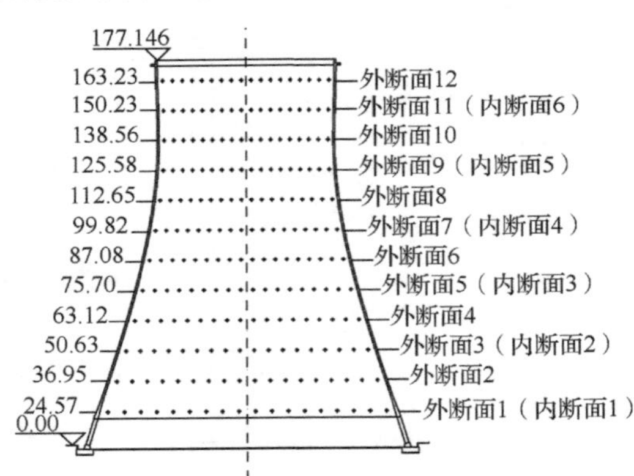

图 7.9 模型测点布置图（单位：m）

由结构前200阶自振频率的分布情况可以看出结构的自振频率非常低(图7.10)，且分布十分密集。前 10 阶模态频响函数的变化图（图 7.11）与高层建筑明显不同的是：不同模态频响函数之间的交叉项明显，并且不单是相邻两个模态之间的耦合，其耦合影响涉及 10 阶甚至更多模态之外，这就更要求我们在求解共振模态之间的耦合项时需要全面考虑各个模态之间的耦合效应，而不是简单采用 2 个或 3 个带宽来代替。

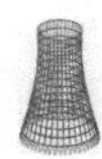

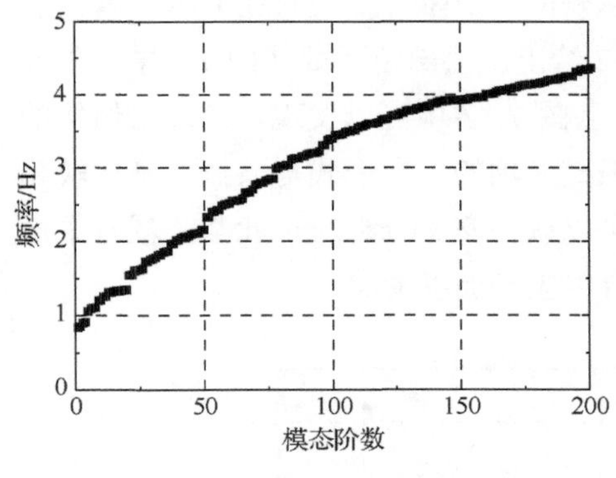

图 7.10　结构固有频率分布图

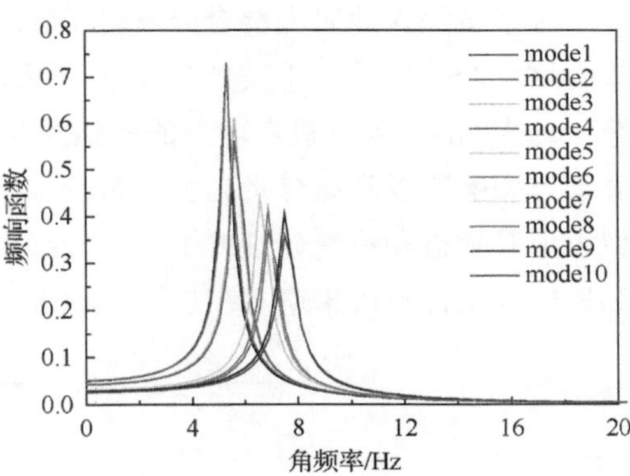

图 7.11　结构频响函数分布图

为了验证 CCM 计算冷却塔风振响应的精确度，本节采用全模态 CQC 和传统的三分量法计算结构的风振响应，再对比采用 CCM 的计算结果，进行脉动风总响应的误差分析和耦合分量计算（表 7.1）。需要注意的是：①节点编号 *a-b* 表示子午向第 *a* 层上环向第 *b* 个节点；②3 种方法求解的响应仅为脉动风总响应，不包括平均分量，不考虑峰值因子的放大作用结果。

表 7.1　典型节点的脉动风响应及误差分析

节点编号	精确解/mm	CCM 法/mm	误差分析/%	三分量法/mm	误差分析/%	GLF 法/mm	误差分析/%	耦合分量/mm
1-1	4.39	4.47	−1.51	5.16	−13.32	2.12	60.67	−3.99
5-9	23.93	23.97	−0.18	23.02	3.80	8.23	65.99	4.28
6-19	28.03	28.06	−0.11	24.76	8.07	15.65	40.60	8.32
10-9	23.82	23.78	0.20	27.44	−10.56	10.82	55.41	−4.58
14-19	44.83	43.80	3.24	43.53	7.19	29.43	34.78	−4.18
14-27	53.13	53.15	−1.95	53.80	−3.20	25.59	50.88	−4.87
绝对平均误差			1.36		8.02		51.88	

从表 7.1 中可以得到下面 3 点结论：①采用 CCM 的计算结果与全模态 CQC 的精确解相比误差很小，最大处为 3.24%，绝对平均误差为 1.36%，如无特别说明，在本章后面的章节中都是采用该方法进行风振响应和等效风荷载计算；②采用忽略耦合分量的传统三分量方法的计算结果误差较大，最大处达到了 13.32%，绝对平均误差为 8.02%，并且忽略耦合分量导致的结果不一定全是保守估计结构的响应，相反也会出现低估结构的响应，需要引起注意；③采用 CCM 求解出的耦合分量较大，明显不能忽略。

为了更深入地研究耦合分量对于脉动总响应的贡献，需要对比共振、背景和耦合这 3 个分量的大小及分布关系，图 7.12 给出了喉部断面处（图 7.9 中子午向第 10 层断面）各分量沿环向的变化曲线。从图 7.12 中可以发现，冷却塔结构的脉动风振响应以共振分量为主，背景和共振交叉项的分布形式与共振分量比较相似，但其数值和背景分量属于同一量级。可以认为交叉分量对于此类强耦合柔性高塔结构来说不可忽略，在总脉动响应组合中应当加以考虑。

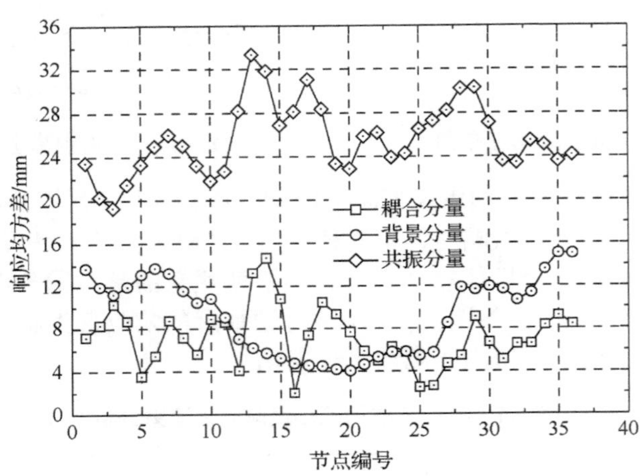

图 7.12　采用 CCM 计算的结构脉动响应各分量

7.4.2　时域分析实例

针对国内某超大型钢结构冷却塔介绍塔筒测压风洞试验过程及结构风致响应有限元计算方法，进行风振系数的分析研究。该冷却塔高 216.3m，零米直径为 181.3m，出口直径为 124.6m，喉部直径为 110m，是世界首例空间网壳体系钢结构冷却塔，其空间体积规模也是国内第一。该项目在结构体系、空间体系、面板体系、制作及安装工艺等方面均具有技术难度。因此，从加强工程安全性、优化投资出发，有必要对塔筒和环基进行有限元计算分析，以确保冷却塔结构安全，主要研究过程如图 7.13 所示。

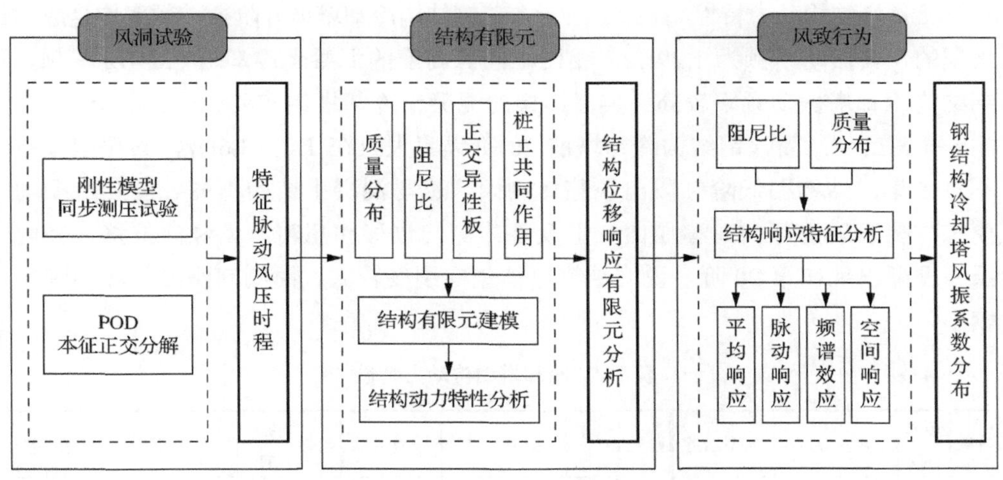

图 7.13　研究工作流程图

该冷却塔有限元建模采用离散结构有限元法（图 7.14），内部桁架子午向划分为 46 层，环向划分为 92 列，桁架各子单元主要包括外层柱、内层柱、外层梁、内层梁、内外层连接梁、内外层连接柱、内外层斜连接梁、内层斜杆；子午向人工软性肋条提供塔筒外表面粗糙度用于降低表面风荷载，不计入对于整体刚度的贡献；而环向带肋蒙皮的刚度需要采用正交异性板来模拟蒙皮刚度，通过设置不同方向的弹性模量考虑其正交异性的特点。模型共划分 38 180 个单元，计算得到结构总质量为 10 074.87t，面板和空间桁架的平均面质量为 145.49kg/m^2。根据地质勘测报告及实际场地情况，桩基础与环基不相连，底部群桩用于加强基础土体强度，只起到改善下部地基的作用，忽略环基周围的回填土对环基的刚度贡献。

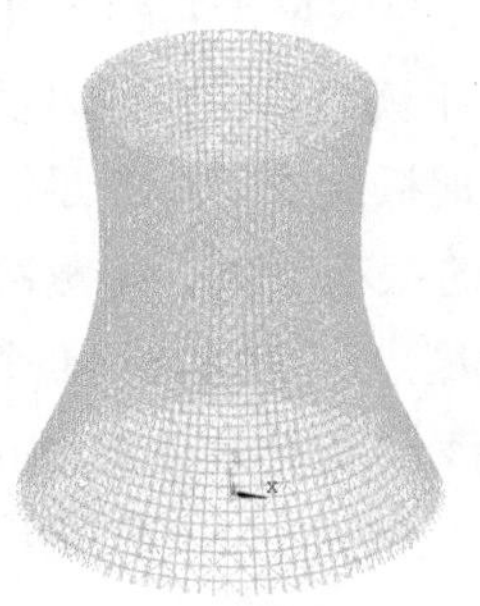

（a）内部桁架模型

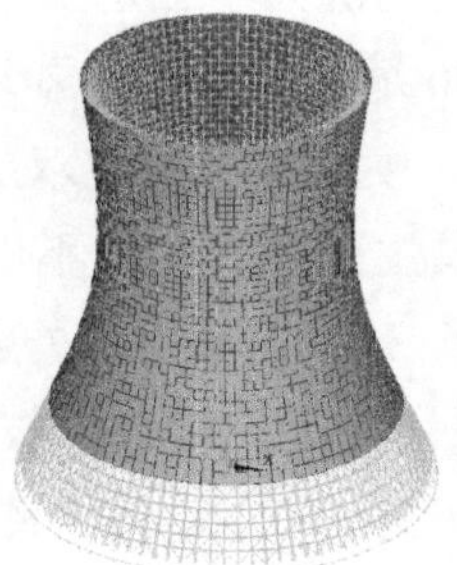

（b）外加蒙皮模型

（c）细部桁架示意

图 7.14　冷却塔有限元模型

冷却塔结构动力特性如表 7.2 所示。该钢结构冷却塔前 6 阶振动频率均是成对出现的，其振动基频为 1.29Hz，相比于同等高度的混凝土冷却塔 0.64Hz 基频，钢结构冷却塔振动频率较高。类似结构的混凝土冷却塔结构前 20 阶频率分布在 0.9～1.5Hz[37]，而该钢结构冷却塔前 20 阶频率大致在 1.2～3.6Hz，其振型分布不算密集。结构在低阶频段出现整体侧倾，也与混凝土结构不同。前几阶振动模态主要表现为环向对称屈曲变形及整体侧向位移和扭转，无竖向位移，竖向压缩振型出现在第 20 阶，说明结构整体竖向刚度较大，而侧向刚度与环向刚度较小。

表 7.2　冷却塔结构动力特性

阶数	频率/Hz	振型特点	振型示意	阶数	频率/Hz	振型特点	振型示意	阶数	频率/Hz	振型特点	振型示意
1、2	1.29	2 个环向谐波 2 个竖向谐波		7	1.91	扭转		14	2.70	3 个环向谐波 3 个竖向谐波	
3、4	1.37	侧倾		8、9	2.10	3 个环向谐波 2 个竖向谐波		18	3.03	2 个环向谐波 2 个竖向谐波	
5、6	1.61	2 个环向谐波 3 个竖向谐波		10	2.27	侧倾		20	3.56	竖向压缩	

刚体测压模型风洞试验是在同济大学土木工程防灾减灾全国重点实验室 TJ-3 风洞中完成的，试验采用 1∶200 缩尺比制作冷却塔刚性测压模型，结构迎风面积约为 0.66m^2，阻塞率约为 2.2%。模型采用中空双层有机玻璃板制成，具有足够的强度和刚度，在试验风速下不发生变形，并且不出现明显的振动现象。待测冷却塔沿通风筒环向与子午向布置了 36×12=432 个外表面压力测点和 36×4=144 个内表面压力测点（图 7.15）。试验采用同步扫描测压技术，试验风速设定为 2～12m/s，步长为 1m/s。测压信号采样频率为 300Hz，每个测点采样时长为 1min，即采样样本总长度为 18 000 个数据。

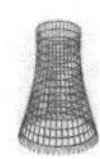

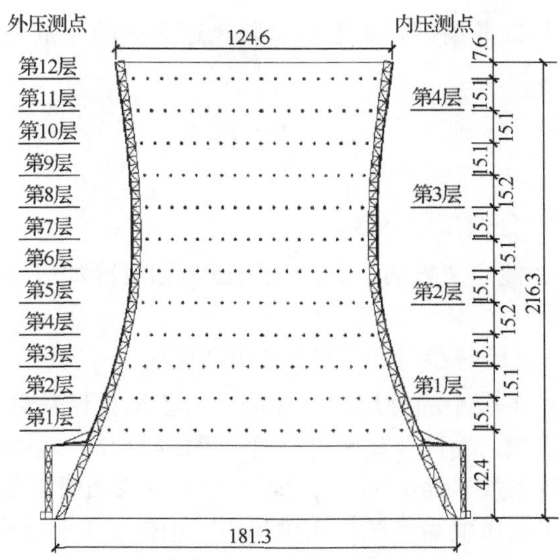

（a）测点布置图（单位：m）

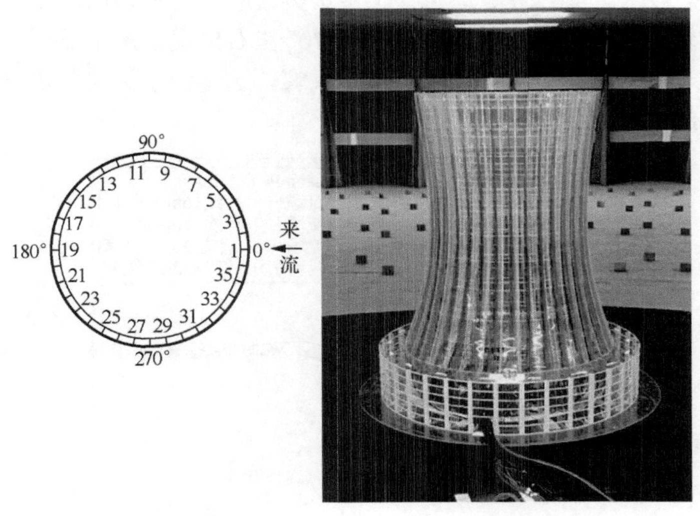

（b）环向测点编号　　　　（c）风洞试验现场布置图

图 7.15　刚体测压模型

在风洞中应选一个不受建筑模型影响，且离风洞洞壁边界层足够远的位置作为试验参考点(选在模型塔顶高度处)。在该处设置一个皮托管来测量参考点风压，用于计算各测点上与参考调试有关但与试验风速无关的无量纲风压系数，其表达式如下：

$$C_{pi}=\frac{p_i-p_\infty}{p_0-p_\infty} \tag{7.54}$$

式中，C_{p_i}——测点 i 处的压力系数；

p_i——作用在测点 i 处的压力，表面压力相对冷却塔塔壁向内为正，向外为负；

p_0 和 p_∞——试验时参考高度处的总压和静压。

由于试验中采用了较小的缩尺比，风洞试验模型雷诺数约为 3.68×10^5，与原型结构相差两个数量级，故有必要采用合理的手段模拟冷却塔表面雷诺数效应。模型雷诺数和施特鲁哈尔数（Strouhal number）效应及表面绕流分布可采用调整表面粗糙度、来流风速和紊流度等方法修正模拟[38]。根据《工业循环水冷却设计规范》（GB/T 50102—2014），当塔筒外表面设置子午向肋条时，应根据塔筒外表面的粗糙度系数应用相应的风压分布系数［尼曼（Niemann）曲线］。本试验选用 K1.0 曲线。试验采用 1×1 绊线较好地模拟了雷诺数效应，其平均和脉动风压分布对比如图 7.16 所示。由图可知，结构沿环向在 70° 左右出现了最小负压，脉动风压除在 0° 迎风点数值较大外，在 80° 附近出现尖峰，这是由于旋涡脱落导致，该区域涡脱频率较高。

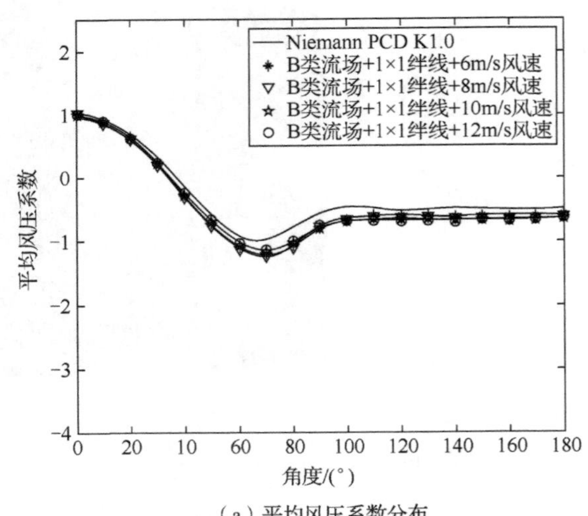

（a）平均风压系数分布

图 7.16　雷诺数效应模拟结果

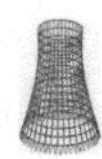

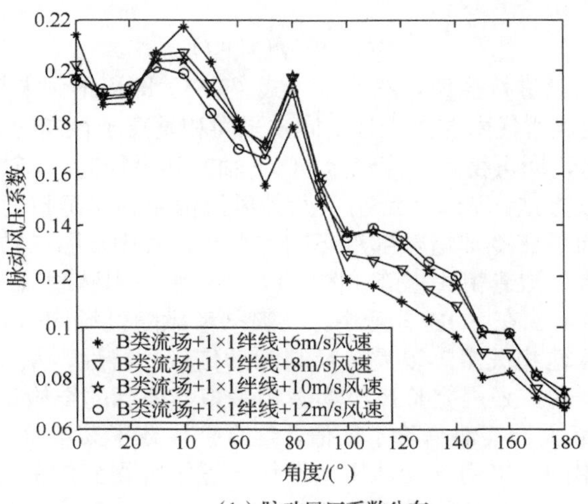

（b）脉动风压系数分布

图 7.16（续）

通过刚性测压风洞试验可以得到各测点合适粗糙度下的风压时程数据，但由于仪器限制，测点数目有限，若直接以测点位置作为有限元模型加载点，将造成一定误差。故采用 POD 方法，将 12×36=432 个测点数据，插值到 41×92=3772 个加载点的风压时程数据，即利用现有风压数据提高风洞试验测压点的分辨率，从而使风洞试验数据直接用于有限元结构风振响应计算和分析。

POD 方法，是将结构表面的风压场分解为代表脉动风压的几个荷载空间分布形式[39]。其主要优点是可以利用少量前若干阶本征模态重构风压场，因为这些模态包含了大部分脉动能量[40]。该方法提供了一种描述结构表面风压场的有效工具，它将风压场分解为仅依赖时间的主坐标和仅依赖空间的协方差模态的组合[41]，即把风压函数 $p(x,y,t)$ 分解为只与位置相关的特征向量 $\boldsymbol{\phi}_n(x,y)$ 和只与时间相关的主坐标函数 $\boldsymbol{a}_n(t)$，其中 (x,y) 表示位置坐标，t 表示时间坐标：

$$p(x,y,t)=\sum_n \boldsymbol{\phi}_n(x,y)\boldsymbol{a}_n(t) \tag{7.55}$$

其中，特征向量 $\boldsymbol{\phi}(x,y)$ 可以由下列方程获得：

$$\boldsymbol{C}\boldsymbol{\phi}_n=\lambda_n\boldsymbol{\phi}_n \tag{7.56}$$

式中，$\boldsymbol{C}$ ——风压协方差矩阵；

λ_n ——特征值。

主坐标函数可由下式求得：

$$\boldsymbol{a}(t)=\boldsymbol{\Phi}^{\mathrm{T}}\boldsymbol{p}(x,y,t) \tag{7.57}$$

通过对特征向量进行插值，然后按照式（7.55）即可得到未布测点位置的风压时程，将每个加载点所代表的面积分别向水平面和垂直于径向的竖平面投影，然后分别乘以该点风压，即可得到该点沿竖向（z 轴）和沿径向（x 轴）的集中荷载。

根据上述加载方法，表 7.3 给出了两种风压信号的本征值对比，图 7.17 则是两种信号的本征向量在冷却塔喉部沿环向的分布，其中，图 7.17（a）采用完整风压信号（包含均值）构造相关矩阵，图 7.17（b）则采用脉动风压信号（不包含均值）构造协方差矩阵。在 POD 分解中，一般须考虑随机场均值对结果的影响，即应使用脉动信号构建相关矩阵以完全反映脉动信号的特性，从而避免信号均值的影响。由表 7.3 可知，采用完整风压构造相关矩阵得到的结构第 1 阶本征值所占比重为 93.97%，远大于其他高阶本征值，这直接导致了第 1 阶本征模态与结构风压均值分布几乎相同；采用脉动风压构造协方差矩阵得到的前几阶本征模态，其特征值比重明显减少，且随阶数下降趋势较缓，因此各阶本征模态分布具有一定的随机性，该结构恰好在第 3 阶模态出现了与风压均值较为类似的分布，而前两阶本征模态均为反对称形式。

表 7.3　相关矩阵与协方差矩阵本征值对比

模态编号	相关矩阵		协方差矩阵	
	本征值	比重/%	本征值	比重/%
1	13.251	93.97	0.290	29.03
2	0.289	2.05	0.231	23.14
3	0.229	1.62	0.157	15.72

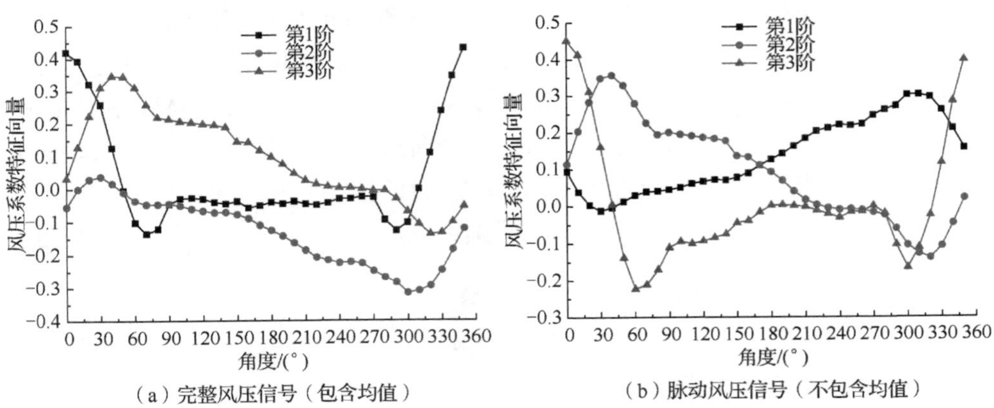

（a）完整风压信号（包含均值）　（b）脉动风压信号（不包含均值）

图 7.17　本征模态压力系数分布（喉部环向）

该冷却塔的风振响应时程分析是通过有限元软件 ANSYS 中的瞬态动力分析（时间历程分析）来实现的。利用 ANSYS 中的瞬态动力分析功能，将脉动风压时程导入 ANSYS 并施加于结构，通过求解可以得到在脉动风作用下各节点的位移响应。应当注意的是，此处所采用的脉动风压时程考虑了冷却塔内压的影响，即通过外压与内压之差给出了结构风压时程信号。通过分析易知，该冷却塔内压均值与脉动均较小，考虑了内压的风压均值及脉动分布与仅考虑外压的分布情况类似。

图 7.18 分别给出了冷却塔在风荷载作用下 0° 子午线和塔顶处位移响应均值和标准差沿高度变化的曲线。位移响应采用各方向位移共同作用的效果，即总位移。通过分析可知，平均位移和脉动位移响应都随着高度的增加而增大，在塔筒出口处达到最大，说明结构产生横风向运动，出现整体侧倾；沿环向位移响应对称分布，在迎风点平均位移响应较大，在侧风向平均位移响应较小。

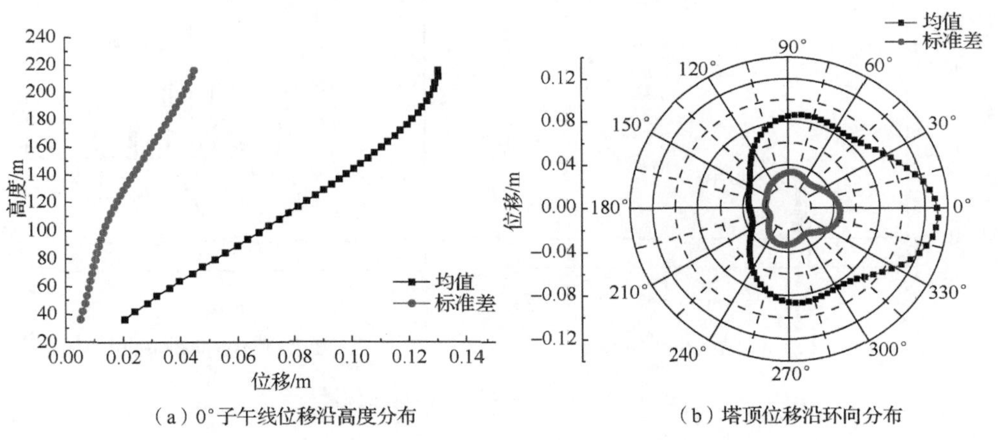

（a）0°子午线位移沿高度分布　　（b）塔顶位移沿环向分布

图 7.18　位移响应分布

图 7.19 分别给出了冷却塔在喉部高度处（140.59m）0°（迎风点）、70°（最小负压区）、120°（旋涡脱落区）、180°（尾流区）的位移响应频谱分析，图 7.20 分别给出了冷却塔在 0° 子午线上不同高度处的位移响应频谱分析。通过分析可知，环向的迎风点在 1、2 阶频率（1.29Hz）出现共振，其振型特点为环向 2 个谐波，子午向 2 个谐波；侧风向在 3、4 阶频率（1.37Hz）出现共振，其振型特点为侧倾；这些区域的脉动响应以共振分量为主。尾流区在第 14 阶（2.70Hz）出现共振，其振型特点为环向 6 个谐波，子午向 3 个谐波，并在低频段出现共振背景分量，该区域则是以背景响应为主导的。子午向的蒙皮底部、喉部和顶部都是在 1、2 阶频率（1.29Hz）出现共振，其振型特点为环向 2 个谐波，子午向 2 个谐波。

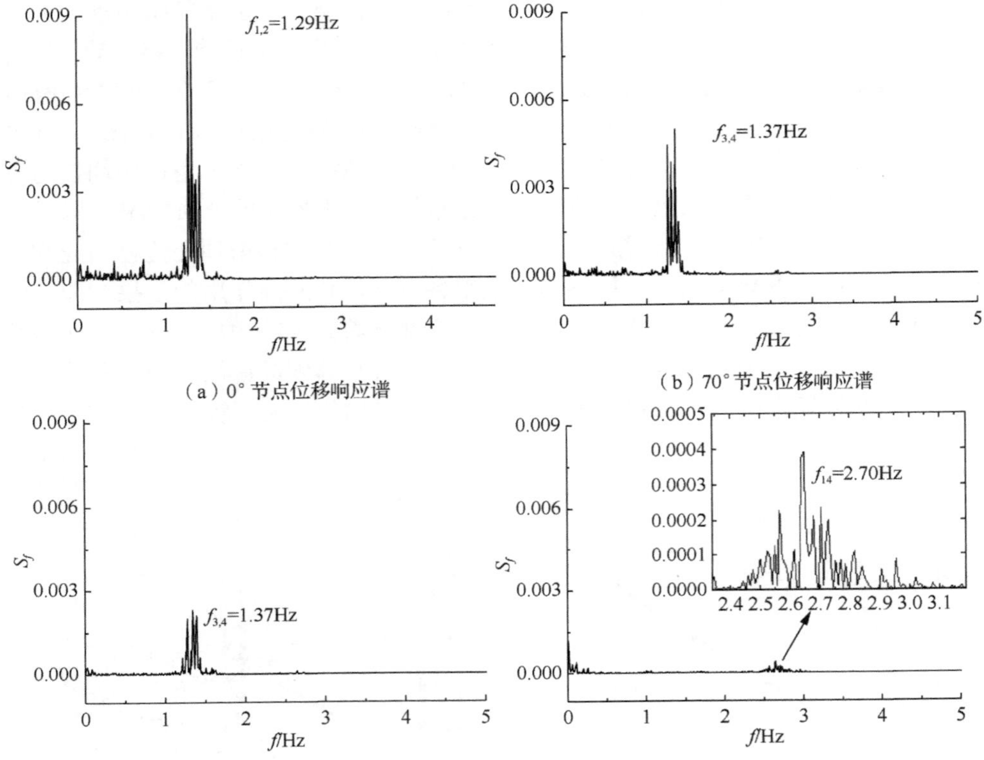

$f_{1,2}$=1.29Hz

（a）0°节点位移响应谱

$f_{3,4}$=1.37Hz

（b）70°节点位移响应谱

$f_{3,4}$=1.37Hz

（c）120°节点位移响应谱

f_{14}=2.70Hz

（d）180°节点位移响应谱

图 7.19　喉部各角度位移响应频谱

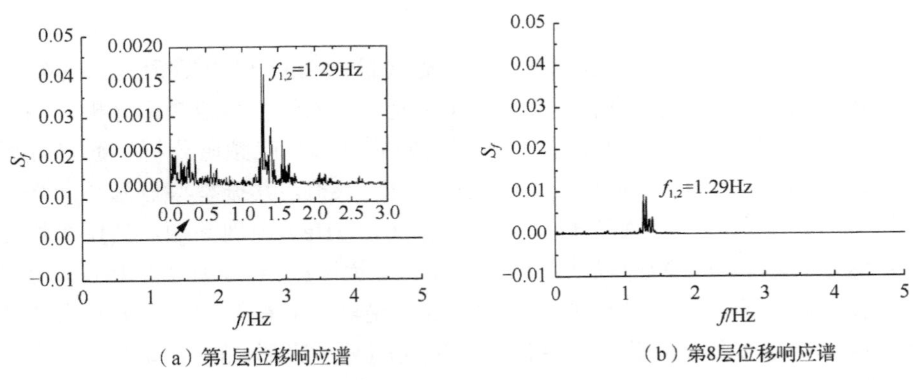

（a）第1层位移响应谱　　（b）第8层位移响应谱

图 7.20　0°子午线各高度位移响应频谱

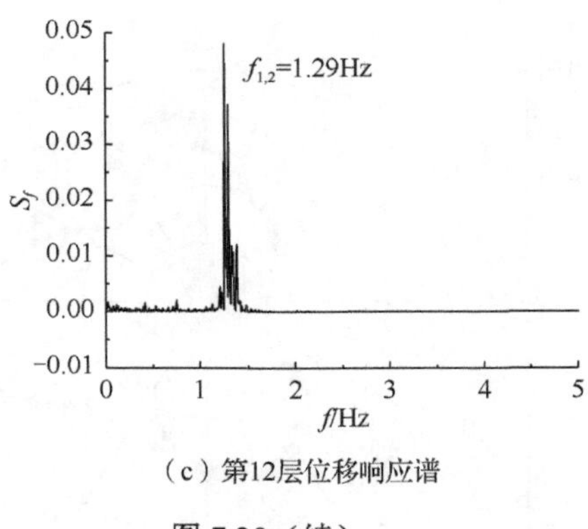

（c）第12层位移响应谱

图 7.20（续）

图 7.21 沿 3 个主导频段周围进行积分并取局部均方差结果，可以得到不同频率沿 0° 子午线及喉部环向的幅度变化情况，以此分析 3 个主要共振频率沿结构子午向和环向的频谱参与程度的变化规律。由此可知，在 0° 子午线上沿高度方向在 80m 以上区域 1～4 阶共振频率占主导地位，且 1、2 阶频率（1.29Hz）和 3、4 阶频率（1.37Hz）参与程度相当；在 80m 以下区域各阶频率参与程度均较小。喉部除尾流区外的区域都是 1～4 阶频率占主导，其参与程度相当；在尾流区 1～4 阶频率参与成分几乎为零，此时是以高阶频率（2.70Hz）为主导的，但该频率的参与程度与其他区域的 1～4 阶频率参与程度相比要小得多。综上所述，该钢结构冷却塔 1～4 阶共振频率在频谱参与成分中是占主导地位的，特别是在结构中上部。

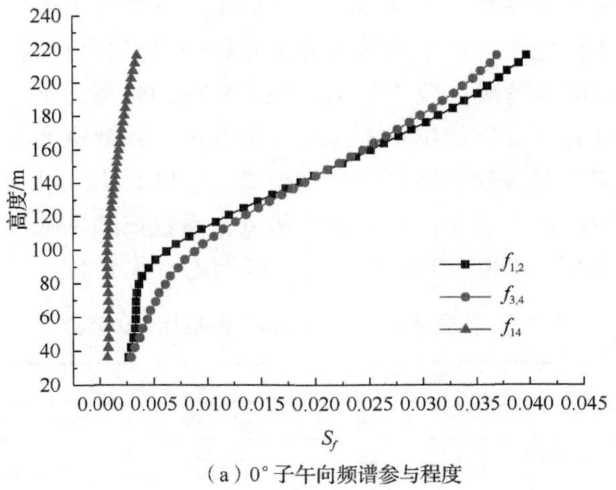

（a）0° 子午向频谱参与程度

图 7.21　频谱参与程度分布

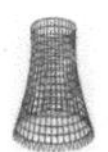

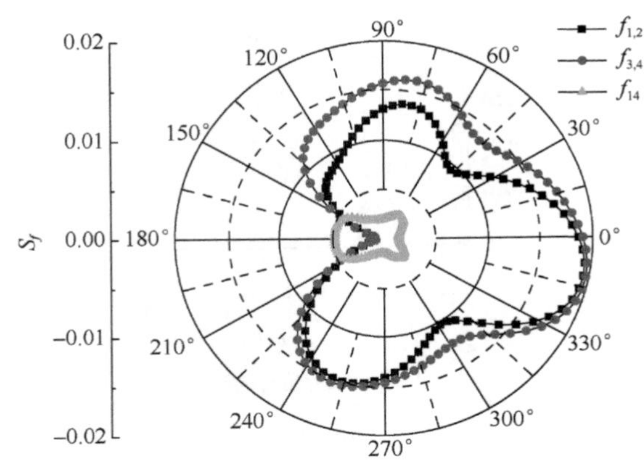

（b）喉部环向频谱参与程度

图 7.21（续）

位移风振系数具体定义为最大位移反应和平均位移反应之比，计算公式如下：

$$G=\frac{\overline{y}+\hat{y}_{\mathrm{d}}}{\overline{y}}=1+g\frac{\sigma_{\mathrm{y}}}{\overline{y}} \tag{7.58}$$

式中，$\overline{y}$ 和 $\hat{y}_{\mathrm{d}}$——平均风位移和脉动风位移；

g——位移峰值因子，取为 3.5；

σ_{y}——脉动风位移标准差。

冷却塔的位移风振系数在不同高度、不同角度处数值不相同。由于风振系数与风振平均位移密切相关，在试验数据分析过程中可区分位移区间，分析不同位移区间风振系数的取值情况。表 7.4 给出了在 0.5%的阻尼比下，该塔不同区域风振系数的取值；图 7.22 分别给出了不同角度位移风振系数沿高度方向的变化规律和不同高度处位移风振系数沿环向的变化规律。可以看出，沿子午向位移风振系数大致随着高度的增加而增大；沿环向位移风振系数在顺风向数值较小，在侧风向数值较大，且在 0°～180°和 180°～360°范围内对称分布。

表 7.4　各区域风振系数取值（阻尼比：0.5%）

高度范围	风振系数			
	0°～40°	40°～90°	90°～120°	120°～180°
第 1～2 层（42.4～57.5m）	1.83	2.04	2.34	2.67
第 2～4 层（57.5～87.7m）	1.72	1.97	2.35	2.73
第 4～6 层（87.7～118.0m）	1.70	1.97	2.33	2.81

续表

高度范围	风振系数			
	0°～40°	40°～90°	90°～120°	120°～180°
第 6～8 层（118.0～148.2m）	1.79	2.03	2.33	2.87
第 8～10 层（148.2～178.5m）	1.94	2.14	2.40	2.94
第 10～12 层（178.5～208.7m）	2.12	2.24	2.48	3.01
最大位移（出口）/m	0.1305	0.0859	0.0642	0.0349
风振系数均值	1.85	2.06	2.37	2.84

注：180°～360°范围内的风振系数与 0°～180°对称取值。

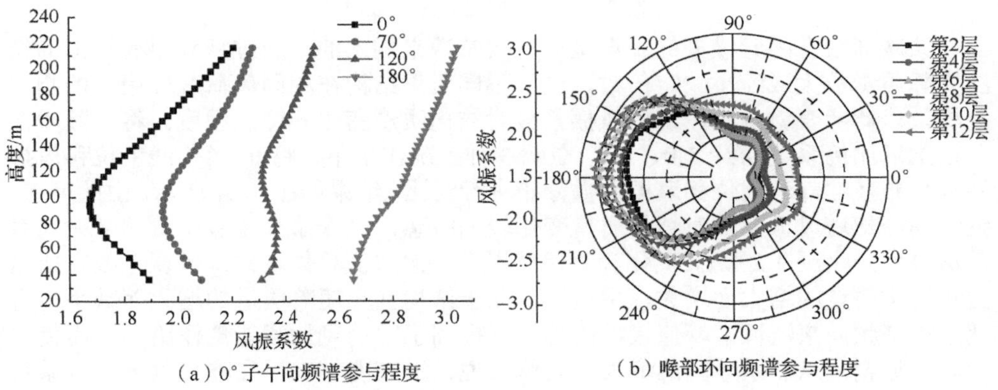

（a）0°子午向频谱参与程度　　（b）喉部环向频谱参与程度

图 7.22　位移风振系数分布

由上述位移响应分析可知，环向由于侧风向平均位移响应较小，导致位移风振系数较大，在确定风振系数时根据迎风点的风振系数进行取值较为妥当。子午向位移响应均值及标准差均随着高度的增加而增大，风振系数也大致随着高度的增加而增大，故风振系数可根据 0°子午线上各高度范围内的均值来确定。

为了考查阻尼比对结构振动特性的影响，在 0.5%、1.0%、1.5%这 3 种阻尼比下，将 0°子午线上位移风振系数分布及喉部环向位移风振系数分布进行对比，结果如图 7.23 所示。由此可知，风振系数的取值与阻尼比的变化密切相关，随着阻尼比的增大，位移风振系数变化趋势保持不变，但其取值总体减小。阻尼比从 0.5%变化至 1.5%，风振系数减小幅度为 12.3%。由于阻尼比的影响是体现在对共振响应的影响上的，在脉动响应以共振分量为主导的区域，阻尼比的影响更为显著。

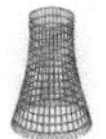

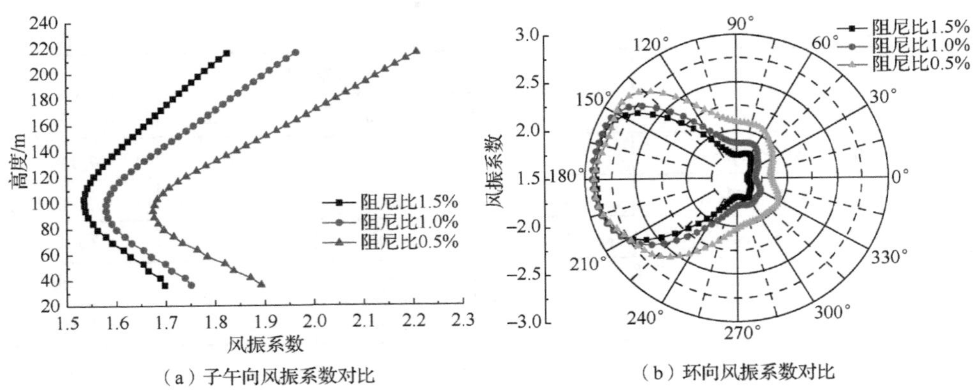

（a）子午向风振系数对比　　（b）环向风振系数对比

图 7.23　不同阻尼比风振系数对比

该冷却塔有限元模型的质量是通过实常数来加入的，通过将有限元模拟的结构实际质量放大或缩小一定倍数，进行不同质量结构在相同风荷载作用下的响应分析，以此考查钢结构冷却塔风振系数对结构质量变化的敏感程度。将实际质量分别乘以比例系数 0.8、1.0、1.2，在此 3 种工况作用下，将 0° 子午线上位移风振系数分布及喉部环向位移风振系数分布进行对比，结果如图 7.24 所示。由此可知，钢结构冷却塔风振系数对结构质量变化较为敏感，风振系数随着质量的增大（系数从 0.8 变化至 1.2），其变化趋势保持不变，但取值总体增大。风振系数之所以随着结构质量的增大而增大，主要原因在于结构基频随着质量的增大而减小，有使结构基频向来流风谱峰值接近的趋势，提高了脉动风加载能量作用，从而使结构风振加剧，风振系数因此增大。具体来说，沿高度方向，在喉部以下风振系数随着质量的变化而变化的幅度较大（约 8.36%），喉部以上变化幅度较小（仅为 0.93%）；沿环向，在 0°～120° 和 240°～360° 范围内变化幅度较大（6.51%），在 120°～240° 范围内变化幅度较小（2.85%）。

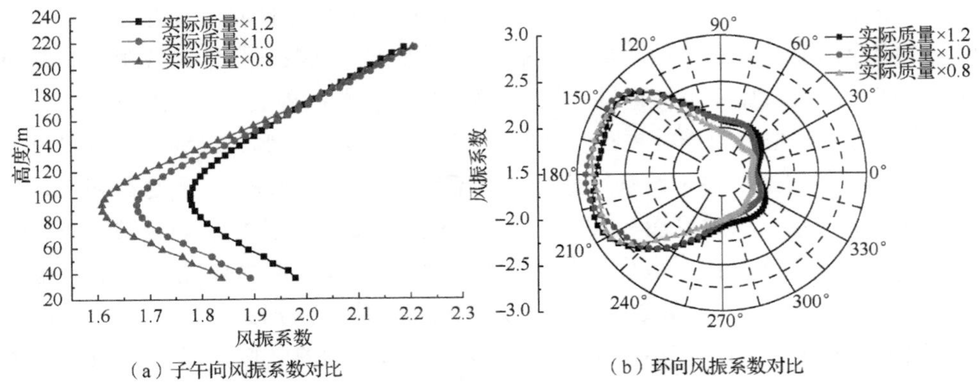

（a）子午向风振系数对比　　（b）环向风振系数对比

图 7.24　不同质量风振系数对比

第 8 章 塔群气动荷载数据库

8.1 塔群干扰效应

冷却塔作为热电厂的主要构筑物和设施，需要有足够的淋水面积以满足冷却需求。提高淋水面积的方法除增大单塔规模外，还可以采用塔群组合。由于发电机组单机容量的提高和机组数量的增加，尽管冷却塔的规模在不断扩大，单塔淋水面积已经达到13 000m^2，规划中的核电超大型冷却塔淋水面积甚至达到20 000m^2，但是仍无法满足工程需要，同样要采用塔群组合。冷却塔作为高耸空间结构，采用塔群布置时，势必会对相邻冷却塔的风压和风振效应产生干扰，即群体建筑风荷载和荷载效应的干扰效应，这种干扰效应甚至会引起冷却塔的风毁事故，渡桥电厂塔群风毁事故便是其中重要的一例。

1965 年 11 月，英国渡桥电厂处于下风向的 3 座 115m 高的冷却塔在 5 年一遇的大风中发生倒塌[42]，随后，英国中央电力局对该事故进行了详细调查并给出了如下结论[43]：①塔筒内壳体的应力对风荷载的分布极其敏感；②塔筒线型和塔群干扰效应对冷却塔表面风荷载的分布影响显著，进而改变了塔筒内的应力分布；③由于受前塔尾流的影响，处于下风向的冷却塔表面脉动风荷载显著增大。渡桥电厂的风毁事故使冷却塔的抗风问题开始受到工程界的关注，也拉开了冷却塔抗风研究的序幕。Pope[3]、Bosman[44]、Bamu[4]等学者对历史上其他几次冷却塔倒塌事故进行了汇总研究，1973 年 9 月，英国 Adeer Nylon 电厂一座 137m 高的冷却塔在中等风速下发生倒塌；1979 年 4 月，法国 Bouchain 电厂一座服役 10 年的冷却塔在微风中发生倒塌；1984 年 1 月，英国 Fiddler's Ferry 电厂一座 114m 高的冷却塔在瞬时风速为 34.7m/s 的大风中发生倒塌；1965～1984 年，全球 160 座高度超过 100m 的冷却塔中有 8 座发生了倒塌，正是这一个个风毁事故的惨痛教训，推动了冷却塔尤其是超大型冷却塔塔群干扰抗风研究的一步步向前。

要确定冷却塔塔群干扰下的结构荷载效应，必须有详细的塔群布置形式下的冷却塔气动荷载分布数据，WindLock 塔群气动荷载数据库包含了超大型冷却塔在单塔、双塔、四塔、六塔和八塔组合、典型布置形式、典型塔间距下的表面三维风压时程，为冷却塔进行塔群干扰下的静动力效应分布和结构配筋设计提供了详细的输入条件。

8.2 软件操作

单击“辅助项”模块中的“塔群动压数据库”图标，打开数据库界面，相关的参数对应于WindLock软件平台子目录中的Access数据库D:\Wind\ANSYSAssistance\GroupTowerLib.mdb。该数据库以200～250m高度冷却塔为试验原型，存储了单、双、四、六和八塔典型矩形、菱形和一字形布置形式，塔距为1.5～2.0倍塔底直径的变化范围内的塔筒表面同步动态测压数据结果（图8.1），可以按照不同建模条件冷却塔有限元塔筒单元和节点的划分方式，导出动、静态气动荷载文本数据，用以支持塔筒表面荷载的施加。导出的文本数据可以直接用于“建模与分析”模块和“结构风振计算分析”模块中的等效静态和动态气动力荷载加载。

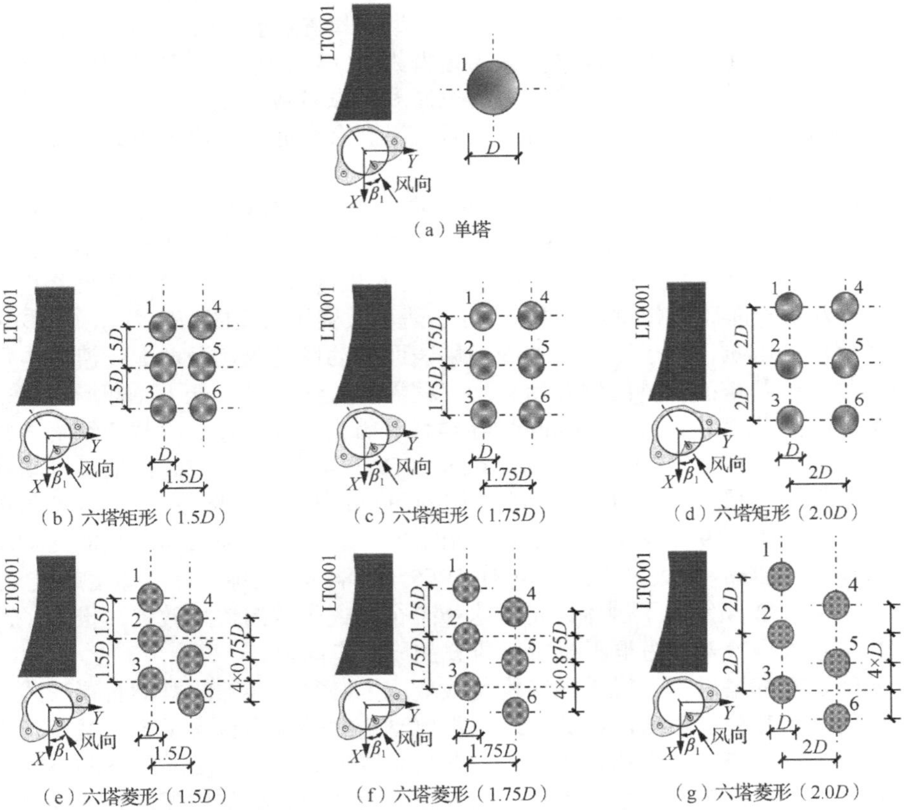

（a）单塔

（b）六塔矩形（1.5D）　（c）六塔矩形（1.75D）　（d）六塔矩形（2.0D）

（e）六塔菱形（1.5D）　（f）六塔菱形（1.75D）　（g）六塔菱形（2.0D）

图8.1　典型塔群布置形式（部分）

数据库“塔群表面动态风压数据库”（图 8.2）对话框中“子午向断面数”和“环向测点数”定义了风洞试验实施过程中，在塔筒表面布置同步测压点的分布关系；“动压历程步数”为测点气动压力采样总离散点数；“采样频率”为测点气动压力采样频率。当在列表框中选中塔筒表面某一测压点时，“编号”为测点编号，通常由塔底开始编号；“相对塔高”为测点所在位置相对地面高度/塔筒刚性环相对地面高度；“水平角度”为测点所在水平面夹角，以逆时针旋转为正，单位为“度”；“C_p 均值”和“C_p 均方差”分别为测压压力点体型系数。“可视化模型”定义了拟生成冷却塔表面气动荷载三维可视化数据文件名，扩展名须为.vtk；“存贮目录”为拟生成的文本数据文件存贮位置；“文件名称”为拟生成的文本数据文件名，文件扩展名默认为.txt；“零风速标高”为地面风速为零位置标高，需要结合实际冷却塔有限元建模模型尺寸；“塔筒底标高”为冷却塔下环梁底标高；“塔筒顶标高”为冷却塔刚性环顶标高。

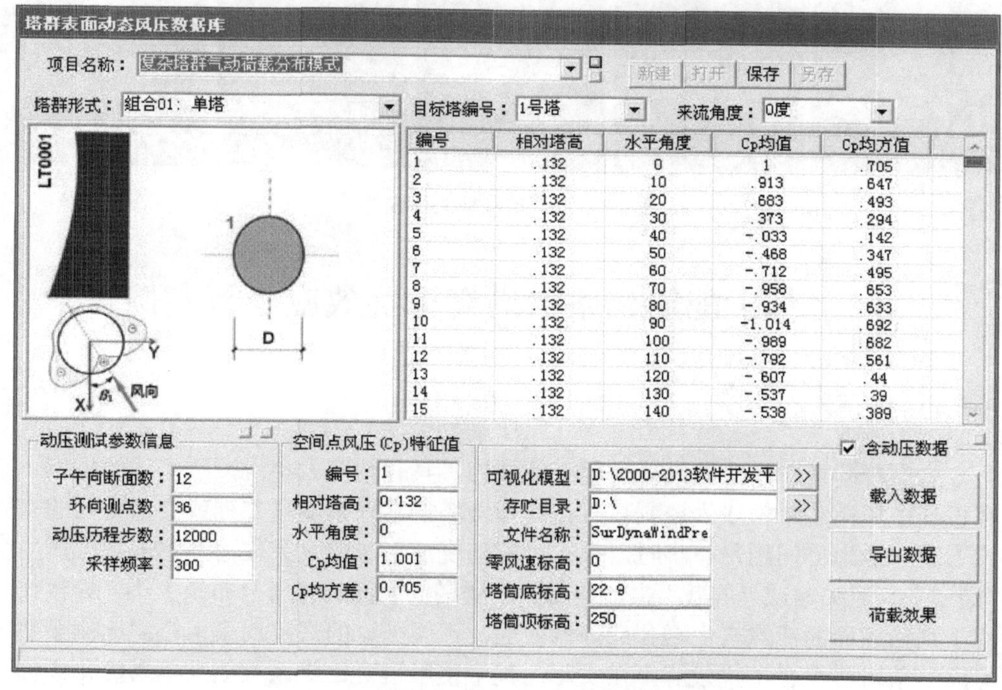

图 8.2　“塔群表面动态风压数据库”对话框

冷却塔气动力荷载数据库基于特定塔型风洞试验获得，当拟计算冷却塔塔型与数据库中的冷却塔塔型和高度较为接近时，可以参考数据库中的气动力荷载分布模式和数值。数据库具有数据空间三维插值功能，数据导出时由风洞实测点向实际的塔筒表面单元节点转换数据。考虑冷却塔试验结果数据量极为庞大，风压数据采用了二进制的压缩存储格式，因此导出数据时，首先单击“载入数据”按钮进行数据结果解压缩，再单击“导出数据”按钮才可以按“存贮目录”和“文件名称”存储文本数据结果。当“含动压数据”复选按钮被选中时，导出的数据中包含动压数据结果。单击“荷载效果”按钮，可以按指定位置（即“可视化模型”定义的文件）的 VTK 格式数据文件预览冷却塔塔筒动、静态风压数据结果（图 8.3），基于可视化的图示，方便理解塔群组合条件结构表面气动力变化关系，为结构设计提供更加直观的理解。

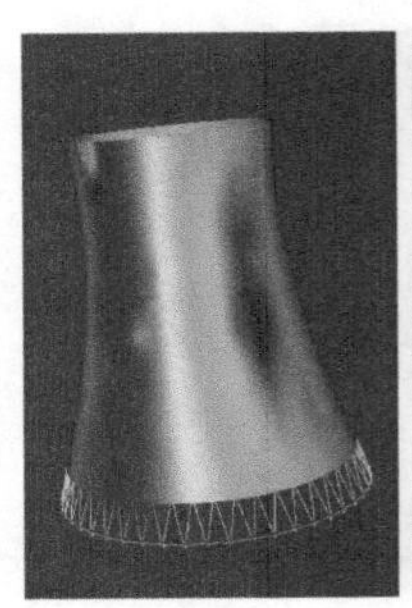 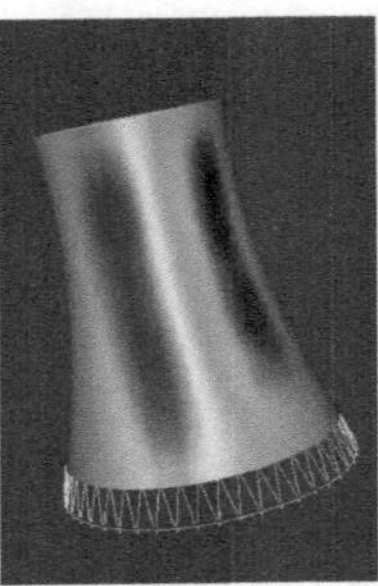 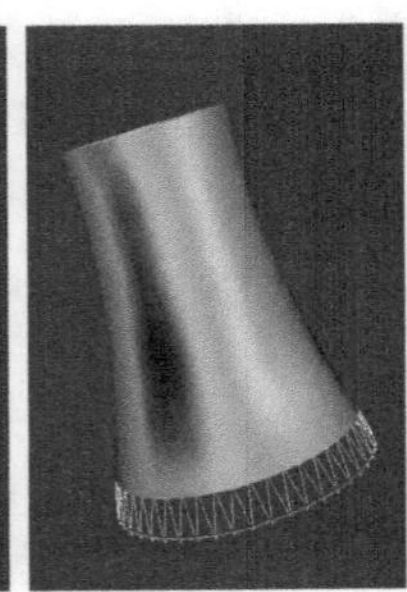 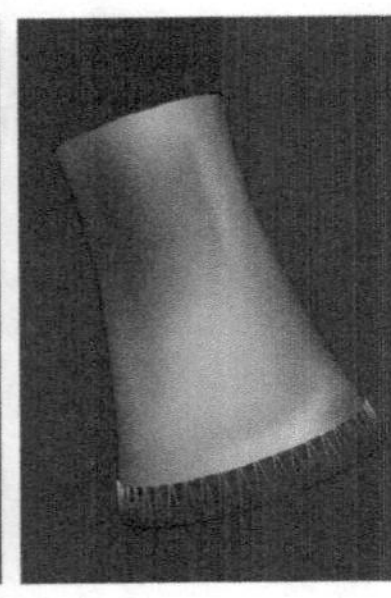 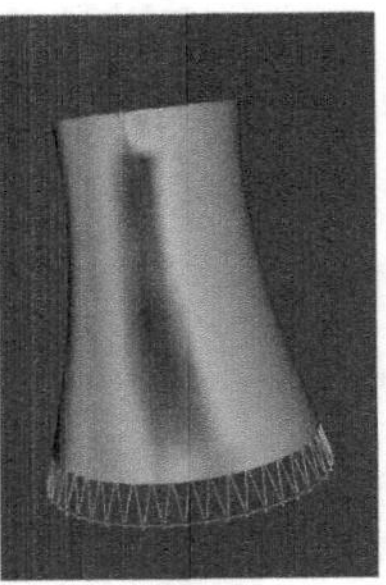

图 8.3　塔群荷载效果可视化

8.3　基于配筋包络的塔筒干扰效应分析实例

8.3.1　概述

大型冷却塔作为空间高耸薄壁壳体结构，具有柔度大、自振频率低的特点，在设计中风荷载常常成为控制荷载。冷却塔塔群常采用多塔并列或交错排列的布置方案，当塔群间距足够小时，就有可能随绕流形态的复杂化而互相干扰，产生“通道”气流加速或“屏蔽”来流作用，改变塔筒表面的风压分布及大小，导致作用于结构表面的荷载产生增强或降低效应。不同国家的规范均采用塔群比例系数考虑复杂塔群组合干扰效应，在实际工程中使用塔群比例系数放大单塔简化条件二维分布风压进行内力计算和配筋设计[8-10]。由于研究过程比较准则的多样性，塔群比例系数的取值标准多不统一，给设计工作带来困扰。表 8.1 列举了关于群体建筑干扰效应系数取值依据的代表性研究进展。

表 8.1　群体建筑干扰效应定义准则比较

文献	时间	研究对象	比较准则
Sun 和 Gu[45]	1995 年	双塔、四塔	风压分布系数、横风向荷载系数、顺风向荷载系数
Niemann 和 Kopper[46]	1998 年	双塔、三塔、单塔与周围建筑物	最大子午向拉力
Orlando[47]	2001 年	双塔	子午向拉压力，环向弯矩，环向、子午向应力
Gu 等[48]	2010 年	群体组合	底部剪力、弯矩均值
Zhao 等[29]	2014 年	双塔、四塔	水平合力系数、塔筒最大位移
Uematsu 等[49]	2014 年	顶部开口储油箱	平均内外风压系数
Kim 等[50]	2015 年	低矮建筑群	风压系数均值、峰值和波动、底部弯矩、局部风载
Zhao 等[51]	2016 年	六塔	局部屈曲系数、环向和子午向薄膜力、弯矩、造价

上述关于群体建筑干扰效应定义准则的研究主要集中在风荷载层面和结构内力响应层面。对于群体结构干扰效应的研究已从最初的风压分布层面发展到内力、应力等结构风致行为和风载频谱函数层面[52]。在研究多塔干扰的过程中，研究方法不断演进，由刚体模型测力、测压过渡到气弹模型测振风洞试验[53-54]，乃至采用计算流体数值模拟方法[55-56]，并将研究结果与规范进行了系统对比[57]。本章在结构配筋层面进一步深入研究了塔群干扰效应，从某种意义上理解，配筋层面的衡量准则可以定义为此类干扰效应的精确解，为简化应用也提出了基于配筋包络的沿塔高变化的分项塔群比例系数。研究分两个阶段：第一阶段进行刚体模型同步测压风洞试验，采集塔筒表面静、动态风压分布数据；第二阶段进行有限元数值计算，将试验所得风压数据作为荷载输入，求解各工况下的结构内力响应及设计配筋量。在研究过程中，提出了复杂干扰条件以配筋率包络为准则的干扰效应比较原则，深入理解了风载干扰效应机制，建议的多参数塔群比例系数提高了其面向工程设计的适用性。图 8.4 所示为研究工作流程图。

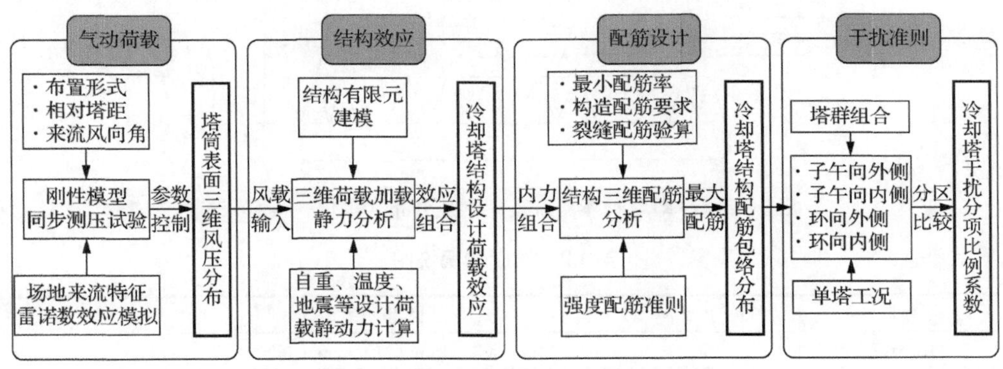

图 8.4　研究工作流程图

8.3.2 基于六塔风洞试验数据的结构有限元分析

塔群气动荷载数据库中六塔矩形布置冷却塔表面风压数据来源于同济大学土木工程防灾减灾全国重点实验室 TJ-3 风洞中进行的塔群干扰刚性模型测压试验，测压点分布如图 8.5 所示，相关试验细节如表 8.2 所示。干扰效应受冷却塔结构线型、尺寸、来流风向角和周围邻近建筑结构的布置形式等众多因素影响，在试验过程中，考虑六塔矩形布置形式、特定塔间距和水平风向角，测定塔筒外表面的风压分布。冷却塔分布形式及风向角的定义如图 8.6 所示，六塔布置形式为矩形（Rec）；双塔中心距 L 与冷却塔底部直径 D 的比值 L/D 为 1.75；设置风向角 β 的变化范围为 0°～360°，加载角度增量为 22.5°，即水平风向角数目为 16 个；充分利用塔群布置方案的对称关系，被测塔数量为 2 座，分别记为 T1 和 T2，下面的分析均以冷却塔双列布置的左列塔为例加以说明。

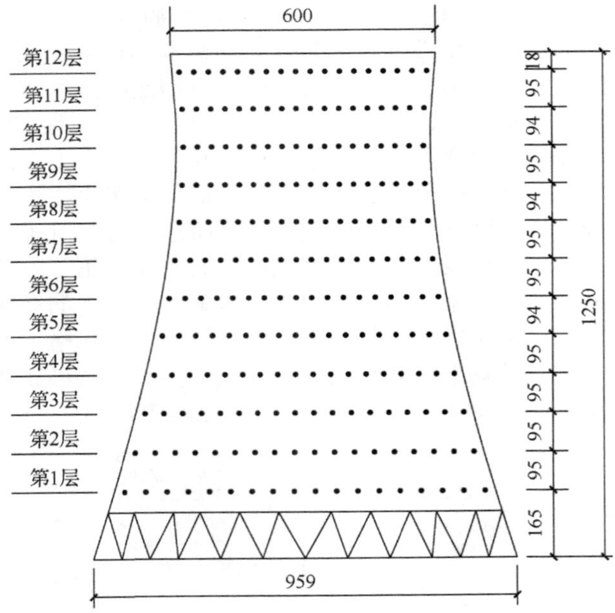

图 8.5 冷却塔刚体测压模型测点分布（单位：mm）

表 8.2 试验情况说明

项目	说明
风洞试验段尺寸	14m（长）×15m（宽）×2m（高）
原型冷却塔总高度	250m

续表

项目	说明
试验模型	刚体同步测压模型，缩尺比为 1∶200，有机玻璃材质
测压点	共 12×36=432 个，高度为 12 层，每层均匀布置 36 个测点，采样频率为 300Hz
雷诺数效应模拟	粘贴宽 12mm、厚 0.1mm 的纸带，计 36 条，顺子午向通长布置并沿圆周均匀分布

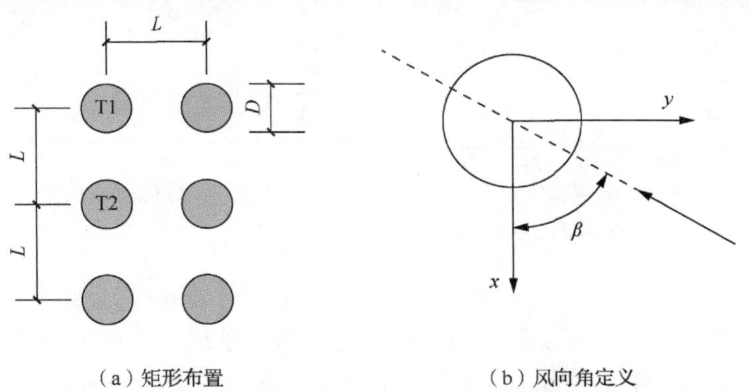

图 8.6　冷却塔布置形式及风向角定义

由于冷却塔结构对风压荷载分布较为敏感，结合风洞试验风压数据、有限元结构计算内力响应及设计配筋结果，选择受塔群干扰效应影响明显的 T1 塔作为进一步研究的对象，将其在 16 个不同风向角工况条件下的第 3、6、9（喉部）、12 层测压点的塔筒外表面平均风压系数与单塔进行对比（图 8.7）。

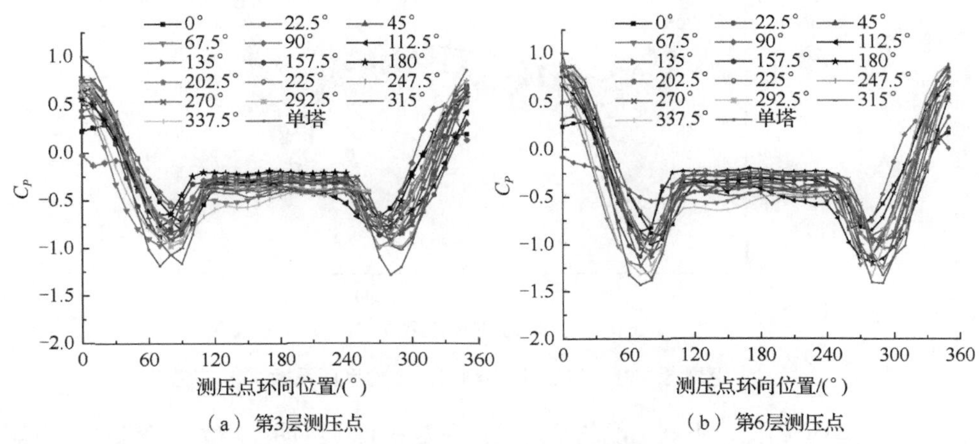

图 8.7　各不利工况不同层测压点平均压力系数对比

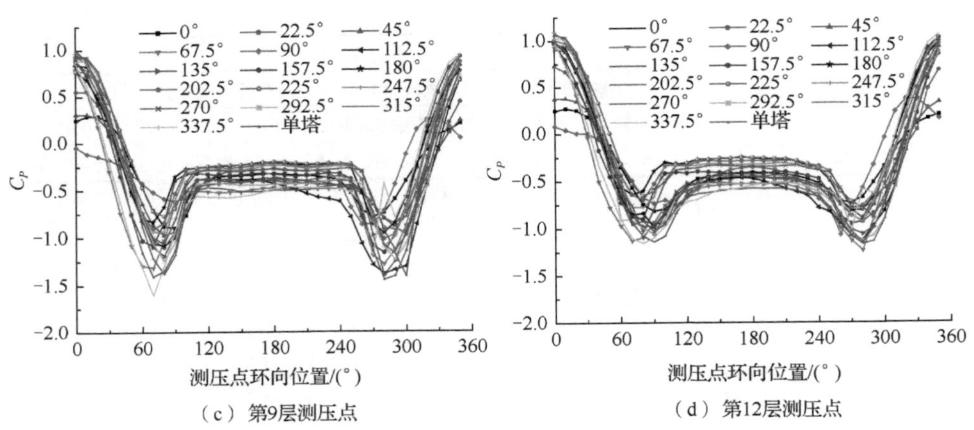

（c）第9层测压点

（d）第12层测压点

图 8.7（续）

（1）16 个工况下的 4 层测压点平均风压系数与单塔对应层测点分布趋势大致相同，但局部不对称性增加，而单塔的平均风压系数曲线对称性较好。图 8.8 给出了 337.5° 风向角下的各层测压点的平均风压系数，表现出明显的不对称性。

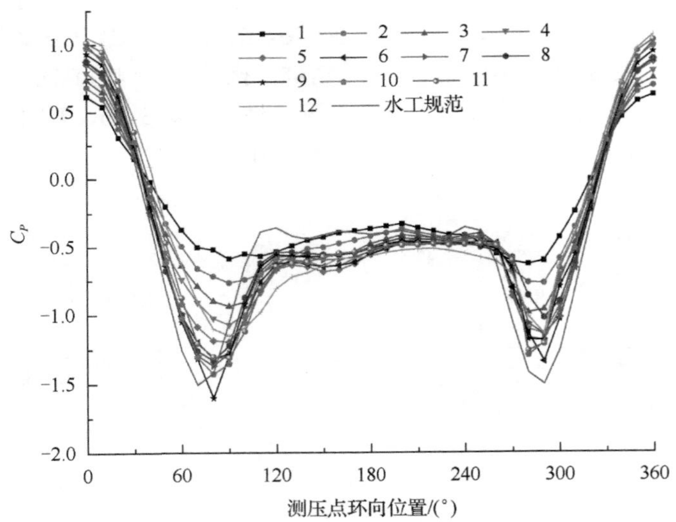

图 8.8　T1_337.5° 各层测压点平均风压系数

（2）与单塔相比，不利工况的平均风压系数在负压区明显增大，在图 8.7 中体现为其包络线基本可以将单塔数据完全包围，说明不利工况中的“通道”效应大

于“屏蔽”效应，导致整体荷载作用放大。干扰作用下塔筒表面风荷载的放大及不对称性分布是造成结构响应增加的原因。

（3）第 3、6 和 9 层测压点的平均风压系数绝对值逐渐增加，第 12 层测压点的负压变化有一定回落趋势，其不对称性增加，但数值仍大于单塔无干扰结果，表明平均风压系数从塔筒下部往上有逐渐增大的趋势。

利用结构有限元方法对冷却塔建模，将风洞试验测得的风压数据作为风荷载输入，求解不同工况下风荷载引起的结构响应及考虑荷载组合的塔筒子午向外侧、子午向内侧、环向外侧和环向内侧配筋量。建模时冷却塔通风筒和人字柱分别离散为 ANSYS 商用软件的空间壳单元 Shell63、空间梁单元 Beam188，底支柱采用 48 对人字柱，柱底与环基刚性连接，每组对柱底部划分 1 组环基单元，每组环基单元底施加 1 组 6 个自由度的等效刚度弹簧约束 Combin14 单元模拟群桩效应，考虑上部结构-基础-地基耦合作用。结构有限元模型总单元数为 31 148，其中 Shell63 单元数为 30 480，Beam188 单元数为 480，Combin14 单元数为 288（图 8.9）。利用有限元方法进行模态分析可得结构的频率、振型等动力特性，表 8.3 给出了部分主导振型和频率情况。计算时共考虑了 20 种荷载组合，表 8.4 列出了各种组合的荷载分项系数。其中与结构配筋相关的荷载组合序号为 7～10 和 13～20，风荷载、温度荷载和地震作用取值说明如表 8.5 所示。

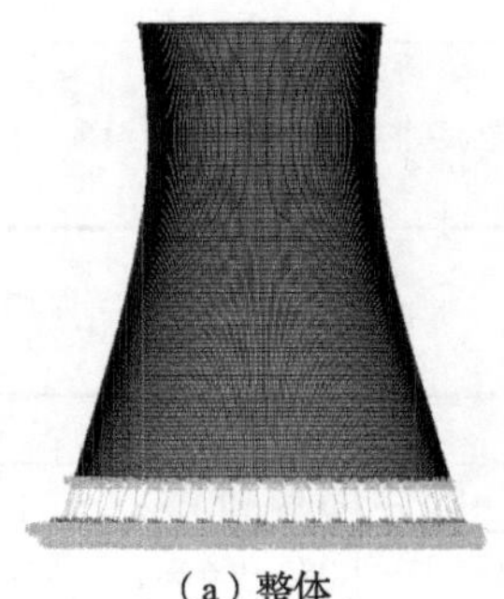

（a）整体

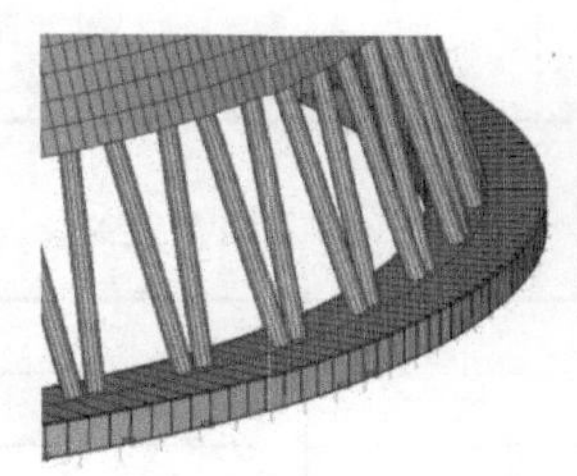

（b）底支柱与环基

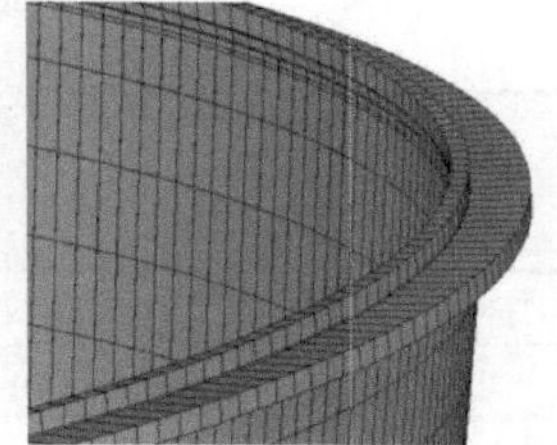

（c）塔顶刚性环

图 8.9　冷却塔有限元建模

为比较基于荷载、响应和配筋率 3 个层面的塔群比例系数，表 8.6 统计了 1 号塔在上述 3 个层面 25 种指标下的塔群比例系数最大值及对应风向角，其中 $\mathrm{IF}=I_g/I_s$，IF 为塔群比例系数，I_g 为塔群指标，I_s 为单塔相应指标。由表 8.6 可知，不同层面的塔群比例系数之间差异性与一致性并存：虽然在数值大小上存在差异，但 25 种塔群比例系数最大值对应的风向角在大多数情况下相同或相近，说明了不同塔群比例系数在体现最不利工况问题上的总体一致性。

表 8.3 冷却塔动力特性

模态阶数	频率/Hz	振型	振型描述
1、2 阶	0.778		5 个环向谐波、2 个竖向谐波
3、4 阶	0.789		4 个环向谐波、2 个竖向谐波
5、6 阶	0.847		3 个环向谐波、2 个竖向谐波
7、8 阶	0.889		6 个环向谐波、2 个竖向谐波
9、10 阶	0.938		3 个环向谐波、1 个竖向谐波
35、36 阶	1.653		塔筒倾覆振型（水平地震主导振型）
192 阶	4.884		塔筒竖向振型（竖向地震主导振型）

表 8.4 荷载组合定义

序号	荷载组合	序号	荷载组合
1	$S=1.0S_G$	11	$S=1.0S_G+1.0S_W+0.6S_{ST}$
2	$S=1.0S_W$	12	$S=1.0S_G+1.0S_W+0.6S_{WT}$
3	$S=1.0S_{ST}$	13	$S=1.0S_G+0.6S_W+0.6S_{ST}$
4	$S=1.0S_{WT}$	14	$S=1.0S_G+0.6S_W+0.6S_{WT}$
5	$S=1.0S_{Ehk}$	15	$S=1.35S_G+1.4S_W+0.6S_{ST}$
6	$S=1.0S_{Evk}$	16	$S=1.2S_G+1.4S_W+0.6S_{ST}$
7	$S=1.0S_G+1.4S_W+0.6S_{WT}$	17	$S=1.1S_G+0.526S_W+0.6S_{ST}$
8	$S=1.0S_G+1.4S_W+0.6S_{ST}$	18	$S=1.2S_G+0.84S_W+0.6S_{ST}$
9	$S=1.0S_G+0.84S_W+1.0S_{ST}$	19	$S=1.35S_G+0.35S_W+0.6S_{ST}+1.3S_{Ehk}+0.5S_{Evk}$
10	$S=1.0S_G+0.84S_W+1.0S_{WT}$	20	$S=1.0S_G+0.35S_W+0.6S_{ST}+1.3S_{Ehk}+0.5S_{Evk}$

注：S_G为自重项，S_W为风载项，S_{ST}为夏温项，S_{WT}为冬温项，S_{Ehk}为水平地震项，S_{Evk}为竖向地震项。

表 8.5　部分荷载取值说明

荷载	参数	取值	荷载	参数	取值
风荷载	基本设计风速	23.9m/s	地震作用	地震烈度	8 度
	场地风剖面幂指数	0.15		特征周期 T_g	0.45s
	塔内风压系数	−0.5		设计基本地震加速度值	0.2g
	风振系数	1.9		水平地震影响系数最大值 α_{max}	0.16
温度荷载	最大筒壁温差	30℃			

表 8.6　T1 塔群比例系数及对应风向角

分组形式	定义指标	塔群比例系数	对应风向角/(°)	分组形式	定义指标	塔群比例系数	对应风向角/(°)
荷载层面	顺风向整体荷载系数	1.46	337.5	配筋层面	塔筒环向外侧最大配筋率	1.11	270
	横风向整体荷载系数	1.59	337.5		塔筒环向内侧最大配筋率	1.19	270
	最大体型系数	1.18	270		塔筒子午向外侧最大配筋率	1.08	270
	最小体型系数	1.20	315		塔筒子午向内侧最大配筋率	1.11	67.5
响应层面	塔筒环向最大拉力	1.12	315	响应层面	底支柱最大压力	1.10	315
	塔筒环向最大拉应力	1.12	315		塔筒最大位移	1.04	315
	塔筒环向最大压力	1.07	315		第一主应力	1.09	315
	塔筒环向最大压应力	1.07	315		第三主应力	1.13	180
	塔筒子午向最大拉力	1.07	315		塔筒子午向最大正弯矩	1.25	337.5
	塔筒子午向最大拉应力	1.05	315		塔筒子午向最大负弯矩	1.16	337.5
	塔筒子午向最大压力	1.04	315		塔筒环向最大正弯矩	1.19	315
	塔筒子午向最大压应力	1.10	315		塔筒环向最大负弯矩	1.35	90
	底支柱最大拉力	1.13	337.5				

8.3.3　基于配筋率衡量的塔群干扰准则

选取 T1 塔作为研究对象，进一步研究该塔的配筋包络曲线。图 8.10 展示了该塔在 16 个风向角 20 种荷载组合条件下的不同塔筒高度处子午向外侧、子午向内侧、环向外侧、环向内侧的最大配筋率及其包络线。计算分析过程采用实际的考虑干扰效应的塔筒表面三维风压荷载，塔群比例系数 K_d 取 1.0，风振系数 β 按规范取 1.9。4 种包络曲线可以定义为实际工程冷却塔基于准确荷载加载条件真实内力作用下的设计配筋分布情况。将其与单塔在实测塔筒表面三维分布风荷载作用条件下的相应配筋数据做对比。

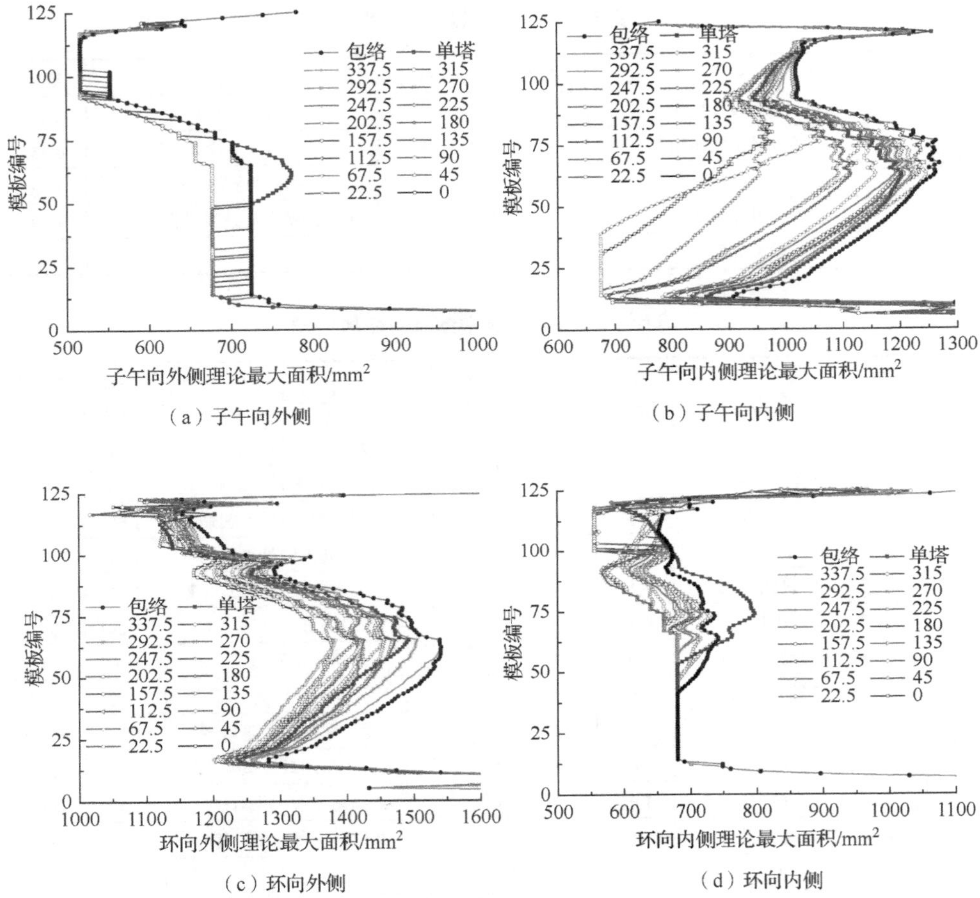

（a）子午向外侧

（b）子午向内侧

（c）环向外侧

（d）环向内侧

图 8.10　塔筒不同高度模板配筋率

由图 8.10 可知，配筋曲线不仅随着模板位置变化，在不同的配筋形式之间也有不同。在塔筒不同高度模板处，4 种不同类型的塔筒配筋包络线分布形式及与相应单塔配筋曲线之间的数值差异特点明显，分析如下：

（1）子午向外侧配筋在 3～13 号、92～102 号和 119～121 号模板范围内塔群干扰配筋包络数值大于单塔，模板配筋超出率为 20.0%；在 50～73 号和 114～117 号模板范围内配筋包络数值小于单塔；其他位置二者重合。

（2）子午向内侧配筋在 5～113 号模板范围内包络数值大于单塔，模板配筋超出率为 87.2%；在 114～123 号模板范围内包络数值小于单塔；其余位置二者相等。

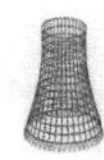

（3）环向外侧配筋在全部塔筒高度范围内均为塔群干扰配筋包络数值大于单塔，模板配筋超出率为 100%。

（4）环向内侧配筋在 42～60 号和 100～125 号模板范围内配筋包络数值大于单塔，模板配筋超出率为 36.0%；在 61～99 号模板范围内配筋包络数值小于单塔；其余位置二者相等。

图 8.10（a）所示子午向外侧和图 8.10（d）所示环向内侧配筋率分别在 103～113 号和 1～41 号模板范围出现了塔筒以结构构造要求的最小配筋率为配筋设计值的情况，一定程度上表明在特定模板位置风荷载作用的非敏感性。表 8.7 统计了 4 种配筋类型不同高度范围内的模板在塔群干扰配筋包络大于单塔配筋时对应的风向角工况，表中将对应模板数最多的风向角定义为最不利风向角。由表 8.7 可知：

（1）塔筒喉部附近配筋受塔群干扰效应影响明显，表中体现为塔筒喉部附近模板在较多的风向角工况下出现配筋放大的现象，环向外侧和环向内侧配筋的对应工况甚至涵盖了 16 个风向角。

（2）塔筒中下部配筋的明显放大发生在相对集中的风向角，表中体现为其对应的风向角工况较少。

（3）子午向外侧、子午向内侧和环向外侧配筋的最不利风向角相同，均为 315°；环向内侧配筋的最不利风向角为 315°、337.5°。结合表 8.6 可知，响应层面的塔群比例系数更能反映塔群干扰配筋超出单塔配筋的现象。这是因为内力是结构配筋的主要依据，而配筋层面的塔群比例系数在反映局部配筋增大比例方面更具优势，在衡量配筋增大的模板数方面精度低于响应层面的塔群比例系数。

表 8.7　塔群干扰配筋放大工况汇总

配筋类型	模板编号	风向角工况/(°)	最不利风向角/(°)
子午向外侧	3～13	315	315
	92～102	67.5、112.5～157.5、247.5～337.5	
	119～121	0、22.5、90、112.5、157.5～202.5、270	
子午向内侧	5～64	315	315
	65～113	67.5～157.5、247.5～337.5	
环向外侧	94～115	几乎所有	315
	其他	135、157.5、247.5～337.5	
环向内侧	42～60	67.5、135、315	315、337.5
	100～117	0、157.5、180、337.5	
	125～118	几乎所有	

工程中常采用统一的塔群比例系数放大规范中简化的二维风压的方式定义荷载、分析内力和设计配筋，为评价其精度和合理性，图 8.11 给出了子午向外侧、子午向内侧、环向外侧、环向内侧 4 种配筋分别在多种不同的单一比例等效风荷载定义方式下的配筋率随塔筒高度变化曲线。4 条曲线对应的风荷载取值方式分别为：实测塔群干扰三维风压分布（K_d=1.0）、分别采用 K_d=1.25 和 K_d=1.40 两种单一塔群比例系数进行整体放大的规范二维风压分布，以及在不同塔筒高度处采用不同分项系数进行整体放大的规范二维风压分布，其中在 1～60 号、61～75 号、76～100 号、101～125 号模板范围内采用的分项塔群比例系数分别为 1.3、1.25、1.3、1.4。上述分析过程均设定风振系数取相同固定值 β=1.9。

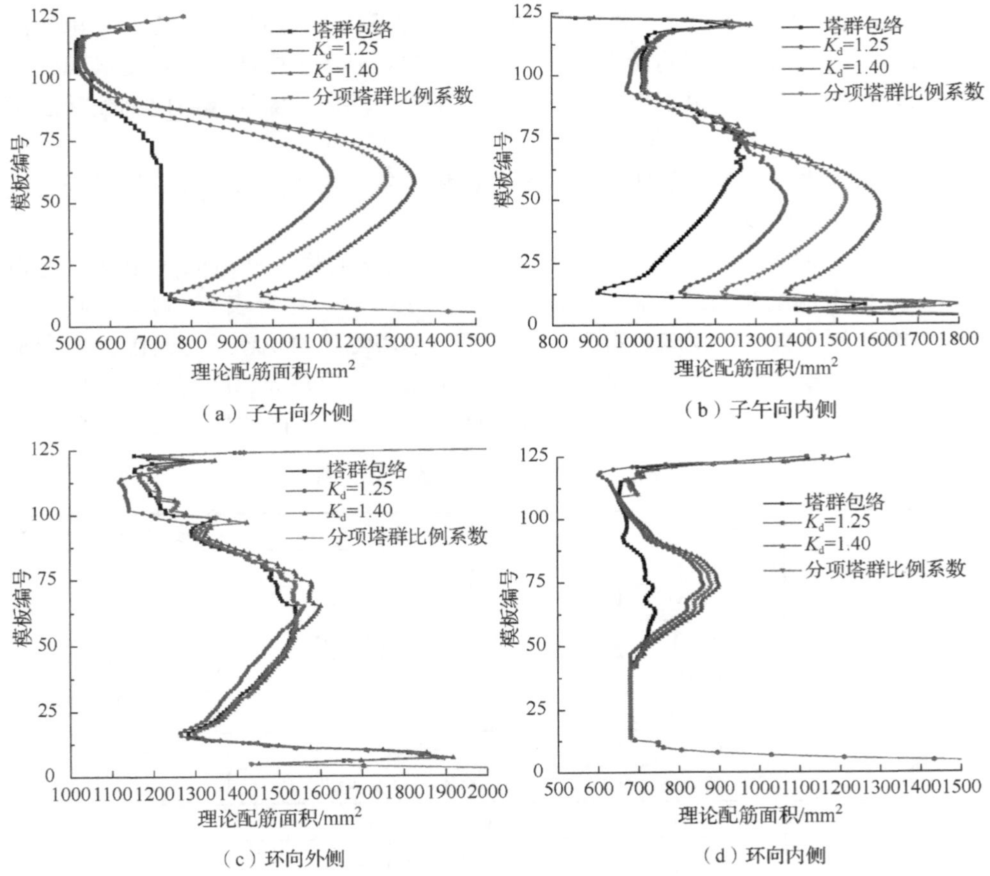

（a）子午向外侧

（b）子午向内侧

（c）环向外侧

（d）环向内侧

图 8.11　不同等效风荷载模式塔筒配筋曲线比较

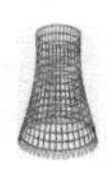

由图 8.11 可知：

（1）塔群比例系数与最大配筋率之间存在非等比例变化关系，当结构配筋设计考虑多种不同的荷载组合，风荷载效应仅为其中的一部分，风荷载的增减并不会引起组合内力等比例变化；在特定的模板位置配筋率由结构构造要求控制，在一定的范围内不受风压变化影响，如图 8.11（d）所示的塔筒环向内侧配筋的 1～41 号模板。

（2）增大塔群比例系数可以明显地让更多塔筒模板的设计配筋率大于包络配筋率，确保结构安全，但同时会在更多的其他模板位置增加多余的安全储备，无法做到在确保结构安全性的前提下兼顾工程经济性。在本例中，当塔群比例系数取值为 1.25 时，在塔筒高度局部位置，根据放大后的二维风压求出的结构配筋率小于塔群干扰配筋包络数值，这意味着在这些部位不能保证结构安全；当塔群比例系数取值为 1.4 时，根据放大后的二维风压求出的配筋曲线已可以将塔群实测风压下的配筋包络曲线完全包住，但在较多模板位置二者数值相差较大，这意味着存在不必要的过度安全储备。

（3）对于表 8.6 和图 8.11，荷载层面和配筋层面均明显存在高估或忽略塔群组合效应的现象，其中内力层面以弯矩为准则相对比较接近优化后的分项塔群比例系数，但弯矩本身易受局部荷载作用影响，存在荷载作用的过度敏感性。总之，基于荷载规范建议的单一塔群比例系数难以涵盖干扰效应导致的复杂三维风压分布变化。

（4）采用分项系数求解的 4 条塔筒配筋曲线均能够完全包围塔群干扰配筋包络曲线，且二者数值差异小，这意味着采用分项系数这一做法可以在保证结构安全的前提下兼顾工程经济性。在图 8.11 中，分项塔群比例系数配筋曲线与塔群包络曲线外包重合，均大于塔筒沿高度模板配筋率。

（5）不同种类的配筋对风荷载变化的敏感性不同，子午向配筋率随风压比环向配筋敏感度更高，在此例中，分项系数的确定主要由环向配筋率尤其是环向外侧配筋控制。

综上所述，由塔群干扰引起的塔筒配筋的变化表现为配筋率在单塔基础上的放大或缩小，且在不同塔筒高度处放大和缩小的幅度不同，配筋量的大幅增加往往只出现在塔筒局部位置。因此，若通过在塔筒全部高度范围内采取统一的塔群比例系数的形式放大风荷载，以实现在假定的简化二维风压分布条件下计算所得的配筋曲线完全覆盖根据实际三维风压分布计算所得的配筋包络曲线，则会在塔筒多数位置出现过度保守和不经济的情况。兼顾结构设计过程的便捷、经济和合理性，推荐基于配筋包络比选的在塔筒高度范围内变化的分项干扰系数作为工程应用塔群比例系数。

第 9 章 复杂群桩特性

9.1 功能介绍

通常在桩基础的静力分析过程中，将桩基础简化在一个竖直平面内进行平面分析，这对于常规的桩基结构是合理可行的。然而在许多其他情况下，如当桩基的布置极不规则，由于施工断桩后补桩所造成的一排桩的桩径不等，以及空间倾斜桩等，平面简化会带来很大的误差，甚至行不通。为此，必须依据桩基的实际结构进行空间分析。桩基空间静力分析程序就是为了适应桩基设计中诸如上述特殊情况而编写的桩基空间静力分析程序。

桩基空间静力分析程序依据以下 3 个基本假定：①桩侧土的地基系数与地基深度成正比，即土工规范中的“m”法假定；②桩身在各变化断面上侧向位移的三阶微分连续，即桩身的连续性假定；③不计桩顶承台的变形，即承台为刚性体的假定。

桩基空间静力分析程序几乎可以适应所有的建筑桩基础的静力分析，在承台平面内桩群的布置形式目前可以有多种，支持常见的矩形布置和环状布置。单桩信息，如桩的形状、桩径、桩长、桩身变截面的情况、桩轴线的空间倾斜方向、桩侧地基情况、桩底支承情况等，也都可以在程序的第二部分“单桩构造信息”中任意指定。程序也允许用户设置虚拟桩来考虑桩基受力的某一结构因素的影响，从而拓宽了程序的适用对象。

桩基空间静力分析程序主要可完成 3 种计算：①指定桩荷载响应，计算指定各根单桩在给定荷载下的位移、内力及土抗力；②群桩抗力刚度，进行桩基整体的空间有限元分析，生成群桩等效刚度矩阵；③单桩抗力刚度，计算指定单桩在桩顶处的单元抗力刚度，其计算依据是分段幂级数的解析法。

9.2 软件操作

单击“辅助项”模块中的“群桩特性分析”图标，打开“复杂群桩空间特性分析”对话框（图 9.1），这部分主要起到确定群桩中每根桩的类型及坐标的作用，

群桩形式、计算类别、荷载点数、虚拟桩数及“单桩抗力刚度”中指定的单桩编号也在此输入。

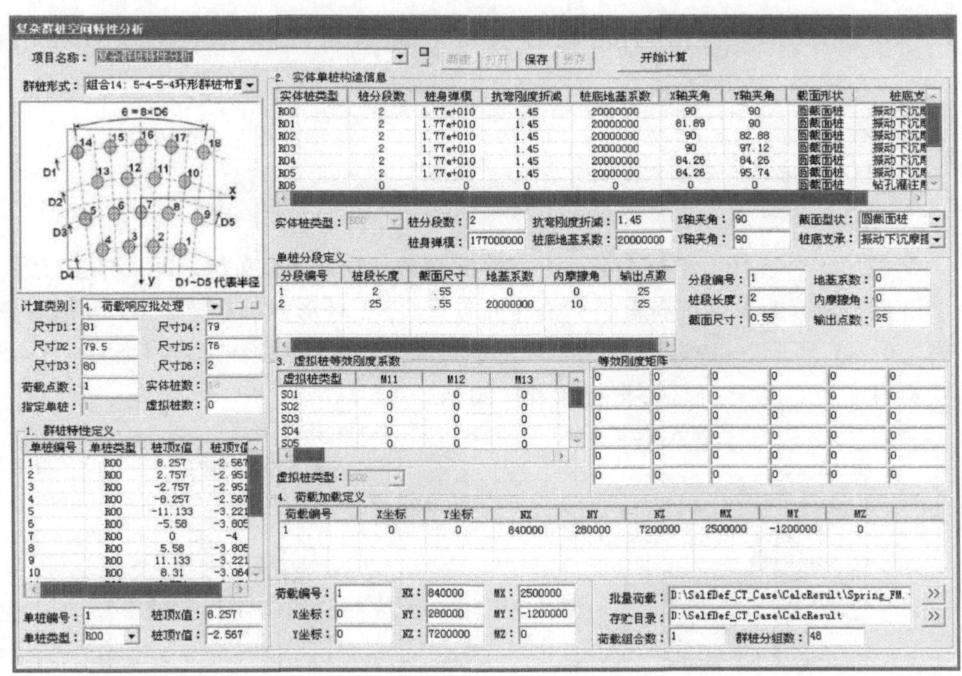

图 9.1　“复杂群桩空间特性分析”对话框

整体坐标系（图 9.2）的选择须满足以下要求：Z 轴以竖直向下为正方向；XOY 平面须在承台底平面内，原点 O 可在平面内任意选取；按右手螺旋法则选取 Y 轴的正方向。

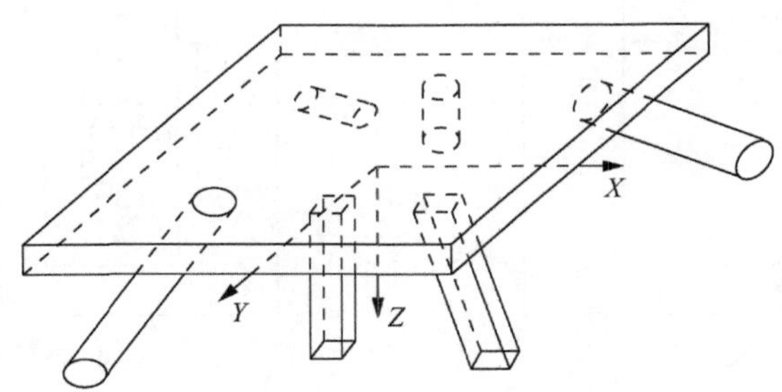

图 9.2　群桩空间分析整体坐标系

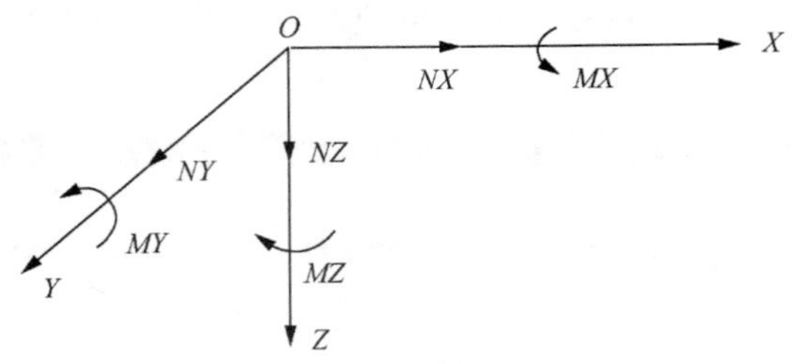

图 9.2（续）

群桩形式可选择：单桩布置、1×2 群桩布置、1×3 群桩布置、2×2 群桩布置、2×3 群桩布置、3×3 群桩布置、4×4 群桩布置、2-2 环形群桩布置、3-3 环形群桩布置、3-2-3 环形群桩布置、4-3-4 环形群桩布置、4-3-4-3 环形群桩布置、5-4-5 环形群桩布置、5-4-5-4 环形群桩布置（图 9.3）。

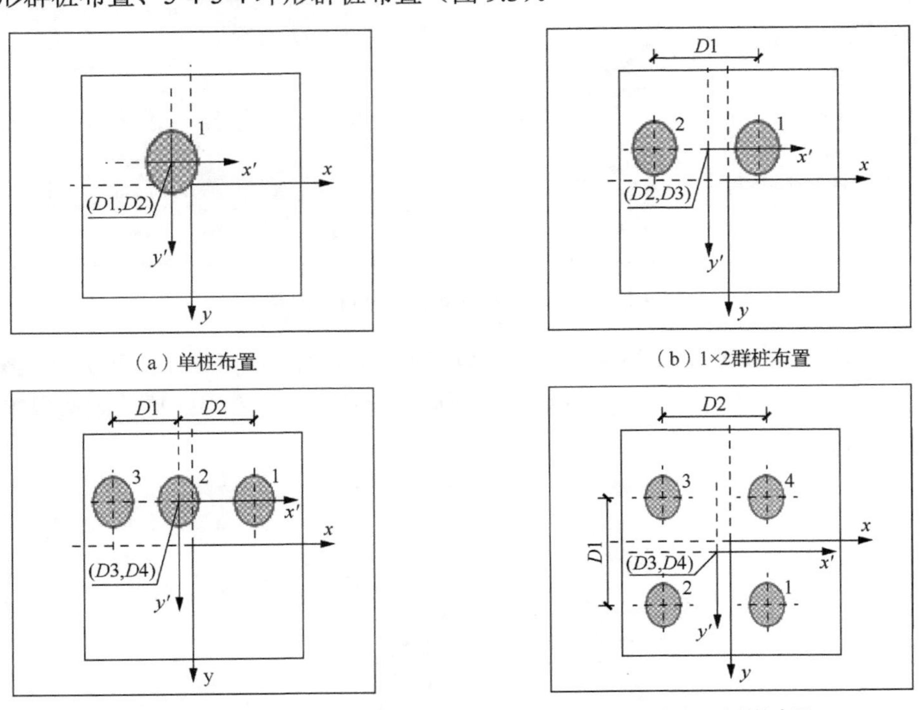

（a）单桩布置

（b）1×2群桩布置

（c）1×3群桩布置

（d）2×2群桩布置

图 9.3　群桩布置形式

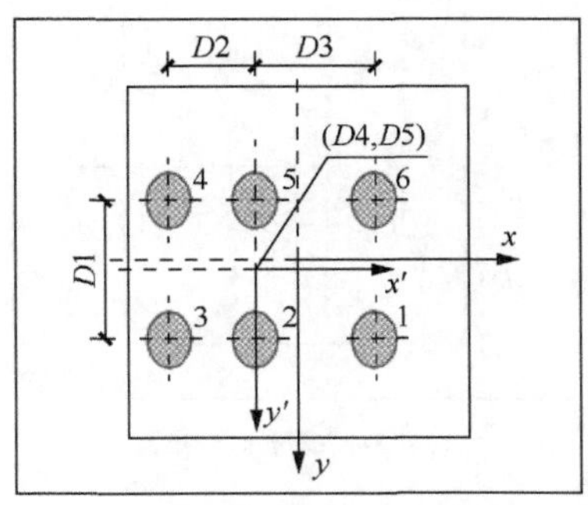

（e）2×3群桩布置

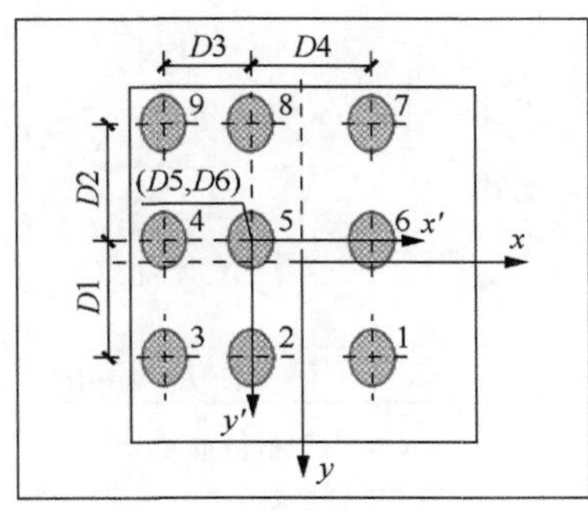

（f）3×3群桩布置

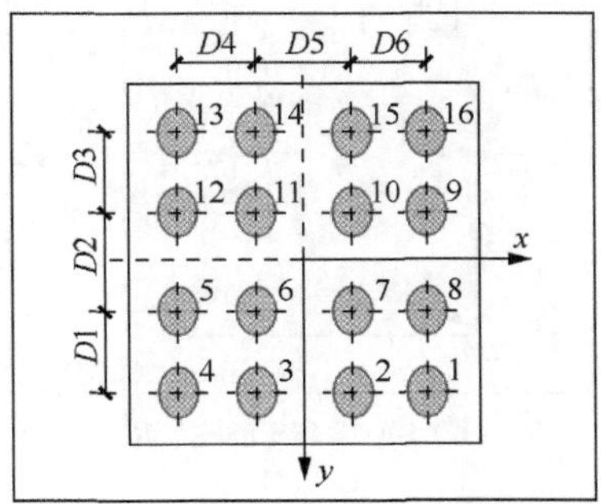

（g）4×4群桩布置

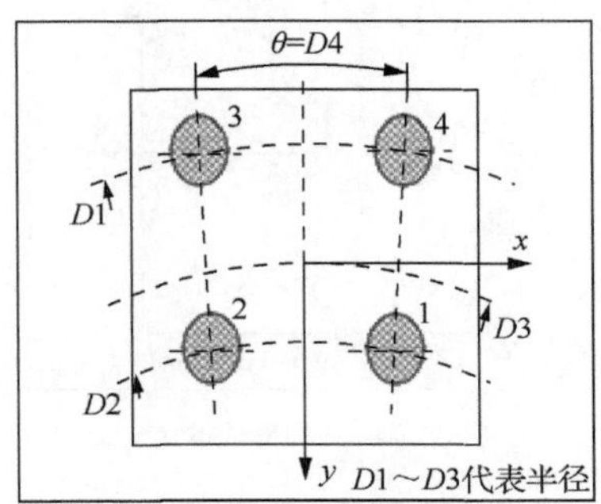

（h）2-2环形群桩布置

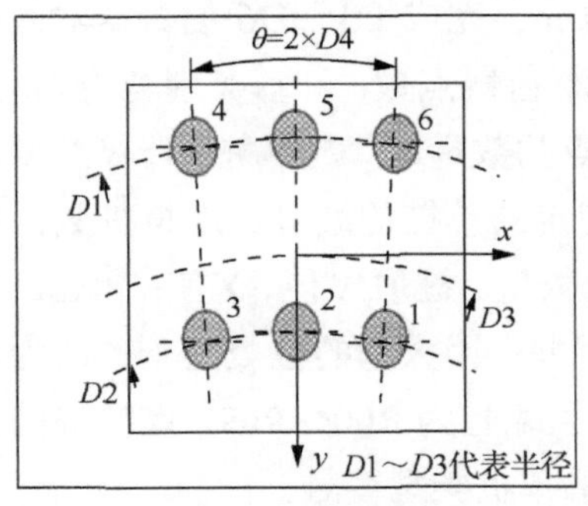

（i）3-3环形群桩布置

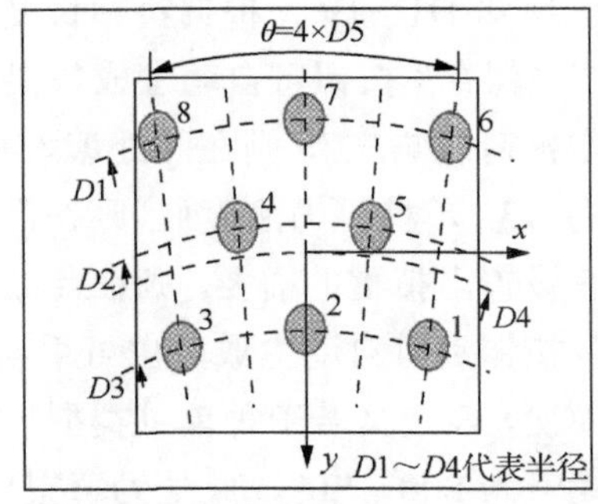

（j）3-2-3环形群桩布置

图 9.3（续）

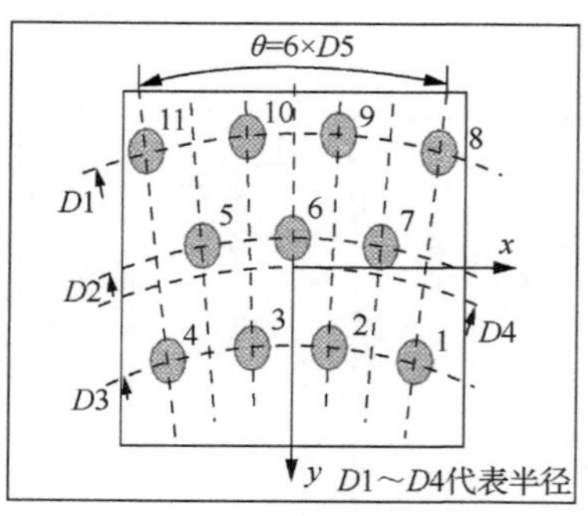

（k）4-3-4环形群桩布置

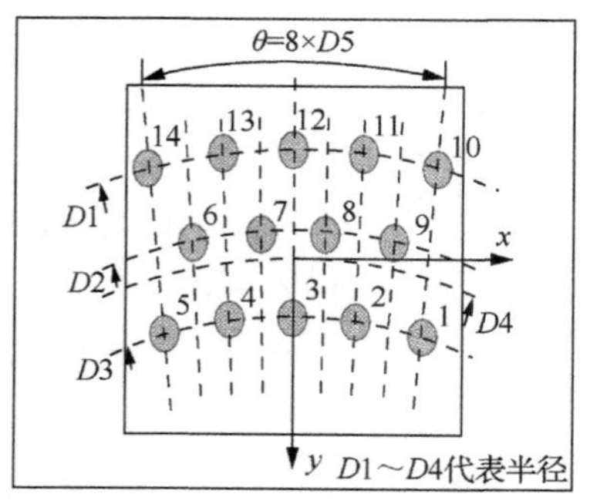

（l）4-3-4-3环形群桩布置

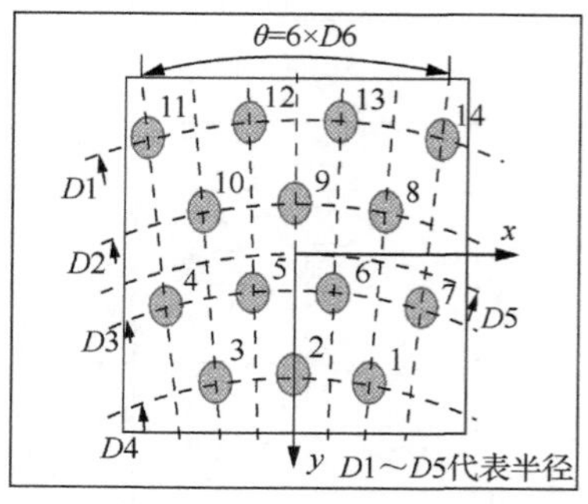

（m）5-4-5环形群桩布置

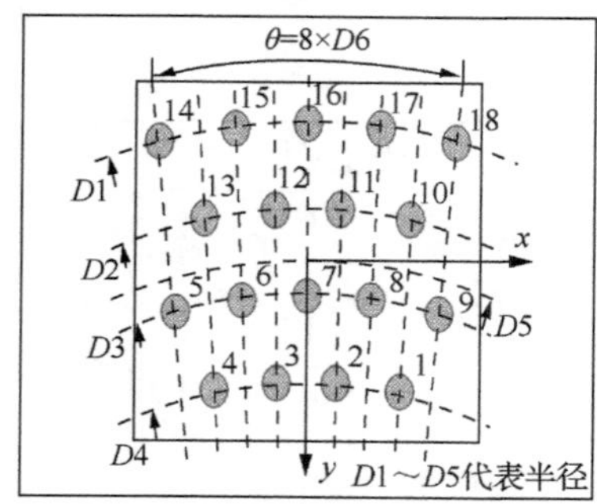

（n）5-4-5-4环形群桩布置

图 9.3（续）

尺寸 D1～D6：根据实际长度输入，单位为 m。完成 D1～D6 的数据输入后单击“保存”按钮可自动生成每根桩的桩顶坐标。荷载点数：计算类别若选为“1. 指定桩荷载响应”，则在此处填入有荷载作用的点的数量。指定单桩：计算类别若选为“3. 单桩抗力刚度”，则在此处填入需要指定的单桩的编号。虚拟桩数：如果有设置虚拟桩的需要，则在此处填入虚拟桩的数量。桩顶 X 值、Y 值：单击“保存”按钮后可自动生成，也可手动修改。单桩类型：因大量的桩类型一致，为输入简便，需定义若干种单桩类型，非虚拟桩的类型编号为 R00～R09，虚拟桩的类型编号为 S00～S09，此处为每根单桩分配相应的单桩类型编号。

“2. 实体单桩构造信息”选项组需要对归纳而成的几种实体单桩类型，具体定义每根实体单桩的构造信息。桩段的定义与划分：非虚拟桩的单桩桩身可按桩径及桩侧土基情况分成若干个桩段。在每一个桩段内，桩径是相同的，并且处在同一性质的土介质之中。对于自由段部分，按桩径的变换来划分。如图 9.4 所示的单桩，

在桩段的划分中，自由段部分为 2 个桩段，地下部分为 4 个桩段；每根单桩的桩轴线的方向余弦是该单桩的单元坐标轴相对整体坐标系的方向余弦，每根单桩的 3 个方向余弦的平方和须等于 1。

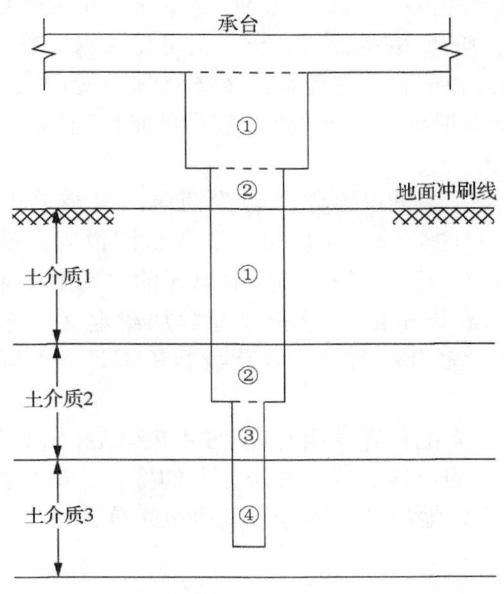

图 9.4　桩身划分

“2. 实体单桩构造信息”选项组中的“桩分段数”为进行单桩分段的数目；“抗弯刚度折减”为桩身抗弯刚度折减系数，如不折减，取 1.0；“桩身弹模”为桩身的弹性模量，单位为 $10^4N/m^2$；“桩底地基系数”中，若为摩擦桩则填入桩底土的地基系数的比例系数 m_0，若为柱承桩则填入桩底岩石的地基系数 c_0，单位为 N/m^3；“X 轴夹角”和“Y 轴夹角”为输入桩身与整体坐标系的夹角，单位为度；“截面形状”可选圆截面桩或方截面桩；“桩底支承”可选钻孔灌注摩擦桩、振动下沉摩擦桩、柱承桩（非嵌固）和柱承桩（嵌固）。

“单桩分段定义”选项组中“分段编号”为桩段的编号；“桩段长度”为该桩段的长度，单位为 m；“截面尺寸”为该桩段的边长或者外径，单位为 m；“地基系数”为该桩段内桩侧土的比例系数，即“m”值，单位为 $10^4N/m^3$；“内摩擦角”为该桩段内桩侧土的内摩擦角，单位为度；“输出点数”为该桩段内内力和位移的输出点数。

“3. 虚拟桩等效刚度系数”选项组中的“虚拟桩”指用户可将参与桩基受力的某一结构因素按其受力特性比拟成一根虚桩，由此来替代该因素的受力作用。虚拟桩的设置拓宽了程序的适用对象。例如，对于一侧支承于岸边岩石，而另一侧支承于桩群上的桥台的分析，就可以将岸边支承比拟成一根虚拟桩；对于需考虑承台周围地基土抗力的低桩承台的分析，又可将该承台周围土抗力的影响线比拟成一根虚拟桩；虚拟桩的输入通过输入 6×6 的刚度矩阵实现，单位为 10^4N/m。“非虚拟桩”是相对于虚拟桩的一个概念，它指的是桩基结构中真实的桩，具有单桩应该具有的所有信息。

“4. 荷载加载定义”中的荷载输入较为简单，只需单击相应荷载编号的荷载，修改其在 6 个方向的荷载大小即可。需要特别说明的是，如果在第四部分中的荷载数量多于或者少于在第一部分中填入的“荷载点数”，需要打开数据库文件“GroupPileAnaLib.mdb”，选择“荷载加载定义”选项卡，若荷载数量多于荷载点数，则删除多余的荷载；若荷载数量不足，则可先复制原先的荷载再进行修改。

数据结果输出中所有的计算结果存在“PileResu.txt”文件中，输出内容的顺序为坐标原点 6 个方向的位移、桩顶 6 个方向的位移、桩身各点的位移与桩侧土压力和桩身各点的内力，输出结果为 6×6 的刚度矩阵。

9.3 应用实例

实例 1：计算存在斜桩的管桩基础（图 9.5）的群桩抗力刚度，外径 D=0.55m，混凝土弹性模量 E_{n}=3.4×10^{10}N/m^2，桩身面积 F=0.123 7m^2，桩身换算截面惯性矩 I=0.003 498m^4，桩侧土地基系数的比例系数 m=m_{o}=2×10^7N/m^3，$\phi=10°$。

先进行管桩桩身侧向圆桩的模拟变化，设圆桩的混凝土模量为 E_n'，则有

$$\pi D^2 E_{\mathrm{n}}'/4 = FE_n$$

所以

$$E_{\mathrm{n}}' = 1.77\times10^{10}\,\mathrm{N/m^2}$$

$$\pi D^4 E_{\mathrm{n}}' K/64 = E_n I$$

所以

$$K = 1.45$$

可将管桩比拟成混凝土弹性模量 $E_n' = 1.77\times10^{10}\,\mathrm{N/m}$、外径 $D = 0.55\mathrm{m}$、刚度折减系数 $K = 1.45$ 的圆桩。

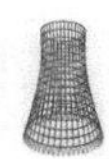

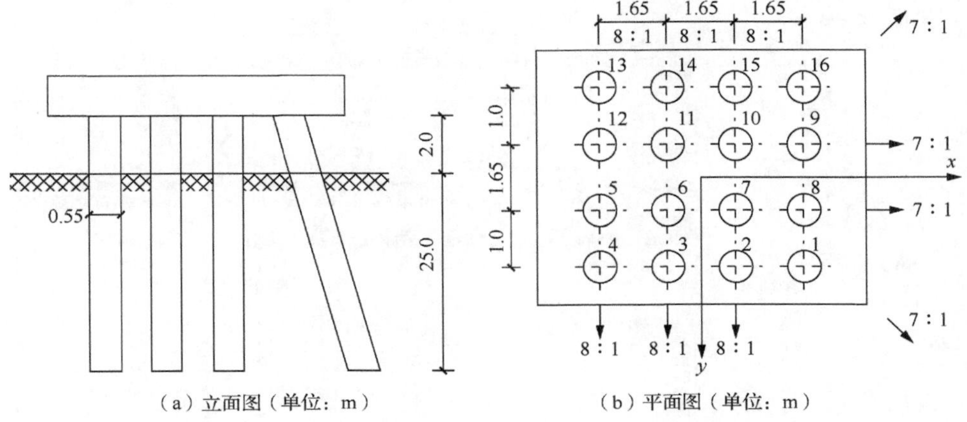

（a）立面图（单位：m）　　（b）平面图（单位：m）

图 9.5　斜桩承台

软件操作：在“复杂群桩空间特性分析”对话框中，“群桩形式”选择“组合 07：4×4 群桩布置”选项；“计算类别”选择“2. 群桩抗力刚度”选项，尺寸 D1～D6 根据图 9.5（a）分别输入 1、1.65、1、1.65、1.65 和 1.65，“虚拟桩数”输入“0”；“1. 群桩特性定义”选项组中的“单桩编号”1～16 的“桩顶 X 值”与“桩顶 Y 值”自动生成；在图 9.5 中，桩有竖桩，也有斜桩，且斜桩的偏角和方向不一致，1～16 号桩需定义为 6 种不同的单桩构造信息，其中，将竖桩 5、6、7、10、11 和 12 定义为 R00，斜桩 8 和 9 定义为 R01，斜桩 2、3 和 4 定义为 R02，斜桩 13、14 和 15 定义为 R03，斜桩 1 定义为 R04，斜桩 16 定义为 R05，根据实际输入 R00～R05 的“2. 实体单桩构造信息”和“单桩分段定义”，并在“1. 群桩特性定义”选项组中对 16 根桩匹配相应的单桩类型；由于没有虚拟桩，“3. 虚拟桩等效刚度系数”无须输入；“4. 荷载加载定义”选项组中的参数根据实际情况输入（图 9.6）。

最终输出的刚度矩阵为

$$
\begin{matrix}
1.84e+08 & 3408 & 8.76e+07 & 6.16e+04 & 1.93e+08 & -4.29e+04 \\
3408 & 1.93e+08 & 3.37e+04 & -1.04e+08 & -8.35e+04 & 1.04e+06 \\
8.76e+07 & 3.37e+04 & 2.98e+09 & 6.55e+05 & -9.62e+07 & 2.19e+04 \\
6.16e+04 & -1.03e+08 & 6.55e+05 & 7.47e+09 & -1.63e+06 & -2.11e+08 \\
1.93e+08 & -8.35e+04 & -9.62e+07 & -1.63e+06 & 1.17e+10 & -1.19e+05 \\
-4.29e+04 & 1.04e+06 & 2.19e+04 & -2.11e+08 & -1.19e+05 & 1.42e+09
\end{matrix}
$$

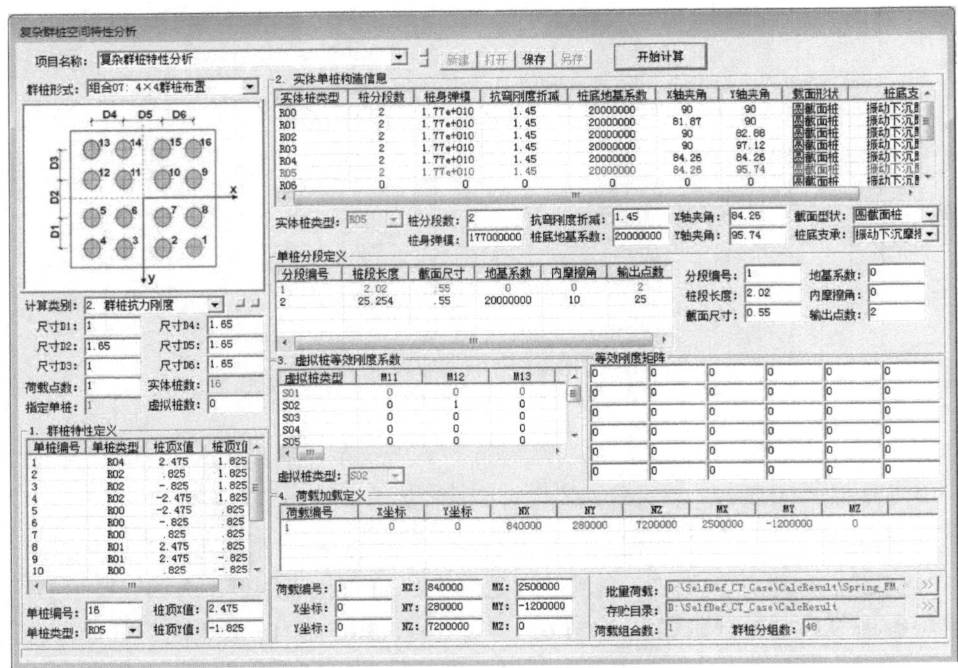

图 9.6　实例 1 参数输入

实例 2：低桩承台虚拟桩取值如图 9.7 所示，求当考虑承台周围土抗力影响时的群桩抗力刚度。承台计算宽度 B_y=B_x=6.5m，承台地面土系数 C=2000×10^{4}N/m^3，混凝土弹性模量 E_n=2.7×10^{10}N/m^2，桩身刚度折减系数 $K=0.8$，桩侧土地基系数的比例系数 $m=3\times10^7\,\text{N/m}^3$，$m_o=1\times10^7\,\text{N/m}^3$，$\phi=10°$。

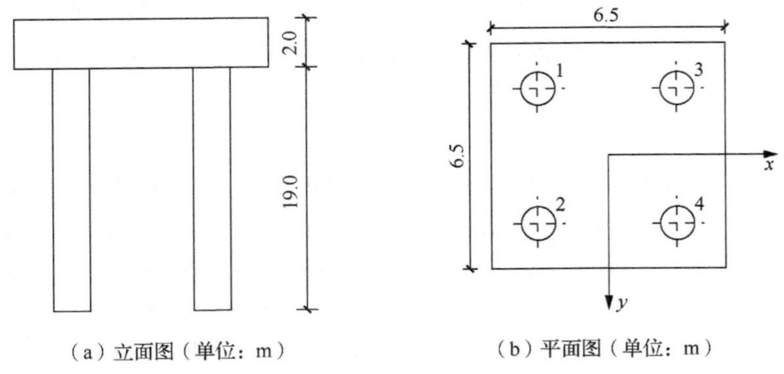

（a）立面图（单位：m）　　（b）平面图（单位：m）

图 9.7　低桩承台虚拟桩

虚拟桩设置在坐标原点，其模拟刚度为

$$
\boldsymbol{K}=\begin{pmatrix}
\rho_1 & 0 & 0 & 0 & \rho_2 & 0 \\
0 & \rho_1' & 0 & -\rho_2' & 0 & 0 \\
0 & 0 & \rho_3 & 0 & 0 & 0 \\
0 & -\rho_2' & 0 & \rho_4 & 0 & 0 \\
\rho_2 & 0 & 0 & 0 & \rho_4' & 0 \\
0 & 0 & 0 & 0 & 0 & \rho_5
\end{pmatrix}
$$

$$\rho_1 = CHB_y/2 = 1.24\times10^9$$
$$\rho_2 = CH^2B_y/6 = 8.67\times10^8$$
$$\rho_4 = CH^3B_y/12 = 8.67\times10^8$$
$$\rho_1' = CHB_x/2 = 1.3\times10^9$$
$$\rho_2' = CH^2B_x/6 = 8.67\times10^8$$
$$\rho_4' = CH^3B_x/12 = 8.67\times10^8$$
$$\rho_3 = C\left(B_xB_y - \sum F\right) \ll \text{桩的刚度，近似为0}$$
$$\rho_5 = CH\left({B_x}^3 + {B_y}^3\right)/24 \ll \text{桩的刚度，近似为0}$$

软件操作：在“复杂群桩空间特性分析”对话框中，“群桩形式”选择“组合 04：2×2 群桩布置”选项；“计算类别”选择“2. 群桩抗力刚度”选项，尺寸 $D1$～$D4$ 根据图 9.5（a）分别输入 2.8、2.8、0 和 0，“虚拟桩数”输入 1；“1. 群桩特性定义”选项组中的单桩编号 1～4 的“桩顶 X 值”与“桩顶 Y 值”自动生成，5 号桩为虚拟桩，“桩顶 X 值”和“桩顶 Y 值”均为 0；1～4 号桩为相同的单桩构造信息，并定义为 R00，根据实际输入 R00～R05 的“2. 实体单桩构造信息”和“单桩分段定义”，并在“1. 群桩特性定义”选项组中对 4 根桩匹配相应的单桩类型；在“3. 虚拟桩等效刚度系数”选项组中的虚拟桩类型 S01 中输入 K 值，并将单桩构造信息中的 5 号桩的单桩类型定义为 S01；“4. 荷载加载定义”选项组中的参数根据实际情况输入。

最终输出的刚度矩阵为

7.24e+08	0	0	0	2.08e+09	0
0	1.78e+09	0	−2.08e+09	0	0
0	0	1.18e+10	0	0	0
0	−2.08e+09	0	2.88e+10	0	0
2.08e+09	0	0	0	2.88e+10	0
0	0	0	0	0	2.87e+09

参考文献

[1] 武际可．大型冷却塔结构分析的回顾与展望[J]．力学与实践，1996，18（6）：1-5.

[2] BUSCH D, HARTE R, KRÄTZIG W B, et al. New natural draft cooling tower of 200m of height[J]. Engineering Structures, 2002, 24(12): 1509-1521.

[3] POPE R A. Structural deficiencies of natural draught cooling towers at UK power stations. Part 1: failures at Ferrybridge and Fiddlers Ferry[J]. Structures and Buildings, 1994, 104(1): 1-10.

[4] BAMU P C, ZINGONI A. Damage, deterioration and the long-term structural performance of cooling-tower shells: a survey of developments over the past 50 years[J]. Engineering Structures, 2005, 27(12): 1794-1800.

[5] 赵林，葛耀君．聊城信源集团有限公司 6×660MW 高效超超临界机组 222m 高钢筋混凝土间冷塔风洞试验和动态配筋计算[R]．上海：同济大学土木工程防灾国家重点实验室，2018.

[6] 邓丽. 我国 6000 亿元科技重大专项提前启动[EB/OL].（2009-02-12）[2022-02-18]. http://news.sina.com.cn/c/2009-02-12/011617195567.shtml.

[7] 赵振国．冷却塔[M]．北京：中国水利水电出版社，1997.

[8] 中国电力企业联合会．工业循环水冷却设计规范：GB/T 50102—2014[S]．北京：中国计划出版社，2015.

[9] 电力规划设计总院．火力发电厂水工设计规范：DL/T 5339—2018[S]．北京：中国计划出版社，2019.

[10] 电力规划设计总院．核电厂水工设计规范：NB/T 25046—2015[S]．北京：中国计划出版社，2015.

[11] 中华人民共和国住房和城乡建设部．混凝土结构设计规范（2015 年版）：GB 50010—2010[S]．北京：中国建筑工业出版社，2016.

[12] 中国电力企业联合会．水工混凝土结构设计规范：DL/T 5057—2009[S]．北京：中国电力出版社，2009.

[13] 丛培江，李敬生，柴凤祥．双曲冷却塔塔筒模板变高研究[J]．电力建设，2009，30（8）：106-109.

[14] 梁誉文．考虑多种风荷载分布模式的冷却塔结构优化选型[D]．上海：同济大学，2016.

[15] HILL W J, HUNTER W G. A review of response surface methodology: a literature survey[J]. Technometrics, 1966, 8(4): 571-590.

[16] MEAD R, PIKE D J. A review of response surface methodology from a biometrics viewpoint [J]. Biometrics, 1975, 31(4): 803-851.

[17] KHURI A I, CORNELL J A. Response surfaces[M]. 2nd ed. New York: Dekker, 1996.

[18] WU Y, XIA Y, LI Q P. Structural morphogenesis of free-form shells by adjusting the shape and thickness[C]. International Association for Shell and Spatial Structures Symposium 2015. Amesterdam, 2015.

[19] 刘明华．双曲线冷却塔结构优化计算与选型[J]．电力建设，2000，21（10）：35-38.

[20] CSONKA P. Hyperbolic shaped cooling tower with a mantle-wall of equal strength[J]. Acta Technica Hungarica, 1963, 44: 96.

[21] CROLL J. Recommendations for the design of hyperbolic or other similar shaped cooling towers[C]. Proceedings of International Association for Shell and Spatial Structures Working Group, Brussel, Belgium, 1971.

[22] GREINER-MAI D, AUERBACH W. Beitrag zur entscheidungsfindung beim entwurf hyperbolischer kühltürme mit besonderer breücksichtigung des statisch-konstruktiven aspekts[D]. IIAB Weimar, 1973.

[23] LAGAROS N D, PAPADOPOULOS V. Optimum design of shell structures with random geometric, material and thickness imperfections[J]. International Journal of Solids and Structures, 2006, 43(22-23): 6948-6964.

[24] UYSAL H, GUL R, UZMAN U. Optimum shape design of shell structures[J]. Engineering Structures, 2007, 29(1): 80-87.

[25] 张宗方．大型自然通风冷却塔失效分析与优化设计[D]．大连：大连理工大学，2011.

[26] RUMPF M, GROHMANN M, EISENBACH P, et al. Structural Surface: multi parameter structural optimization of a thin high performance concrete object[C]. International Association for Shell and Spatial Structures Symposium 2015. Amesterdam, 2015.

[27] NIEMANN H J. Wind effects on cooling-tower shells[J]. Journal of the Structural Division, 1980, 106(3): 643-661.

[28] ZAHLTEN W, BORRI C. Time-domain simulation of the non-linear response of cooling tower shells subjected to stochastic wind loading[J]. Engineering Structures, 1998, 20(10): 881-889.

[29] ZHAO L, CHEN X, KE S T, et al. Aerodynamic and aero-elastic performances of super-large cooling towers[J]. Wind and Structures, 2014, 19(4): 443-465.

[30]KE S T, GE Y J. The influence of self-excited forces on wind loads and wind effects for super-large cooling towers[J]. Journal of Wind Engineering and Industrial Aerodynamics, 2014, 132: 125-135.

[31] 赵林，葛耀君，曹丰产．双曲薄壳冷却塔气弹模型的等效梁格方法和实验研究[J]．振动工程学报，2008，21（1）：31-37.

[32] 俞载道．结构动力学基础[M]．上海：同济大学出版社，1987.

[33] HOLMES J D. Codification of wind loads on wind-sensitive structures[J]. International Journal of Space Structures, 2009, 24(2): 87-95.

[34] KASPERSKI M, NIEMANN H J. The L.R.C (load-response-correlation)-method a general method of estimating unfavourable wind load distributions for linear and non-linear structural behavior[J]. Journal of Wind Engineering and Industrial Aerodynamics, 1992, 43(1-3): 1753-1763.

[35] 王新敏．ANSYS 工程结构数值分析[M]．北京：人民交通出版社，2007.

[36] KE S T, GE Y J, ZHAO L, et al. A new methodology for analysis of equivalent static wind loads on super-large cooling towers[J]. Journal of Wind Engineering and Industrial Aerodynamics, 2012, 111(3): 30-39.

[37] 董锐，赵林，韦建刚．桩-土作用对大型冷却塔动力特性影响[J]．南昌大学学报（工科版），2016，38（2）：125-130.

[38] PIMER M. Wind pressure fluctuations on a cooling tower[J]. Journal of Wind Engineering and Industrial Aerodynamics, 1982, 10(3): 343-360.

[39] 陈波，武岳，沈世钊．Ritz-POD 法的原理及应用[J]．计算力学学报，2007（4）：499-504.

[40] 倪振华，江棹荣，谢壮宁．本征正交分解技术及其在预测屋盖风压场中的应用[J]．振动工程学报，2007，20（1）：1-8.

[41] HOLMES J D, SANKARAN R, KWOK K C S, et al. Eigenvector modes of fluctuating pressures on low-rise building models[J]. Journal of Wind Engineering and Industrial Aerodynamics, 1997, 69-71: 697-707.

[42] DAMJAKOB H, TUMMERS N. Back to the future of the hyperbolic concrete tower[C]//MUNGAN I, WITTEK U. Natural draught cooling tower: proceedings of the fifth International Symposium on Natural Draught Cooling Tower. Istanbul: CRC Press, 2004: 3-21.

[43] ARMIT T J. Wind loading on cooling towers[J]. Journal of the Structural Division, 1980, 106(3): 623-641.

[44] BOSMAN P B. Review and feedback of experience gained over the last fifty years in design and construction of natural-draught cooling towers [J]. Engineering Structures, 1985, 7(4): 268-272.

[45] Sun T F, Gu Z F. Interference between wind loading on group of structures[J]. Journal of Wind Engineering and Industrial Aerodynamics, 1995, 54-55: 213-225.

[46] Niemann H J, Kopper H D. Influence of adjacent buildings on wind effects on cooling towers[J]. Engineering Structures, 1998, 20(10): 874-880.

[47] Orlando M. Wind-induced interference effects on two adjacent cooling towers[J]. Engineering Structures, 2001, 23(8): 979-992.

[48] Gu M, Huang P, Tao L, et al. Experimental study on wind loading on a complicated group-tower[J]. Journal of Fluids and Structures, 2010, 26(7-8): 1142-1154.

[49] Uematsu Y, Koo C, Yasunaga J. Design wind force coefficients for open-topped oil storage tanks focusing on the wind-induced buckling[J]. Journal of Wind Engineering and Industrial Aerodynamics, 2014, 130: 16-29.

[50] KIM Y C, TAMURA Y, YOON S W. Proximity effect on low-rise building surrounded by similar-sized buildings[J]. Journal of Wind Engineering and Industrial Aerodynamics, 2015, 146: 150-162.

[51] ZHAO L, CHEN X, GE Y J. Investigations of adverse wind loads on a large cooling tower for the six-tower combination[J]. Applied Thermal Engineering, 2016, 105: 988-999.

[52] KHANDURI A C, STATHOPOULOS T, BEDARD C. Wind-induced interference effects on buildings: a review of the state-of-the-art[J]. Engineering Structures, 1998, 20(7): 617-630.

[53] CAO S Y, WANG J, CAO J X, et al. Experimental study of wind pressures acting on a cooling tower exposed to stationary tornado-like vortices[J]. Journal of Wind Engineering and Industrial Aerodynamics, 2015, 145: 75-86.

[54] ZHAO L, GE Y J. Wind loading characteristics of super-large cooling towers[J]. Wind and Structures, 2010, 13(3): 257-273.

[55] LIU Z Q, ISHIHARA T. Numerical study of turbulent flow fields and the similarity of tornado vortices using large-eddy simulations[J]. Journal of Wind Engineering and Industrial Aerodynamics, 2015, 145: 42-60.

[56] KLIMANEK A, CEDZICH M, BIAŁECKI R. 3D CFD modeling of natural draft wet-cooling tower with flue gas injection[J]. Applied Thermal Engineering, 2015, 91: 824-833.

[57] HOLMES J D. Along- and cross-wind response of a generic tall building: comparison of wind-tunnel data with codes and standards[J]. Journal of Wind Engineering and Industrial Aerodynamics, 2014, 132: 136-141.